国防科技大学建校 70 周年系列著作

超声速气流中液体横向射流雾化过程与喷雾特性

李清廉　吴里银　周曜智　李晨阳　李　春　著

U0227834

科 学 出 版 社

北　京

内 容 简 介

吸气式高超声速飞行器技术已经成为世界强国争相角逐的空天领域前沿焦点技术。然而,作为核心动力装置,超燃冲压发动机研制仍面临液态燃料雾化机理不清晰、喷雾特性未掌握等关键难题。本书系统总结了作者课题组长期开展超声速气流条件下液体横向射流雾化研究的主要成果,包括表面波演化与破碎雾化机理、喷射近场的喷雾流场特征、喷雾的分布特性与空间形态、雾化特性与燃烧室结构影响、混合特性及混合增强方法等内容,充分展示了超声速气流中液体横向射流雾化研究的最新成果,并探索了面向发动机的实际应用。

本书适合航空宇航推进、流体力学、工程热物理等学科方向的本科生、研究生阅读,也可作为从事发动机燃烧过程研究、冲压发动机设计及空天动力装置研制的科技工作者的参考书。

图书在版编目(CIP)数据

超声速气流中液体横向射流雾化过程与喷雾特性 /
李清廉等著. —北京:科学出版社,2023.12
ISBN 978 - 7 - 03 - 076470 - 6

Ⅰ.①超… Ⅱ.①李… Ⅲ.①冲压喷气发动机一液体
燃料一喷雾燃烧 Ⅳ.①V235.21

中国国家版本馆 CIP 数据核字(2023)第 190048 号

责任编辑:徐杨峰 孙 月 / 责任校对:谭宏宇
责任印制:黄晓鸣 / 封面设计:无极书装

科学出版社 出版
北京东黄城根北街 16 号
邮政编码:100717
http://www.sciencep.com

南京展望文化发展有限公司排版
苏州市越洋印刷有限公司印刷
科学出版社发行 各地新华书店经销

*

2023 年 12 月第 一 版 开本:720×1000 1/16
2023 年 12 月第一次印刷 印张:25 1/4
字数:422 000

定价:**200.00 元**
(如有印装质量问题,我社负责调换)

总　　序

国防科技大学从 1953 年创办的著名"哈军工"一路走来，到今年正好建校 70 周年，也是习主席亲临学校视察 10 周年。

七十载栉风沐雨，学校初心如炬、使命如磐，始终以强军兴国为己任，奋战在国防和军队现代化建设最前沿，引领我国军事高等教育和国防科技创新发展。坚持为党育人、为国育才、为军铸将，形成了"以工为主、理工军管文结合、加强基础、落实到工"的综合性学科专业体系，培养了一大批高素质新型军事人才。坚持勇攀高峰、攻坚克难、自主创新，突破了一系列关键核心技术，取得了以天河、北斗、高超、激光等为代表的一大批自主创新成果。

新时代的十年间，学校更是踔厉奋发、勇毅前行，不负党中央、中央军委和习主席的亲切关怀和殷切期盼，当好新型军事人才培养的领头骨干、高水平科技自立自强的战略力量、国防和军队现代化建设的改革先锋。

值此之年，学校以"为军向战、奋进一流"为主题，策划举办一系列具有时代特征、军校特色的学术活动。为提升学术品位、扩大学术影响，我们面向全校科技人员征集遴选了一批优秀学术著作，拟以"国防科技大学迎接建校 70 周年系列学术著作"名义出版。该系列著作成果来源于国防自主创新一线，是紧跟世界军事科技发展潮流取得的原创性、引领性成果，充分体现了学校应用引导的基础研究与基础支撑的技术创新相结合的科研学术特色，希望能为传播先进文化、推动科技创新、促进合作交流提供支撑和贡献力量。

在此,我代表全校师生衷心感谢社会各界人士对学校建设发展的大力支持!期待在世界一流高等教育院校奋斗路上,有您一如既往的关心和帮助!期待在国防和军队现代化建设征程中,与您携手同行、共赴未来!

国防科技大学校长

2023 年 6 月 26 日

前　　言

几十年来,能够像民航飞机一样自由穿梭于轨道和地面之间的航班化天地往返飞行器,一直是人类太空飞行的完美梦想。这种飞行器面临的最大困难是缺乏可用的动力系统,核心难点在于超燃冲压发动机技术不成熟。发动机内雾化机理不清晰、喷雾品质难评估,造成燃烧过程难阐释、燃烧性能难预示,极大地阻碍了超燃冲压发动机技术快速成熟。超燃冲压发动机同时还是战略价值极高的吸气式高超声速飞行器的核心动力装置。由此可见,深入研究超燃冲压发动机的雾化过程和喷雾特性意义重大。

超燃冲压发动机常用的燃料喷射方式是液态碳氢燃料以横向射流形式喷射进入燃烧室,即液体碳氢燃料射流以垂直于发动机壁面的方式喷射进入燃烧室。液态碳氢燃料横向射流的喷射、雾化以及与空气的混合是影响超燃冲压发动机性能的核心关键过程,横向射流雾化所形成喷雾的雾化特性、分布特性和混合特性直接影响发动机的点火可靠性和高效、低阻及稳定燃烧过程。良好的雾化过程是保证超燃冲压发动机高性能工作的基础,其研究一直受到国际范围内空天推进领域专家和两相流动、喷雾燃烧方向学者的广泛重视。

本书作者李清廉自 2003 年留校任教以来,一直从事液体火箭发动机喷嘴的雾化机理与喷雾特性研究,取得多项成果并应用于燃烧类装置研制。2011 年起,为适应团队发展需要,他拓展方向开展超声速来流中液体横向射流雾化过程与喷雾特性研究,先后指导十余名研究生完成博士及硕士学位论文,在探索研究方法、深究雾化机理、揭示喷雾特性等方面取得一系列成果。2023 年,恰值国防科技大学建校 70 周年,为向母校汇报研究成果,同时服务于本领域学者专家的需要,他带领多位作者一起整理总结这些研究成果,完成本书的撰写。

由于超声速气流中的雾化过程极其复杂,开展理论分析及数值仿真面临极大困难。本书的研究以试验方法为主,在综合采用高速摄影、高速阴影/纹影、相位多普勒分析、粒子图像测速等成熟光学测量技术的同时,也根据需要自主发展平面激光背景光拍摄、表面波显微成像、高精度图像处理等新型光学测量技术,以有效支撑研究的深入开展。同时,也辅助开展理论分析与数值仿真研究。

本书共八章,分为三大模块。模块一为第 1 章,主要针对超声速气流中液体横向射流雾化这个关键问题,阐述研究背景与意义,全面综述国际学术界在研究方法、雾化机理及喷雾特性等方面取得的主要研究进展;模块二包括第 2、3 章,总结超声速气流中液体横向射流雾化过程和雾化机理的研究成果,阐明射流近场弓形激波特征与运动规律、二次激波结构及其演化、射流表面波增长与演化过程,揭示液柱破碎、表面破碎和液滴破碎的机理,提出液体横向射流喷雾在流向和纵向上的分区物理模型,建立液体横向射流一次破碎过程的理论预测模型;模块三包括第 4~8 章,总结超声速气流中液体横向射流喷雾的喷雾特性,包括喷雾的分布特性、雾化特性和混合特性。首先揭示喷注条件对喷雾穿透深度和展向宽度的影响规律,提出喷雾分数和边界带概念用于准确描述实际喷雾的边界演变现象,阐明首次发现的喷雾横截面的“Ω”形分布特征并揭示了其形成机理。在此基础上,建立喷雾的三维分布物理模型和数学模型,清晰构建超声速气流中液体横向射流喷雾的空间拓扑结构。然后,在精细化掌握相位多普勒分析数据分布规律基础上,提出概率阈值法过滤粗大数据,基于大量高精度试验数据,阐明喷雾的液滴尺寸分布和速度分布规律,建立基于最大熵原理的具有较好预测精度的液滴尺寸分布预测模型。进一步,总结实际超燃冲压发动机燃烧室的凹腔结构对喷雾特性的影响规律,重构液滴群在凹腔燃烧室中的运动过程。最后,针对超燃冲压发动机燃烧室中液体燃料与来流气体混合不足的问题,提出脉动喷射、伴随射流等混合增强方案,研究相应的混合特性和影响规律。

本书的研究成果对于改进超燃冲压发动机工作过程、提高发动机燃烧性能乃至优化发动机设计方案等方面具有重要的参考价值。针对本书中提到的研究方法和研究成果已经公开发表二十余篇高水平学术论文,得到国际国内同行的充分认可,对于其他领域的雾化研究也具有参考价值。

本书的整体框架和各章节的内容体系由李清廉设计。第一模块由周曜智、李清廉撰写;第二模块由吴里银、李春、李清廉、周曜智撰写;第三模块由李清廉、吴里银、李晨阳、周曜智撰写。全书内容最终由李清廉审校定稿。撰写过程中,周曜智做了大量文字校对、格式统一等文字工作,改进了部分插图。除署名作者外,研究团队的多名研究生对本书的研究与撰写也做出了贡献,包括仝毅恒、李佩波、刘楠、朱元昊、胡润生、王喜超、曾夜明、李非、张朋磊等,作者在此表示感谢。

　　值此著作付梓出版之际,作者特别感谢王振国院士领导的国家级创新研究团队创建的国际一流研究条件给予本书研究的支持,特别是他指明的充满潜力与挑战的前沿研究方向,给作者带来了丰富的探索乐趣。感谢团队内各位老师的无私指导与支持,包括并不仅限于刘卫东、梁剑寒、孙明波、赵玉新、肖锋、汪洪波、蔡尊等学者。感谢多个国家级项目对于本书研究工作与撰写出版的支持,包括国家自然科学基金创新研究群体(T2221002)、国家杰出青年科学基金(11925207)、面上项目(11472303,11872375)、青年科学基金项目(10802095,12102472,12102462)、国家科技重大专项基础研究项目(0101010201)、国家级研究项目(2019‐JCJQ‐ZQ‐2019)、新世纪优秀人才支持计划(NCET‐13‐0156)、985工程优势学科创新平台建设项目等。感谢湖南省研究生科研创新项目(CX20210035)的支持。作者在此对所有为本书的研究、撰写与出版提供帮助的机构和人员深表谢意!

　　虽然作者已经尽可能详尽和准确地阐述研究结果,努力让读者能大有收获,并希望本书成为发动机喷雾燃烧领域的重要参考资料,但毕竟水平有限,不妥和遗漏之处在所难免,敬请各位读者批评指正。您的反馈和指导,将激励作者不断深化后续的研究工作。

　　最后,谨以此书的出版向母校致以生日的祝福!衷心祝愿国防科技大学以及其他多所兄弟院校建校70周年华诞快乐,福运绵长!英才辈出,声誉远扬!

本书作者团队

2023年9月

目　　录

第1章 绪 论

1.1 研究背景与意义

高超声速飞行器是现代航空航天技术发展的必然趋势,超燃冲压发动机[1]作为高超声速飞行器的理想动力装置,正成为国际竞相研究的热点。21 世纪以来,美国先后启动高超声速技术研究(Hypersonic Technology, HyTech)计划[2-4]、高超声速实验(Hypersonic eXperiment, Hyper - X)计划[5, 6]、高超声速飞行演示验证(Hypersonic Fly, HyFly)计划[7]和高超声速国际飞行研究实验(Hypersonic International Flight Research Experiment, HIFiRE)项目[8, 9]验证高超声速飞行及其推进的关键技术并取得突破。随着 2013 年波音公司 X51 - A 飞行器第四次成功试飞,标志着美国已经掌握高超声速飞行和超燃冲压推进的关键技术,航空史上即将迎来继螺旋桨、涡轮喷气推进飞行后的第三次革命。

超燃冲压发动机研制的核心技术难点之一是点火和燃烧问题。在超声速气流中实现点火的难度无异于在飓风中点燃一根火柴。解决这一问题不可避免地回归到液态碳氢燃料在超声速气流中的破碎雾化过程。当前,超燃冲压发动机性能的进一步提升仍有赖于对其燃烧室内燃料破碎雾化机理的深刻认识和对气液混合效果的有效测量与预测。本书将揭示近真实的超燃冲压发动机燃烧室环境中液体射流的破碎、雾化和混合等物理过程的机理,以期为相关技术攻关提供理论依据。液态碳氢燃料具有高热值、高密度和易储存的优点,使用液态碳氢燃料作为超燃冲压发动机的燃料具有诸多优势[10],但在工程应用中面临严峻挑战。首先,发动机点火所需能量高,点火位置气液环境复杂,点火难度大。液态碳氢燃料相对于乙烯等气态燃料需要的点火能量更高,且点火过程受当地流场结构、气液混合物组分、点火能量释放方式等多重因素影响,初始火核邻近区域的燃料液滴尺寸和速度的空间分布对点火成败的影响尤为显著[11]。其次,实现气液高效混合、高效燃烧的难度大。一般认为,高超声速推进系统需要增强燃料与空气的混合,以期在较低总压损失代价下注入燃料,并在燃烧室横截面上形成有效的燃料分布[12]。由于超燃冲压发动机燃烧室内超声速气流环境,燃料的停留时间非常短,燃烧过程主要由扩散过程控制[12,13],对于液态燃料更需经历雾化、混合、蒸发和化学反应等复杂过程,燃料与气流的高效混合是决定燃烧性能的最关键因素[14]。

在超燃冲压发动机中,燃料喷注器是执行燃料喷注、影响气液混合效果和燃烧性能的最主要部件[12]。燃料喷注方式大致可分为两类:壁面喷注和侵入式喷注。壁面垂直喷射方案简单易行,但会引入较强的弓形激波,导致较大的总压损失;采用小角度倾斜喷射能够有效降低总压损失,但气液混合效果不如垂直喷射方案。由于超声速来流动压较高,采用简单的垂直或小角度喷射方法燃料难以到达主流中心,与空气完成充分混合[12]。为了增强混合效果,研究者尝试采用气液预混喷射[15]、气动斜坡方式[16]或物理斜坡方式[17,18]等提高壁面喷射性能,都取得相应的研究成果,凹腔喷注[19]也属于壁面喷注中混合增强的一种实现方式。在插入式喷注方案中,最为常见的是支板侧向和底部喷注[20,21],喷注器置于主流中心,可以提供良好的燃料空间分布和混合效果,但是由于支板对超声速来流产生较大阻挡作用,导致总压损失较大,同时高的热负荷对材料耐热性能和冷却方案提出了更高要求[12]。

尽管燃料喷注方案众多,但其最本质的喷注过程仍可简化为燃料垂直于平板向上喷出。当前对气态燃料喷射过程的研究已比较深入,通过数值模拟方法和试验方法对喷注过程中出现的各种流动结构都有直观和定量的描述。如图 1.1 所

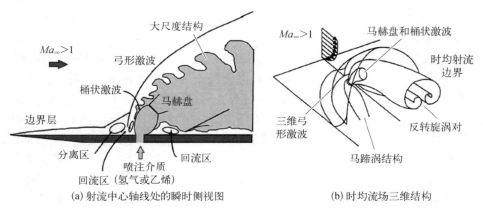

(a) 射流中心轴线处的瞬时侧视图　　　(b) 时均流场三维结构

图 1.1　超声速气流中气体横向射流拓扑结构图[22]

示,在超声速气流中,因为气体燃料射流对来流的阻碍作用,在射流前形成一道弓形激波,射流根部局部区域的高压导致射流前压力回传,边界层分离形成分离区,分离区上游一系列压缩波汇聚形成分离激波。射流则在气动力作用下向下游弯曲传播。欠膨胀的声速射流从喷孔流出后通过 Prandtl-Meyer 波膨胀,之后经历桶状激波和马赫盘的压缩作用与环境达到压力匹配。另外,流场中的马蹄涡结构和反转旋涡对(counter-rotating vortex pair,CVP)也清晰可见。

液体横向射流进入超声速气流中,液柱在气体的"吹拂"作用下向下游弯曲,并不断发生破碎,形成如图 1.2 所示的喷雾流场结构。现有研究对这一物理现象进行了较为详细的描述:液体横向射流垂直于来流方向进入气流中,液体在来流动压作用下逐渐向下游弯曲[23];在强烈的气液作用下,射流柱快速断裂形成大量不规则的离散液块,同时强剪切作用使大量的小液滴从射流柱上剥离[24];离散液块在气动力作用下加速并进一步破碎成小液滴。液体横向射流破碎雾化过程共分为三个阶段:液柱阶段、液丝阶段和雾化液滴阶段。由于液体对气流的阻碍,在射流柱前靠近壁面的位置形成分离区,射流柱前存在弓形激波。超声速气流中液体横向射流的破碎过程伴随着复杂的气液界面运动,变形尺度大,界面参数变化剧烈,流场结构复杂,在试验和仿真研究方面难度很大。气体流场与液体横向射流的非定常特征难以实现试验观测和定量描述,气液界面处压力、速度等参数无法准确测量等都制约了对射流破碎及雾化机理的深入研究。人们对超声速气流中液体横向射流过程仍停留在宏观认识阶段,对

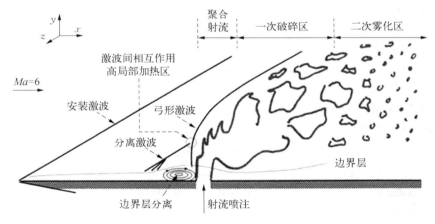

图 1.2　超声速气流中液体横向射流雾化拓扑图[5]

雾化过程中细节性的物理过程和结构特征缺乏定性认识,甚至迄今为止仍没有公开文献显示通过试验方法获得清晰的喷射雾化过程图像,也缺乏对分离区、弓形激波以及喷雾瞬态结构的定量描述。

在静止空气和亚声速气流中,表面波发展被认为是主导液体横向射流破碎与雾化的决定因素[25-29]。超声速气流中,由于强烈的气液作用和复杂的波系结构影响,液体横向射流表面波的产生和发展过程更加复杂[30,31],表面波存在的区域及其结构尺度也更小,这无疑给试验观测带来极大挑战。同时,近喷孔区域浓密的喷雾分布以及尺寸、形状各异的液体结构也为揭示超声速气流中液体横向射流破碎雾化过程的本质带来困难。

近喷孔区域流动特征及其发展规律的研究能够深化对气液作用力和气液界面运动规律的认识。超声速气流与液体横向射流相互作用,大量小液滴从射流柱上剥离;气液界面产生大尺度变形,集中体现为射流表面波的传播和发展;液丝/液块结构从射流柱上脱落并向下游运动;射流柱破碎后形成特殊的喷雾块结构并继续发展。这些近喷孔区域的流动现象和流动规律均与气液间作用力的变化相关,通过研究它们的特征结构和运动发展规律,有助于展开对气液界面力的作用的分析,有助于深化对气液界面运动规律的认识。

液滴运动过程中破碎与聚合过程的研究有助于深化对超声速气流中液体横向射流雾化机理的认识。超声速气流中液态燃料横向射流的破碎和雾化过程是一个复杂的气液两相湍流流动过程,射流受到气动力、黏性力和表面张力等多种力的作用。射流柱初始扰动不断增长导致射流分裂破碎,生成形状各异的喷雾块结构[32]和大量小液滴。在后续的二次雾化过程中,大液滴具有远超临界值的韦伯数(We)而不断破碎,小液滴则因为黏性力和表面张力占优而在碰撞中发生聚合。这一破碎与聚合现象贯穿整个雾化过程中,破碎与聚合的竞争结果导致雾化过程中索泰尔平均直径不断变化。

在超燃冲压发动机燃烧室中,液体燃料通过垂直喷注的方式进入超声速气流中,本质上是两相流问题,基础的物理过程包括液体横向射流的破碎、雾化和混合,宏观上体现在喷雾的空间分布,微观上体现在液滴的直径和速度,喷雾结构特征和空间分布能够揭示喷雾演化和扩散过程;液滴直径和速度的分布集中反映了喷雾的雾化特性和混合特性;两相流动下的流场结构揭示了气液相互作用过程和机理。掌握这一系列过程的基本特征及其影响因素,基于气液作用规律和喷雾试验建立准确的喷雾子模型,形成一套喷雾特性的预测方法,具有重要的学术意义。

液态燃料的快速雾化及与来流空气实现均匀混合是实现高效燃烧的前

提[33]。深入研究液体在超声速气流中的破碎雾化规律,能够深化对射流破碎雾化过程的理解,有助于建立射流破碎与雾化模型,准确预测射流喷雾场的粒径及速度分布特性,为发动机尺寸及工作参数的优化设计提供参考。

目前超声速气流中液体横向射流破碎与雾化仿真中常用的 Eulerian-Lagrangian 数值方法[34,35]对破碎模型和液滴初始分布的依赖性较强,所得仿真结果与试验结果仍存在较大的差异。基于喷雾过程的机理研究,揭示燃烧室在点火过程前的真实喷雾环境,建立适用于发动机工作范围的喷雾特性评估模型,能够为发展可靠的发动机性能预测方法及数值计算软件提供准确的初始模型,辅助进行发动机设计及优化,降低发动机工程设计对试验验证的依赖,缩短发动机研发周期,具有重要的工程意义。

1.2　超声速气流中液体横向射流雾化过程研究方法

自 1878 年 Rayleigh[36]采用线性不稳定理论分析表面波以来,对圆柱射流雾化破碎[37]的研究已有 140 余年。通过研究划分了射流破碎的不同模式,预测了射流破碎长度和液滴直径[38]、分析了射流表面波发展导致射流破碎的内在因素[39]。相关研究由简入繁(线性[40]到非线性[41,42]),逐步发展到复杂环境(高反压[43,44]、加热[45,46]、重力[47]等)中的圆柱射流(黏弹性[48,49]、非牛顿流体[50,51])表面波的研究。从研究方法上看,主要有理论研究、实验研究和数值研究。

1.2.1　理论研究

在理论分析方面主要分为线性稳定性分析和非线性稳定性分析两种。其中线性稳定性分析始于 Rayleigh[36],通过分析射流表面波的增长规律,研究黏性力、气动力等对表面波发展的影响,预测射流的破碎长度和液滴直径。Zhou等[43]分析了流体的压缩性对表面波发展的影响。Funada 等[52]分析了环境气体压缩性对射流表面波的影响。杜青等[45,46]分析了实际热环境下热量传递对射流表面波发展的影响。采用线性稳定性分析对射流表面波发展进行了大量研究,所研究问题的复杂性逐渐提高,很多问题已非常接近于真实环境,通过理论计算得到的破碎长度等参数也能较好地与实验结果吻合。

随着圆柱射流实际应用领域的不断扩大,实际问题的复杂性不断提高,线性稳定性分析的局限性越来越明显,因此许多研究者开始把目光投放到非线性稳定性分析上。Yuen[53]较早开展了圆柱射流的非线性分析,指出射流表面波的非对称发展是由非线性作用引起的。Ibrahim 等[41]建立了一个射流表面波发展的非线性模型。Uddin 等[42]进一步分析了非牛顿流体上非线性表面波的发展情况。Chaudhary 等[54]利用试验和理论分析的方法研究了圆柱射流表面波的发展过程。Shokoohi 等[55]应用涡量流函数方法对圆柱射流的行为进行了分析,认为非线性项是液滴周围产生小液滴的原因。Ashgriz[38]分别采用线性稳定性理论和非线性稳定性理论对圆柱自由射流、液膜和液滴的发展过程进行分析,深入揭示了黏性力和表面张力在液体变形过程中的作用机制。

总的来看,目前所进行的线性稳定性理论分析是建立在纳维-斯托克斯(Navier-Stokes,N-S)方程基础上的,即模型不考虑雷诺应力的影响,方程组是封闭的,不需要补充模型。线性稳定性理论对于环境气流马赫数 $Ma<1$ 的小扰动研究尚可,实际上大多数喷雾应用都属于此范畴。但对于空天飞行器 $Ma>1$ 的超声速强湍流,就要基于雷诺方程,采用非线性稳定性理论,并考虑激波和气体的可压缩性进行分析,其数值解还有可能多支分叉,涉及混沌问题。非线性稳定性理论、雷诺方程和时空模式等每一因素的加入都将使色散关系的推导更加复杂,这也是流体力学学科的难题之一,每前进一步都是难能可贵的,有待于更进一步的研究。

超声速横向射流的理论分析多见于研究早期,一方面是基于线性和非线性稳定性分析理论对液体表面波的研究,另一方面是对液柱和液滴的变形进行受力分析,对射流轨迹和穿透深度建模。

1. 不稳定表面波

对于射流不稳定表面波的研究,通常是基于小扰动假设,以线性化的气体、液体质量、动量守恒方程为控制方程组,代入线性化的运动学和动力学边界条件,考虑到气体、液体速度,密度,气体可压缩性以及液体的表面张力和黏性影响,推导得到增长率随波数变化的色散关系式,通常该关系式为一个复数方程,其中表面波增长率 ω 随表面波数 k 或表面波长 λ($k = 2\pi/\lambda$)的变化关系是隐含给出的。目前关于超声速横向射流破碎机理,普遍认为瑞利-泰勒(Rayleigh-Taylor,R-T)不稳定和开尔文-亥姆霍兹(Kelvin-Helmholtz,K-H)不稳定诱导产生的不稳定表面波对破碎有着重要的影响。

R-T 不稳定性最早由 Rayleigh 等[56,57]研究位于轻流体之上的重流体在重力加速度作用下的运动现象时提出,后面大量学者对 R-T 不稳定性的动力学进行了详细的研究[58-61],但是许多关于 R-T 不稳定性的研究都是基于气液交界面为平面的情况展开,且并未考虑气体的可压缩性。相较于平面,实际应用中人们对于柱面和球面的 R－T 不稳定性更感兴趣,Harper 等[60]在未考虑黏性的情况下基于摄动理论研究了液滴表面的 R－T 不稳定性,Li 等[62]基于 Harper 等[60]的工作,在考虑了液体黏性的情况下利用线性不稳定性分析理论研究了液滴表面的 R－T 不稳定性,Mukesh 等[63]基于黏性势流方法推导得到了球面的 R－T 不稳定性的色散关系式。对于柱面 R－T 不稳定性的研究,目前还比较少,Wang 等[64]利用线性不稳定性分析理论基于无黏不可压缩圆柱绕流,推导得到了横向圆柱射流 R－T 不稳定性的色散关系式,Mahmoud[65]则研究了柱表面在周期磁场力作用下的 R－T 不稳定性。

K－H 不稳定则是由气液界面间的速度差诱导产生,Reitz 等[66]于 1987 年推导得到了圆柱射流色散方程。Li[67]在 1995 年基于 Reitz 等[66]的工作,推导得到了更为完备的黏性圆柱射流色散方程。曹建明[68]则对参数进行了无量纲化,推导得到了无量纲化的色散准则关系式。但这些推导都基于气液不可压假设,曹建明[68]在 1999 年基于 Li[67]的工作,推导了可压缩气流条件下的黏性圆柱射流色散方程,但是这一色散方程并不适用 $Ma > 1$ 的情况。Funada 等[69]基于黏性势流推导了适用于超声速情况的色散关系式。Behzad 等[70]基于 Sussman 等[71]提出的用于描述多相流动的控制方程,分析了沿射流柱周向不同方位角处的 K－H 不稳定性。目前对于 K－H 不稳定性的研究多基于气体无黏假设,对于考虑气液黏性的情况,Boeck 等[72-74]做了大量的研究工作。在考虑了气相黏性后,对于不稳定波波长和增长率的关系很难导出显式方程进行描述,一般需要转化成求解广义矩阵特征值的问题。

2. 射流建模

对于横向射流的建模主要关注点在于液柱和液滴的变形、射流的一次破碎位置以及射流轨迹的预测。Forde 等[75]基于牛顿运动理论建立了预测穿透深度的模型,Catton 等[76]在考虑质量损失和射流变形影响的情况下,对射流的穿透深度进行了建模,Mashayek 等[77]基于 Clark[78]对液滴变形的研究,在考虑了液柱变形和质量损失的条件下对射流轨迹进行了建模,随后 Mashayek 等[79]基于 Gonor 等[80]的工作,采用摄动理论,对液滴和横向射流液柱的变形进行了理论分析,该方法对于 $We_g < 20$ 的情况可以得到比较好的预测结果。后面 Mashayek 等[81]基于之前的工作,通过将液柱上剥离下的液滴等效成喷孔的方法,对横向射流雾化进行了建模,并与实验数据进行了比较。Rimbert 等[82]基于能量守恒的原理对液滴的变形进行了建模分析,并与之前的实验和仿真结果做了对比。

周曜智等[83]基于 Mashayek 等[77]的工作,通过引入弓形激波的影响对来流气动力进行了修正,提出了可同时预测液体横向射流轨迹与射流柱三维空间形态的连续液柱模型(continuous liquid column model, CLC 模型),并与显微成像法得到的实验结果进行了对比。目前的射流模型均有一定的适用范围,并且只是对射流宏观特性的近似,还不存在普适的模型。

1.2.2　实验研究

超声速气流中液体横向射流研究始于 20 世纪 50 年代,最早公开发表的权威论文出现在 1966 年[75]。由于高超声速飞行器和超燃冲压发动机概念的提出,在 20 世纪 60~70 年代,国外特别是美国兴起了超声速气流中液体横向射流研究的热潮[84-87]。20 世纪 80~90 年代,超声速气流中液体横向射流研究陷入低潮。步入 21 世纪,随着人类对高超声速飞行需求的迫切需要,超声速气流中液体横向射流再次在世界范围内受到关注。

国外关于超声速气流中液体横向射流的研究工作开展较早,Forde 等[75]最早提出采用简单的理论模型预测超声速气流中液体横向射流的运动轨迹,并在 $Ma3$ 超声速气流中开展超过 100 组的水射流平板喷注实验用来论证模型预测的可行性,研究参数涉及喷注角度(31°~118°)、喷孔直径(0.36~0.89 mm)和喷注压降(0.45~2.52 MPa)。Yates[88]利用直接拍照的方法,研究了水和酒精在超声速气流中的穿透深度和展向分布,研究参数涉及马赫数(1.6~2.7)、喷射介质黏性和表面张力。研究指出,穿透深度和展向宽度只与液气动量通量比 q 相关,并基于喷孔的有效直径对无量纲化后的穿透深度和展向宽度进行经验公式拟合。Kush 等[89]进一步采用高速拍照的方法研究马赫数(2.4~4.0)和喷注介质物理属性(水、CS2、甘油和水的乳浊液)对破碎过程和穿透深度的影响,研究发现超声速气流中液体横向射流过程具有强烈的非定常特性,射流的破碎模式主要受 q 影响,液体黏性和表面张力几乎对破碎过程和穿透深度不产生影响。Baranovsky 等[90,91]研究了喷注角度对穿透深度和破碎过程的影响,旨在将喷注角度信息融入 Yates[88]关于穿透深度的经验公式,同时也通过与平板喷注的对比对支杆喷注效果进行了评估。Nejad 等[92-94]在高密度来流下吹式风洞中开展了液体横向射流的雾化特性测量研究,指出直径 1.3 mm 的喷孔液体射流雾化后的液滴直径在 10 μm 左右;雾化后液滴直径随着 q 的增加而减小,随喷孔直径 d 的增加而增加。Nejad 等[94]的研究还指出液体黏性和表面张力对雾化效果影响不大。Schetz 等[95]采用高速拍照的方法研究射流一次破碎过程,涉及参数包括马赫数(2.4~4.0)、喷射介质(水、CS2、氟利昂、甘油和水的混合物)。研究首次获取到声速点位置,并以此作为判断射流破碎开始位置的有力依据,在文献中还定量化研究了表面波波长、振幅和速度信息,并明确指出表面波是导致液体射流一次破碎的根本原因。Hewitt[96]研究了互相撞击的两股液体横向射流在超声速气流中的雾化情况和穿透深度情况。Less 等[97]研究了在水中加入固体颗粒时射流的破碎机制和穿透深度情况,研究表明水中加入固体颗粒物对射流的破碎机制影响不大,但当固体颗粒物直径达到 40 μm 时,固体颗粒会在喷射过程中脱离液体横向射流并穿入更高的位置。Thoams 等[98]的研究内容与 Less 等[97]类似,但是研究结果更加定量化。

Lin 等[99]采用激光片光照明方法和阴影拍照方法研究了气泡雾化喷嘴在 $Ma1.85$ 超声速气流中的雾化结构和穿透深度,研究还对比了气泡雾化喷嘴与纯液体喷嘴的雾化优劣,给出了气泡雾化喷嘴有利于穿透深度提高的结论。Lin 等[100]进一步研究了 $Ma1.94$ 气流中不同喷射角度下气泡雾化喷嘴的穿透深度,并将喷射角度信息融入穿透深度经验公式。Lin 等[101]采用相位多普勒分析(Phase Doppler Analysis, PDA)进一步研究了 $Ma1.94$ 气流中液体横向射流的雾化特性,指出归一化后的截面粒径分布和速度分布沿纵向分别呈 S 形和镜像 S 形。Sallam 等[27,102]利用脉冲阴影拍照方法和全息成像方法继续研究了气泡雾化喷嘴在超声速气流中的一次破碎过程。Dixon 等[103]补充研究了喷注角度对气泡雾化喷嘴一次破碎过程的影响。Ghenai 等[15,104-106]从 2005 年开始致力于研究 $Ma1.5$ 气流中气泡雾化喷嘴的穿透深度和雾化特性,对比不同含气率条件下的喷注雾化区别,指出 q 和含气率是影响穿透深度的最主要因素。Sapmaz 等[107]得到了与 Ghenai 相同的结论。此外,Masutti 等[108]和 Perurena 等[109]分别从液体的雾化特性和流场的宏观结构方面对水射流在 $Ma6$ 气流中的喷射雾化过程进行了深入研究,其中 Perurena 等[109]讨论了不同喷嘴形状对穿透深度的影响,指出射流破碎受弓形激波和分离激波的相互作用影响。

国内关于超声速气流中液体横向射流的研究起步较晚,在公开发表的论文中,中国科学技术大学徐胜利等[110-115]较早对超声速气流中的液体燃料非定常喷射过程进行成像研究,分析表明在超声速气流中,射流柱破碎是由迎风面的表面波引起的,且破碎点位于表面波的波谷。中国科学院力学所俞刚等[116]、王东等[117]在超声速气流中液体横向射流的流场结构观测和雾化特性测量方面亦做出巨大贡献。此外,国防科技大学、北京航空航天大学、中国科学院高超声速科技中心、西北工业大学、西北核技术研究所、中国空气动力研究与发展中心、北京动力机械研究所等单位对超声速气流中液体横向射流的研究都有涉及。

俞刚等[116,118]采用前向照明摄影成像的方法对超声速气流中煤油喷雾进行可视化研究,其分析认为煤油射流垂直喷入超声速气流时油雾的发展与气体射流类似,射流穿透深度与扩展宽度随喷注压降增加而增加。王冬等[117]比较了气泡雾化煤油和纯煤油在超声速气流条件下的雾化情况,发现气泡雾化能明显地提高液体燃料的雾化程度,但对穿透深度没有显著影响。中国科学技术大学的费立森等[26,119,120]采用平面激光诱导荧光(planer laser induced fluorescence,PLIF)方法和阴影方法对冷态来流条件下煤油的扩散、混合现象进行实验研究,其研究指出射流和来流的动压比越大,穿透深度也越大,射流更容易破碎和雾化;但同时也会诱导更强的激波,造成更大的总压损失;三维、非定常表面波是引起射流柱破碎的重要因素,较大的动压比会加速表面波的发展,增大表面波的振幅,较小的动压比会抑制表面波的发展。潘余等[121]采用高速摄影/纹影研究了激波入射对穿透深度的影响,指出激波入射能够增加湍流强度,扩大燃料空间发展区域,提高液体横向射流穿透深度;激波入射在射流前部比射流后部对穿透深度的影响更大。刘静等[122]采用纹影法获得了射流穿透深度经验公式,并指出其纹影结果与 PDA 方法得到的穿透深度接近。

陈亮等[123]、曹娜等[124]和杨顺华等[125]采用全息和高速摄影方法对冷态超声速来流横向射流雾化过程进行更加细致的研究,分析了不同来流总压、来流马赫数、喷射介质、喷孔直径和喷注压降下的射流雾化,其研究指出射流表面不稳定波的增长是超声速流场中射流破碎的主要原因,液气动量通量比和喷孔直径基本决定了射流穿透深度,在喷嘴下游 40 倍喷孔直径的位置,液体基本完成雾化且液滴粒径约 10 μm,如图 1.3 所示,超声速气流中表面波主导破碎区中存在明显的液柱、液带、液滴和表面波结构。杨辉等[126]、李锋等[127]分别采用纹影方法研究了不同喷射角度和喷注压降对弓形激波和穿透深度的影响,并拟合了包含喷注角度信息的穿透深度公式。此外,费立森、刘林峰等[128]还对比研究了有/无凹腔对煤油射流穿透和雾化的影响,费立森认为平板壁面喷注的煤油

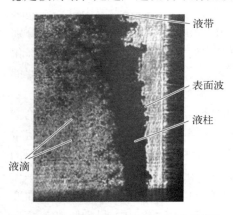

液带
表面波
液柱
液滴

图 1.3 超声速气流中表面波主导破碎区液体横向射流全息图像[125]

射流穿透深度略大于凹腔喷注方式,刘林峰也指出凹腔剪切层的存在使液体横向射流进入主流的难度增加。

超声速气流中液体横向射流的实验主要针对射流喷孔近场破碎机理、射流喷孔下游雾化特性(包括液滴尺寸、速度、数密度等)、液雾三维分布(包括穿透深度、展向扩展等)以及液雾场瞬时脉动结构和动态演化过程等方面来展开研究。学者们已针对上述几个方面分析了气液动量比、射流喷注压降、喷孔几何参数、喷注角度、液体物性参数、掺气气液质量比以及来流边界层厚度等因素的影响,并展开了广泛的实验研究。

研究早期主要通过阴影、纹影及高速摄影等方法获取直观的射流喷雾图像,以此来分析不同喷注条件下的液体横向射流穿透深度及展向扩展等宏观特性,并总结出不同形式的穿透深度经验公式。阴影、纹影及高速摄影测量的空间分辨率较低,不能有效地分辨射流边界,且这些方法沿光路存在积分效应,难以了解液雾扩散区域内部的流动混合细节。随着试验技术的发展,先进观测技术如数字全息显微技术[124,129-131]、相位多普勒粒子分析技术(PDA/PDPA)[132-135]、粒子成像测速技术(particle image velocity,PIV)[136-138]以及平面激光诱导荧光技术(PILF)[127-128,139]等光学测量手段成功应用于喷雾流场的观测,使液体横向射流破碎与雾化混合的研究从宏观进入微观。研究获得的粒径及速度分布以及射流流场精细结构对于建立液体横向射流的三维空间结构,获取液体横向射流的整场分布特性进而把握液体横向射流喷雾在气流中的扩散混合机理具有重要参考价值。

目前,液体横向射流的研究多局限在射流近场,针对射流破碎过程的研究居多,而针对液雾向下游发展及扩散混合过程的研究较少。相对于中心截面的研究,针对水平截面以及横截面的研究较少,然而水平截面以及横截面的结果对理解超声速气流中液体横向射流的三维分布非常重要。通过质量采样系统,Thomas等[98]最早研究了超声速气流中液体横向射流在横截面上的分布特性。他们指出液雾中心的1/3区域为亚声速液雾核心,其包含了液雾2/3的质量,同时一个超声速混合区域分布在核心区域外围。Perurena等[109]利用高速相机及纹影技术对Ma6的高超声速气流中的液体横向射流进行了研究并分析了喷孔形状、气液动量比对液雾穿透深度及展向扩展的影响。基于高速激光阴影成像技术,Lin等[140]发现了射流近场区域液雾前沿与主激波之间偶尔出现的二次激波,并对其形成原因及影响因素进行了详细的分析。Wu等[141]考虑到激光的高能量和短脉冲特性,提出了一种脉冲激光背景成像方法(planar laser background light,PLBI),并成功地在超声速气流中获得了横向喷雾的精细瞬态图像,同时还提取了不稳定的表面波结构以及射流背风区液雾倾斜分布的结构。基于立体粒子成像测速系统(stereoscopic particle image velocity,SPIV),吴里银[142]研究了液体横向射流中喷孔下游液雾的不稳定横截面分布特性。通过定义喷雾分数进而量化了液雾在横截面上的振荡分布特性。结果发现,横截面上的液雾呈"Ω"形,并包含Spray body 和 Spray foot 两个部分。综合上述结果,吴里银进一步总结了超声速气流中液体横向射流二维分布结构如图 1.4 所示。这些结果首次定量地给出横截面上液雾分布信息,这对理解液体横向射流的混合效果具有十分重要的意义。

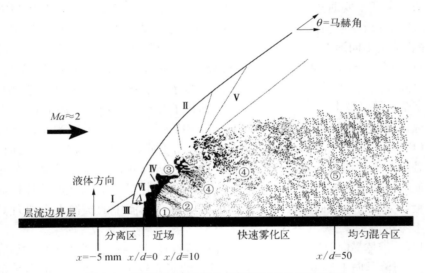

图 1.4　超声速气流中液体横向射流二维分布结构

①. 小液滴剥离;②. 拉丝现象;③. 一次破碎($x/d = 3 \sim 10$);④. 喷雾块;⑤. 二次雾化完成($x/d \approx 50$);Ⅰ. 分离激波;Ⅱ. 弓形激波;Ⅲ. 分离区;Ⅳ. 小激波;Ⅴ. 膨胀波;Ⅵ. 表面波(振幅 $0.1d \sim 1.4d$);Δ. 脱体距离 $\Delta/d = 0.94 \times (\rho_\infty/\rho_2)$

Lin 等[100,101,143]采用 PDPA 技术对超声速气流中纯液体及掺气液体横向射流的喷注雾化开展了十分系统的实验研究。实验不仅给出了更为准确的喷雾穿透深度经验表达式,还给出了中心截面以及流向不同位置处横截面上液滴粒径、速度以及液雾通量的分布。结果还发现喷注的液雾质量主要分布在液雾中心附近的肾形区域内。最近,Lin 等[144]采用高速阴影成像技术观测了液雾外围边界的突起结构及其演化过程,如图 1.5 所示。这些突起结构最初起源于射流柱上的表面波增长及射流柱的破碎过程,并随着气流逐渐向下游发展,其对下游液雾的分布特性具有重要的影响。基于高速阴影成像技术及激光片光照明成像技术,Lin 等[144]进一步定性研究了液体横向射流近场及下游横截面上液雾的瞬态结构。结果显示下游横截面上液雾的高度远大于液雾的宽度。液雾瞬态结构中包含了大量由薄液膜、液丝或液滴群组成的高度褶皱结构,且这些褶皱结构表现出高度的时空演化特性。Lin 等[101]的高速阴影结果也显示了射流近场区域液雾前沿与主激波之间偶尔出现的二次激波。PDPA 测量结果与激光片光图像之间的比较显示出两者在展现横截面喷雾结构的能力上存在显著差异。

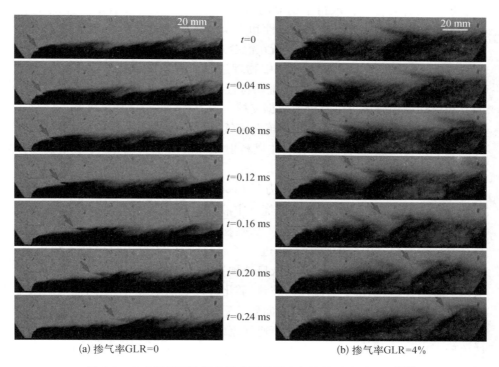

(a) 掺气率GLR=0　　　　　　(b) 掺气率GLR=4%

图 1.5 高速阴影图像揭示的液雾外围突起结构的演化过程[144]

总的来说,国内外超声速气流中液体横向射流的试验研究主要聚焦在破碎机理、空间分布和雾化特性测量三个方面。研究一般认为射流表面波是射流破碎的主要原因,但对表明波产生及发展的机理认识还有欠缺;同时由于受光学成像方法限制,尚未获得清晰准确的表面波结构图像,对表面波几何特征及动态特性的定量分析还不深入。针对喷雾分布特性的研究最为广泛,但是主要集中在穿透深度研究上,仍缺乏对展向宽度和横截面分布的研究,且在公开发表文献中少见涉及喷雾三维空间分布研究的报道。雾化特性研究的主要方法是PDA、全息成像,研究内容主要涉及雾化粒径和液滴速度的测量,但是相关研究较少,对雾化过程中液滴破碎的物理过程认识不清,且对数据的分析不够深入,没有得出规律性结论。

1.2.3 数值研究

虽然现有实验工作取得了明显的研究进展,获得了许多数据,但由于超声速气流中液体横向射流流场的复杂性和实验测量技术的局限性,实验方法难以同时获得气相和液相信息,难以分析在混合过程中起决定性作用的气液相互作用。依据实验结果对两相喷雾流动中物理过程的深入认识仍然面临着巨大挑战。因此,数值模拟成为探索两相流动特性的有效工具,并能够为喷雾流动中的复杂流动结构分析提供有价值数据支撑。

在数值模拟方面,国内外针对超声速气流中液体横向射流破碎、雾化和混合开展了较多研究,以探究影响液体燃料射流破碎的主要因素,寻求增强液体横向射流雾化效果的方法。

Bouchez 等[145]采用计算流体力学(computational fluid dynamics, CFD)-ACE 软件计算了超燃冲压发动机燃烧室中液态煤油射流的雾化过程,对比了不同喷射方式和不同燃料流量的影响。徐胜利等[114,115]利用双流体模型对液态燃料在直筒形燃烧室中横向喷射问题进行了数值研究,考察了喷口处气相压力、相间速度滑移、液滴直径和燃烧室入口处预置的超声速流向涡对雾化燃料混合效果的影响,但是忽略了射流柱的破碎、雾化过程。李东霞等[146]同样采用双流体模型开展了超声速气流中液体横向射流数值模拟,并与 Thomas 等[98]的试验结果进行对比,论证了其方法在超声速气流中液体横向射流研究中的可行性和精确性。如图 1.6 所示,Liu 等[147]在前人基础上深入研究双流体模型在超声速气流中液体横向射流研究中的应用,成功捕捉到分离区、分离激波和弓形激波等结构,完成了对流场结构的定量化分析。

岳连捷等[148]基于 Euler-Lagrange 体系,采用泰勒类比破碎(Taylor analogy breakup, TAB)模型对超声速气流中液体横向射流的液雾结构及液滴破碎进行了仿真计算,得到了与试验吻合较好的穿透深度结果。刘静等[34]采用二维 N-S 方程计算气相,应用一次雾化模型(Reitz 波模型)和二次雾化模型(TAB)模拟了超

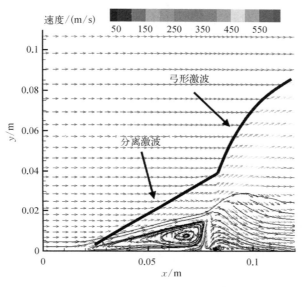

图 1.6　气相速度云图和矢量图[147]

声速气流中液体横向射流的雾化过程,研究指出湍流度和附面层厚度对液体射流穿透深度的影响不大,雾化模型是影响穿透深度的关键因素。杨东超等[149]采用 Euler-Lagrange 方法描述气液两相流动现象,分别采用四种不同的二次破碎模型计算液滴破碎过程,对比研究指出,TAB 模型得到的液滴粒径最小,其穿透深度也最小,不适用于超声速条件下的破碎过程;随机二次破碎(stochastic secondary droplet, SSD)模型计算的液滴粒径尺寸较为均一;Reitz 波不稳定性模型与 K‐H/R‐T 模型的结果相近,而 K‐H/R‐T 模型得到的穿透深度与试验更为相符。Im 等[150]采用修正的 K‐H/R‐T 混合破碎模型,对超声速来流中水垂直喷注过程进行计算,计算给出了比较合理的液体射流穿透深度以及液滴粒径分布,但部分计算结果与试验结果对比还存在一定差距。杨顺华[151]进一步利用 Lin[101]的试验数据修正 K‐H/R‐T 混合破碎模型中的部分参数,使模拟结果更加准确,但涉及的经验参数难以准确给出。刘静[10]结合超声速气流中横向射流的雾化特点以及试验测量结果,继续对 K‐H/R‐T 混合模型进行了改进,使之成为专门用于计算超声速气流中燃料雾化的雾化模型,其计算结果与试验测量值符合较好。

　　关于超声速气流中液体横向射流仿真的最新研究报道见于国防科技大学,李佩波等[152]基于 Euler-Lagrange 方法,将大涡模拟[153]与颗粒轨道模型结合,编写了超声速条件下的两相大涡模拟计算程序,并对超声速气流中水射流的气液相互作用过程进行了数值模拟。

由于液体横向射流雾化过程是一个十分复杂的两相流动过程,且其流动形态从完全液相经历稠密相逐渐转变为稀疏相,其所涉及的物理尺度与时间尺度跨度非常大,这给数值模拟过程带来非常大的挑战。液体燃料射流喷雾的早期数值模拟研究中,借助实验获得的射流雾化完全后的液滴粒径及速度参数,学者们提出了适用于不同喷注方式的液滴分布模型,如 Rosin-Rammler 分布函数以及对数-正态分布函数。基于这些经验模型,人们忽略具体的雾化过程,直接在燃料喷孔处指定液滴的粒径及速度。如此设置能够极大地简化数值计算过程,同时还能获取相对合理的燃料气相组分分布及燃烧流场[154-156]。在燃气轮机中喷雾燃烧的数值模拟研究中,Patel 等[157]对比了有无破碎模型对结果的影响,并且指出雾化模型对后续的蒸发燃烧过程有非常重要的影响。Knudsen 等[158]进一步指出虽然目前采用的湍流燃烧模型具有较好的预测能力,但是必须首先验证雾化模型对蒸发及燃烧的影响。对于超声速气流中的液体横向射流雾化过程的影响将更加明显。由于气流的流动方向与液体横向射流的喷注方向垂直,液滴的初始粒径对液体横向射流的穿透深度具有较大的影响,进而影响到燃料的分布及蒸发过程,最终影响到燃料的分布,因此有必要对液体横向射流雾化的具体过程进行模拟。

目前针对射流破碎雾化过程应用较为广泛的数值模拟方法主要有两大类:界面追踪方法和基于拉格朗日粒子追踪的破碎模型方法。通过模拟和追踪气液界面的发展过程,界面追踪方法能够较为精细地捕捉到液体横向射流柱上的表面波发展过程以及射流柱的断裂破碎过程[159-162]。Xiao 等[163,164]采用 Level Set 与流体体积法(volume of fluid,VOF)耦合的界面追踪方法研究了超声速气流中液体横向射流的一次破碎机制。计算结果观察到两种分别与表面破碎和液柱破碎相关的涡旋,发现 R-T(Rayleigh-Taylor)不稳定性在表面波的发展中起着重要作用,进而导致射流柱破碎,如图 1.7 所示。虽然界面追踪方法能够获得较好的射流

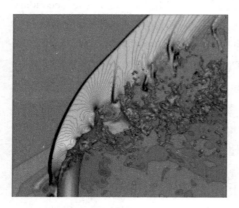

图 1.7 基于界面追踪方法模拟的
射流一次雾化过程[163]

近场破碎过程,但是该种方法计算量较大,想要追踪射流破碎后的每个液滴则会导致计算所用的网格量异常巨大。虽然可以通过考虑界面追踪与质点液滴追踪结合的方法来克服计算量巨大的问题,但相关研究还不够成熟,因此界面方法还不适合用于开展实际燃烧室中射流雾化混合及蒸发燃烧的完整数值模拟。

拉格朗日粒子追踪方法较为成熟。该方法中气相采用欧拉方法直接求解N-S方程,液相采用拉格朗日方法计算液滴在流场中的运动轨迹及液滴参数沿轨迹的变化,气相和液相之间通过源项进行质量、动量以及能量的交换。基于该方法能够非常方便地利用模型考虑液滴的破碎、碰撞、蒸发、燃烧等物理化学过程,因而在液体燃料射流雾化混合及燃烧数值研究中得到了广泛的应用。在利用欧拉-拉格朗日方法对液体燃料射流喷雾混合过程进行数值仿真时,建立合适的射流雾化模型至关重要。基于实验数据及理论分析,研究人员提出了多种液滴破碎模型。其中最成功和使用最广泛的模型包括基于液滴振荡及变形过程的 TAB 模型[165]、基于射流柱线性稳定性分析的波动破碎模型[166]和 K-H/R-T(Kelvin-Helmholtz/Rayleigh-Taylor)破碎模型[167]以及基于上述模型的各种改进模型[168,169]。虽然这些破碎模型都是在内燃机等低速条件下发展起来的,但是其也被广泛应用于亚声速气流[170-176]及超声速气流[177,178]中液体横向射流的数值模拟研究中。通过对模型中的系数进行修正,能够获得与实验基本吻合的结果。本节仅简要介绍超声速气流中液体横向射流的数值模拟结果。

Im 等[35,150,179]针对超声速气流中液体横向射流开展了大量的数值模拟工作。他们认为在超声速气流中液柱和液滴的破碎雾化处于灾型模式,并通过考虑可压缩效应以及添加新的液滴质量衰减控制方程改进了 K-H/R-T 混合破碎模型,同时采用一个初始破碎时间作为 R-T 破碎模型的控制开关,进而对Lin 等[101]的超声速气流中液体横向射流进行了数值模拟,如图 1.8 所示。计算结果给出了合理的液雾穿透深度、展向宽度以及液滴尺寸、速度分布。尽管部分结果与试验结果存在一定的差距,但这些数值工作表明由低速条件发展而来的雾化模型经过合理修正后可以应用于超声速气流中的液体横向射流研究中。Yue 等[148,180]基于 KIVA 程序对随机轨道模型进行了修正,考虑了气流的可压缩效应、流场的不均匀性以及液滴变形对液滴运动的影响,采用 TAB 模型模拟雾化过程,进而对超声速气流中液体煤油横向射流进行了数值模拟研究。计算结果显示的气相流场及液雾结构较为合理。陈亮等[181]基于欧拉-拉格朗日方法及波动破碎模型研究了喷注压力、燃烧室进口总温及液体物性对超声速气流中液体横向射流雾化特性的影响。结果表明喷注压力增大使得射流穿透深度

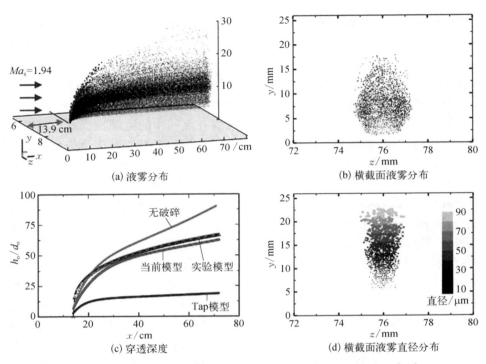

(a) 液雾分布

(b) 横截面液雾分布

(c) 穿透深度

(d) 横截面液雾直径分布

图 1.8　KH/RT 混合破碎模型计算得到的喷雾结构及穿透深度[150]

增加,燃烧室入口温度升高使得液体横向射流穿透深度减小,表面张力越大的液体其雾化后形成的液滴粒径越大。杨顺华等[151,182-184]也对超声速气流中液体横向射流开展了大量的数值及实验研究。基于精细的实验结果,他们修正了波动破碎模型中的系数,并将其与 R-T 模型耦合,计算结果获得了与实验数据吻合较好的穿透深度、液滴粒径、液滴速度。同时他们还将液体燃料射流的雾化模型嵌入到自主研发的并行软件 AHL3D 中并开展了超燃冲压发动机中液体煤油射流燃烧的三维大规模并行计算。杨东超等[149,185]对比了四种破碎模型对超声速气流中液体横向射流雾化计算的效果。他们指出数值模拟中液滴的实际追踪数目对计算结果有较大影响。根据可压缩条件下线性稳定性分析,他们改进了 K-H/R-T 模型进而扩大了其适用范围。刘静等[30,34,122,186,187]对超声速气流中液体横向射流也进行了大量的数值研究。通过采用新的混合临界时间判断方法对 K-H/R-T 模型进行了修正,对比了穿透深度、液滴速度、液滴粒径等计算结果,发现改进后的混合破碎模型比 TAB、Wave 破碎模型要好。他们指出通过调整 TAB 破碎中的破碎系数能够获得更好的液雾粒径及速度分布。他们还研究了湍流度和附面层厚度对液雾穿透深度的影响,发现湍流度和附面层厚度并不是主要的影响因素,认为雾化模型是影响液雾穿透深度的关键因素。Wang 等[188]与 Fan 等[189,190]基于欧拉-拉格朗日方法实现了非结构网格中液体横向射流的雾化过程的大规模数值模拟,并对比了不同破碎模型的影响,发现 K-H/R-T 混合破碎模型可以更准确地预测射流穿透深度以及液滴的尺寸分布。他们还对比研究了四种随机喷注模型的影响,如图 1.9 所示,结果发现初始喷注液滴获得的随机分量对下游的液雾结构具有十分重要的影响。

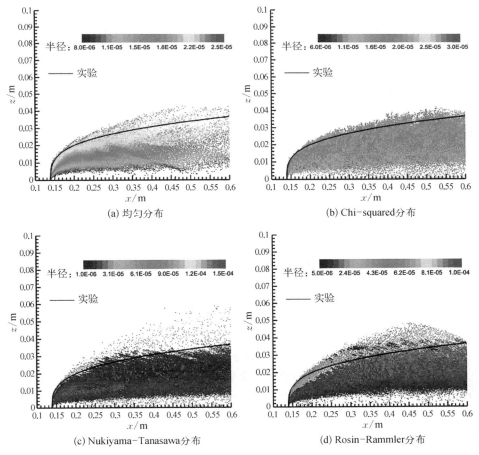

图 1.9　采用不同概率密度函数的随机喷注模型获得的喷雾流场结构[191]

　　综上可知,当前基于欧拉-拉格朗日方法对超声速气流中液体横向射流已开展了大量的数值模拟工作,但是值得注意的是现有数值研究多局限于对实现或改进的破碎模型进行检验,而很少对射流喷雾的三维混合机制、气液相互作用过程等进行深入分析。同时数值模拟多采用雷诺平均方程(Reynolds averaged Navier-Stokes equations, RANS)方法,获得的流场结构不够精细,无法对液体横向射流流场的动态发展过程进行分析。因此有必要开展更加精细的大规模数值模拟,以研究液体横向射流中的气液相互作用、非稳态特性及三维混合过程。

　　总之,超声速气流中液体横向射流受气动力作用,界面结构复杂,尺度差异大,变形剧烈,数值仿真难度较大。目前采用的仿真方法对射流一次破碎模型的依赖较大,计算结果的准确性和精度仍需要通过标准试验进行检验,开展超声速气流条件下的射流破碎雾化机理试验依然十分必要和有效。

1.3　超声速气流中液体横向射流喷雾的分布特性研究进展

1.3.1　穿透深度

　　穿透深度是表征超声速横向气流中液体横向射流纵向分布的重要指标。液体横向射流穿透越深,表明液体燃料能够与更多的来流气体接触并混合,更有利于气液混合燃烧。研究者采用光学观测手段对超声速气流中液体横向射流进行拍照,后经过图像处理、射流边界拟合得到了大量的经验公式。这些经验公式的表达形式一般分为幂函数、指数函数和对数函数三种形式。实验结果表明,液气动量比 q、喷嘴直径 d、喷注角度 θ 是影响液体横向射流穿透深度的主要因素。由于实验观测方法和图像处理手段的差异,不同研究者得到的穿透深度经验公式的预测效果和适用条件往往不同。表 1.1 给出了此前研究者们的实验工况、实验方法及拟合得到的经验公式。

**表 1.1　超声速横流中液体横向射流穿透深度
经验公式(h 表示射流穿透深度)**

时间/年	作　者	经　验　公　式	马赫数	试验方法
1972	Yates[88]	$h/d = 1.15q^{0.5}\ln[1 + 6(x/d)]$	1.6, 2.7	摄影法

续 表

时间/年	作 者	经 验 公 式	马赫数	试验方法
1973	Kush 等[89]	$h/d = 6q^{0.49}$	2.0, 4.0	阴影法
1975	Joshi 等[191]	$\dfrac{h}{d} = 5.75(\bar{q})^{1/2}C_{d}\left(\dfrac{d_{eq}}{d}\right)^{2}\left(\dfrac{d}{d_{s}}\right)^{0.46}$	2.0, 4.0	摄影法
1979	Baranovsky 等[192]	$h/d = 1.32q^{0.5}\ln[1+6(x/d)]\sin(2\theta/3)$	3.0	阴影法
1980	Baranovsky 等[193]	$h/d_{j} = 1.32q^{0.5}C_{d}\left(\dfrac{d_{eq}}{d_{f}}\right)^{2}\left(\dfrac{d_{f}}{d_{s}}\right)^{0.46}\ln(1+6x/d_{j})\sin(2\theta/3)$	2.0~4.0	阴影法
2002	Lin 等[194]	$h/d = 3.94q^{0.47}(x/d)^{0.21}$	1.94	阴影法
2004	Lin 等[101]	$h/d = 4.73q^{0.3}(x/d)^{0.3}$ $(h-h_{0})/d_{0} = 6.34q_{0}^{-0.28}(x/d_{0})^{0.30}GLR^{0.15}$	1.94	PDPA 法
2005	Dixon 等[195]	$h/d_{0} = 1.5(1+\sin\theta)^{1.8}(x/d)^{0.29}q^{0.23}GLR^{0.032}$	1.94	阴影法
2009	Perurena 等[109]	$h/d = 3.5q^{0.3}(x/d)^{0.38}$	6	高速摄影
2009	Ghenai 等[106]	$h/d = 3.88q^{0.4}(x/d)^{0.2}$	1.5	高速摄影
2012	Yang[126]	$h/d = 1.702(e^{\cos\theta})^{-0.117}(\sin\theta)^{1.807}q^{0.553}(x/d)^{0.296}$	2.0	纹影法
2016	Wu[141]	$h/d = 0.32q^{-0.2}\cdot(x/d)^{0.5}$	2.1	脉冲背景成像
2020	Sathiyamoorthy[196]	$\dfrac{h}{d} = 3.8\times q^{0.39}\times\left(\dfrac{x}{d}\right)^{0.23}$ $\dfrac{h}{d_{s}} = 3.8\times q_{m}^{0.33}\times\left(\dfrac{x}{d_{s}}\right)^{0.265}+\left(\dfrac{l}{d_{s}}\right)\times 0.1$	1.9	阴影法

  Yates[88]首先利用直接拍照的方法,研究了水和酒精在超声速气流中的穿透深度,分析了马赫数、喷射介质黏性和表面张力对穿透深度的影响。研究指出,穿透深度和展向宽度只与液气动量通量比 q 相关,并基于喷孔的有效直径对无量纲化后的穿透深度和展向宽度进行了经验公式拟合。Less[197]采用在水中加入固体颗粒的方法研究液体横向射流的破碎过程和穿透深度情况,当固体颗粒物的直径小于 40 μm 时,固体颗粒对液体横向射流的破碎过程影响不大,但当固体颗粒物直径超过 40 μm 后,固体颗粒会在喷射过程中脱离液体横向射流而穿入更高的位置。Kush 等[89]采用高速拍照的方法研究马赫数、喷注介质物理属性对破碎过程和穿透深度的影响,研究发现超声速液体横向射流破碎过

程具有强烈的非定常特性,射流的破碎模式主要受 q 影响,液体黏性和表面张力几乎对破碎过程和穿透深度不产生影响。Baranovsky 等[192]研究了喷注角度对穿透深度和破碎过程的影响,并将喷注角度信息融入 Yates[88]关于穿透深度的经验公式,同时通过与平板喷注的对比,对支杆喷注效果进行了评估。Lin 等[99]采用激光片光照明方法和阴影拍照方法研究了气泡雾化喷嘴在超声速横向气流($Ma=1.85$)中的雾化结构和穿透深度,同时对比了气泡雾化喷嘴与纯液体喷嘴的雾化优劣性,认为采用气泡雾化喷嘴有利于增大穿透深度。Lin 等[100]进一步研究了超声速横向气流($Ma=1.94$)中不同喷射角度下气泡雾化喷嘴的穿透深度,并将喷射角度信息融入穿透深度经验公式。Ghenai 等[15,106]研究了超声速气流($Ma=1.5$)中气泡雾化喷嘴的穿透深度和雾化特性,在对比了不同含气率条件下的喷注雾化后认为 q 和含气率是影响液体横向射流在超声速气流中穿透深度的最主要因素。如图 1.10 所示,针对同一试验工况,采用 PDA 获取得到的液体横向射流穿透深度最大,高速摄影获取的液体横向射流穿透深度最小,Li 等[198]引入液滴体积分数的概念,极好地减少了由于统计数据不足而造成的不确定性。

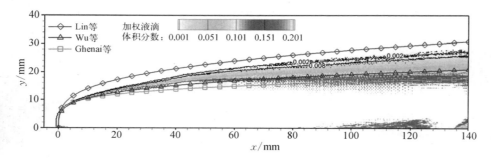

图 1.10　计算穿透深度结果与实验结果比较[198]

Zhu 等[199]采用实验和数值仿真的方法研究了脉冲喷射方式对超声速横向气流($Ma=2.0$)中液体横向射流穿透深度的影响,研究表明脉冲喷射方式对液体横向射流穿透深度影响不大。但当速度脉动的频率达到液体横向射流本身的 R-T 不稳定性频率时,速度脉动会替代 R-T 不稳定性并主导液体横向射流一次破碎,同时速度脉动增加了尾迹区的涡尺度和展向宽度,进而提高了液体射流穿透深度。Hu 等[178]提出了伴随气体的横向液体喷射方案,并采用实验和数值仿真方法研究了伴随气体射流对超声速横向气流($Ma=2.85$)中液体横向射流穿透深度的影响。虽然伴随气体射流的加入能显著提高液体横向射流的穿透力,但会造成额外的总压损失。Zhou 等[200]研究了超声速气流($Ma = 2.0$)中椭圆液体横向射流的穿透深度,迎风面积是影响液体横向射流穿透深度的重要因素。随着椭圆喷孔长短轴之比的增大,连续液柱迎风面表面波的波长逐渐增大,射流迎风面积逐渐减小,穿透深度逐渐减小。Sathiyamoorthy[196]研究了串联组合喷注对超声速气流($Ma = 1.9$)中液体横向射流穿透深度的影响,合理排布串联孔间的孔间距可以有效提高液体横向射流穿透深度。Wu 等[141]借鉴气体湍流边界层研究成果定义了无量纲参数喷雾分数,并在喷雾分数的基础上建立了超声速横向气流中液体横向射流喷雾边界预测模型。通过喷雾分数可以较好地描述了喷雾的三维边界,同时喷雾分数的大小及其在空间上的变化梯度能够反映喷雾无振荡分布的强度以及边界带内喷雾浓度的分布(图 1.11)。

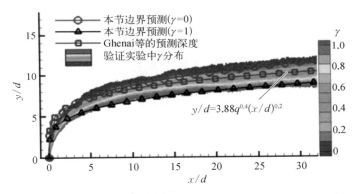

$$y/d = 3.88q^{0.4}(x/d)^{0.2}$$

图 1.11　喷雾边界预测模型评估[141]

1.3.2　展向宽度

　　展向宽度是描述液体横向射流在横向空间分布的重要指标,是发动机喷孔布置的重要参考依据之一。Lin 等[101,201]通过 PDA 研究液体含气率对液体横向射流展向拓展的影响。喷雾在展向横截面一般呈现一种类似半圆的形状,在靠近壁面的位置,横截面外缘开始向中心收缩。随着下游距离的增大,喷雾展向横截面随着穿透深度的增大不断扩大,液体含气率越大,喷雾横截面面积越大。由于受限于两束激光的交叉和试验段的宽度,PDA 一般无法获取近壁面区域的液滴信息。Thomas 等[98]采用侵入式测量方法获得了喷雾场展向横截面的压力、气体质量流率、液体质量流率、液气比等分布,发现喷雾核心区中 1/3 为亚声速区,2/3 为包裹核心区的超声速区。随着下游距离的增大,喷雾的横截面积逐渐增大[101]。Perurena 等[109]采用高速摄影方法获得了射流的展向分布图像,通过边界检测方法获得展向边界并拟合得到了展向扩展宽度曲线。随着喷嘴长宽比增大,射流展向扩展增加。Lin 等[140]采用激光片光技术获取了液体横向射流在下游展向横截面的分布情况,发现液体横向射流在展向横截面的瞬时分布并不均匀,存在明显的褶皱结构(图 1.12)。Wu 等[141]通过三维 PIV 观测到了超声速气流($Ma=2.1$)中液体横向射流展向截面的分布,不同时刻的横截面液雾分布形状完全不同,纵向高度、展向宽度以及液体所占的区域面积等都随时间发生剧烈变化,喷雾横截面整体是一个近似于"Ω"形的结构,并呈现强烈的非定常特性(图 1.13)。此后,吴里银[142]基于蛋椭圆曲线方程和五个系数模型,通过喷雾分数对射流展向横截面喷雾分布进行了重构。Li 等[198]采用数值计算获得的液体喷雾分布与吴里银的实验结果吻合较好。随着射流向下游发展,液体喷雾扩展得更宽,液体喷雾的边界区域也变得更宽(图 1.14)。Zhou 等[200]研究了超声速横向气流($Ma=2.0$)中椭圆喷孔对液体横向射流展向扩展角的影响。研究表明,喷嘴迎风面积是影响液体横向射流展向扩展角的重要原因,相较不同方向迎风的椭圆喷孔,圆孔拥有最大的展向扩展角。Lin 等[101]和 Dixon 等[195]采用 PDPA 方法获得了喷雾横截面面积,分析了喷注角度、GLR 和液气动量比 q 对射流横截面分布的影响。表 1.2 给出了此前研究者们拟合得的经验公式、实验工况和实验方法。

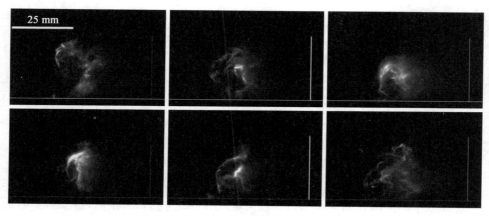

图 1.12　喷雾横截面分布($Ma=1.94$)[140]

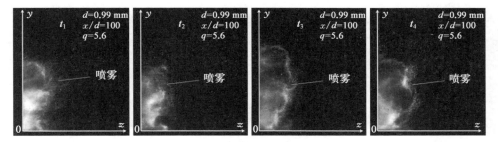

图 1.13　四个随机时刻的喷雾截面分布 ($Ma = 2.1$)[141]

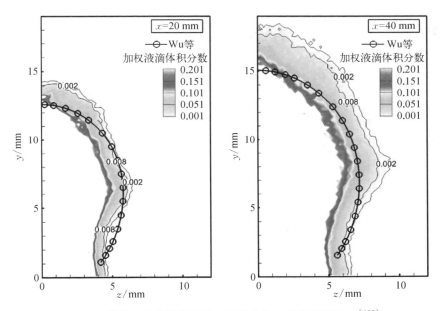

图 1.14　横截面上模拟得到的喷雾分布与实验结果的比较[198]

表 1.2　超声速横流中液体横向射流展向宽度
经验公式（w 表示射流展向宽度）

时间/年	作　者	经　验　公　式	马赫数	试验方法
1972	Yates[88]	$w_{max}/d_e = 10.4(p_{t_j}/p_\infty)^{0.25}/Ma^{0.5}$	2.7	摄影法
2004	Lin 等[101]	$A_j/A_0 = 31.9q_0^{0.21}(x/d_0)^{0.75} \cdot$ $[1 + 2.36GLR^{0.23}(x/d_0)^{-0.29}]$	1.94	PDPA 法
2005	Dixon 等[103]	$A_{j,\,GLR>0}/A_0 = (A_{j,\,GLR=0}/A_0) \cdot$ $[1 + 6.1(1 + \sin\theta)^{-2.3}(x/d_0)^{-0.19}q_0^{0.11}GLR^{0.30}]$	1.94	PDPA 法
2005	Dixon 等[195]	$w/d = 2.3(1 + \sin\theta)^{0.011}(x/d)^{0.44}q^{0.016}$ $w/d = 2.9(1 + \sin\theta)^{0.27} \cdot (x/d)^{0.24}q^{0.17}GLR^{0.17}$	1.94	平面激光 成像法
2009	Perurena 等[109]	$w/d = 2.1q^{0.38}(x/d)^{2.47}$	6	高速摄影

1.4　超声速气流中液体横向射流喷雾的雾化特性研究进展

1.4.1　液滴粒径分布

在液体横向射流问题中,液体燃料一般同时受到气动力、黏性力和表面张力的共同作用发生雾化破碎,雾化破碎后的液滴尺寸分布较广。由于横向射流问题本身就是在复杂湍流流场中的跨尺度两相流动,理论研究与数值研究难度极大。因此,学者们普遍采用实验方法研究燃料液滴的液滴尺寸,实验方法中应用最广的便是 PDA、马尔文和激光全息技术,这三种实验手段均为非接触式光学测量技术。统计学上,存在多种描述液滴平均直径的说法,实验中多采用索特平均直径(Sauter mean diameter, SMD)对雾化液滴直径进行描述。

Bolszo 等[202]采用马尔文方法研究了液体横向射流的喷雾特性,建立了 SMD 与液气动量比 q、气体雷诺数 Re_g 等的拟合关系式:

$$\frac{D_{32}}{d} = 9.33 \times 10^7 \left(\frac{y}{d}\right)^{1.173} q^{-1.711} Re_g^{-2.087} We_{aero}^{-0.419}$$

Lin 等[101]采用 PDA 设备研究了液体横向射流喷雾场结构和雾化特性,研究结果表明：雾化液滴直径与沿气流方向无量纲距离 x/d 有关，当 $x/d>50$ 时，液滴直径基本不变，SMD 分布较为均匀，液滴粒径分布呈"S"形，液滴粒径最小值位于 $y/d=0.6$ 处；GLR 越大，雾化液滴粒径分布越均匀。

Miller[203] 采用数字全息诊断技术研究了喷嘴直径、GLR 对液体横向射流下游 SMD 的影响。如图 1.15 所示，喷嘴直径越大，SMD 越大；GLR 越大，SMD 越小且尺寸分布更均匀。

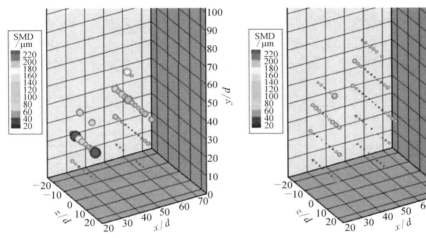

(a) SMD分布，GLR=4%，q=0.74，d=1 mm　　　　(b) SMD分布，GLR=8%，q=0.74，d=1 mm

图 1.15　液滴 SMD 分布[203]

Adebayo 等[204] 采用数字全息诊断技术研究了亚声速气流中液体横向射流液滴尺寸分布特性，并将得到的液滴尺寸分布和现有的四种概率分布函数（随机正态、Simmons 分布、对数正态、Rosin-Rammler 分布）进行了拟合。研究结果表明：对数正态分布和实验获得的液滴尺寸结果拟合较好。陈亮等[123] 采用全息诊断、高速纹影方法研究了超声速气流中液体横向射流喷雾特性，实验获得了液滴粒径的空间分布规律。研究结果表明：当 $x/d=20$ 时，液体横向射流就已经雾化成为粒径较小的液滴群。随着流动的发展，其分布渐趋均匀。李丽远[205] 等采用 Malvern 设备研究了不同结构的空气雾化喷嘴的喷雾特性。其研究结果表明：增大来流速度能够在一定程度上较小喷雾的液滴尺寸，来流速度增大，韦伯数增大，其在很大程度上影响大液滴的破碎。Brown 等[206] 采用 PDA 研究了燃料种类、韦伯数和液气动量比对横向射流喷雾特性的影响。研究结果表明,高韦伯数情况下,液滴直径、液滴速度和液滴数密度的变化趋势较不明显,当地韦伯数是主导射流破碎模式并最终影响射流喷雾特性的重要原因。

1.4.2　液滴速度分布

液滴速度是评价液体横向射流喷雾特性的重要指标,其与 1.4.1 节液滴尺寸联系紧密,通过研究液滴速度的变化规律,可以更好地认识横向射流二次破碎过程。当前对于液滴速度的研究多采用 PDA 或激光片光方法。Brown[206] 采用 PDA 研究了气流韦伯数对不同流向位置处液滴速度的影响。从图 1.16 中可以看出,在喷雾远场,速度分布渐趋均匀,液体燃料物性参数对速度分布的影响很小。

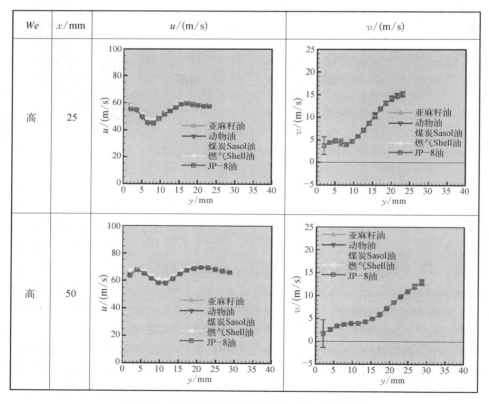

图 1.16　液滴轴向速度以及展向速度分布[206]

李春[207]采用 PDA 研究了液体横向射流不同流向位置处液滴速度分布情况。研究结果表明：各展向截面液滴沿喷注方向的速度分布基本呈镜像"C"形，这一分布规律与液滴的尺寸分布规律差异较大。Lin 等[101]采用 PDA 研究了横向射流不同流向位置液滴沿气流方向的速度分布。其研究结果表明：各展向截面液滴纵向速度分布呈镜像"S"形，速度最大值在 $y/d=0.6$ 处；气液比的增加使得液滴的速度分布变得更加均匀。

通过对液体横向射流液滴速度的研究可以进一步了解喷雾场内部的气液相互作用，并从微观角度的液滴粒径、速度信息理解液体横向射流的空间分布规律。液体横向射流经过破碎之后，形成形状不规则的大液块和近似球形的大液滴，在随着气流运动过程中，不断破碎成更小的液滴。在不考虑蒸发的前提下，最终形成具有一定空间分布规律的小液滴群，液滴的尺寸分布，速度分布，数密度分布和气液质量比都是雾化特性的研究范畴。在自由射流或者低速气流中的射流中，能够获取液滴动态信息的光学诊断方法主要有两种，一种是通过高时空分辨率的图像，直接提取液滴尺寸信息，然后通过计算相关图像之间的液滴位移差，获取液滴运动信息。

研究者考虑了多种测量方法结合研究雾化特性。Lin 等[101]采用高速阴影法和 PDPA 研究了 $Ma1.94$ 气流中液体横向射流的雾化特性，发现局部的液滴尺寸分布和速度分布极大地影响了喷雾整体的分布特征。其中采用 PDPA 测量了射流中心对称面和横截面的分布，由点及线到面地还原了液滴动态信息在不同维度上的时均分布。研究指出无量纲后的中心对称面粒径分布和速度分布沿纵向分别呈现"S"形和镜像"S"形，液滴的直径和速度呈现负相关关系，即液滴速度越大意味着受到气动作用越强烈，也就越容易破碎成更小的液滴。研究还认为二次雾化在 100 倍的喷孔直径距离以内完成，超过这个距离之后，喷雾的 SMD 几乎不再变化，保持在 10 μm 左右。Lin 等在之后的研究中，又尝试采用激光片光成像[144]、X 射线[208,209]和 PDPA[144]等多种手段进行测量。研究给出了喷雾横截面上的体积流率、速度和 SMD 的分布，指出流向的体积流率在横截面上呈现"肾形"分布，下游的 SMD 分布则显示出射流横截面内部更加均匀，外缘存在大小不均的液滴分布的现象。但 Lin 在研究[144]中也指出激光片光成像和 PDPA 获得的横截面信息都存在一定误差，还需要进一步提高光学诊断技术水平。Zhang 等[210]利用 PDA[211]的测量体横截面与流向的位置关系，直接通过 PDA 测量数据率等参数，计算质量流率，获得了喷孔下游 40 mm 位置的横截面液滴分布，呈现了"肾形"结构分布，给出了总体的液滴直径的体积概率密度分布,该研究主要是拓展了 PDA 的使用。

随着研究的深入,许多研究者提供了更加精细的液滴分布规律。Wu 等[212]同样采用 PDPA 研究了亚声速中的喷雾结构,发现由于初始动量比较大,液滴主要集中分布在喷雾面的上边缘。Sinha 等[213]采用长距离显微成像技术获得了高分辨率(2 μm/pixel)的横向气流中(温度 418 K)的射流图像,并运用粒子图像分析技术(particle droplets image analysis, PDIA)景深修正技术(depth of field, DOF)获得了液滴的速度和直径信息。研究发现 SMD 在下游有增大的现象,研究者把这种现象归结于小液滴的蒸发使得液滴尺寸减小到现有分辨率水平以下,导致了大尺寸液滴占比增加,SMD 在下游增大的现象。在研究液滴尺寸分布时采用了液滴数目的概率密度分布(PDF),发现在不同的尺寸范围上存在两个峰值,并且随着流向距离增大,小液滴对应的峰值逐渐减小,从而印证了是由小液滴蒸发导致了下游 SMD 的增大。李佩波等[214]在研究中也发现类似的规律,并通过分析大小尺寸的液滴运动给出了解释。

为了获取喷雾的速度分布,Wang 等[32]采用 PIV 技术,以雾化之后的液滴作为示踪粒子,通过相关图像之间的计算获得了液体的速度分布,如图 1.17 所示。研究发现在 $x/d<15$ 的距离内,喷雾处于加速状态,之后喷雾保持内部低速外部高速的分布形式向下游发展。该研究说明喷雾在离开喷孔之后很短的距离内就达到较大速度,加速距离短。然而采用 PIV 存在明显技术问题,例如液滴尺寸、空间密度分布相差较大,对后期图像此采集和计算造成了很大的误差,得到的速度场较为粗糙,难以反映更加精细的流场结构。

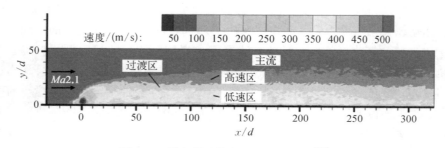

图 1.17　横向射流喷雾速度分区特征[32]

为了获得更加直接的液滴速度和尺寸,吴里银等[24]采用 PDA 的方法直接测量经过空间一点的液滴的动态信息,研究发现在喷雾的中心对称面上,SMD 沿纵向呈"C"形到"I"形过渡的分布,如图 1.18 所示,说明喷雾在发展过程完成破碎并混合均匀。在 $x/d<50$ 的距离内,液体射流的二次雾化已经基本完成。需要注意的是,这里出现的"C"形分布并非是从喷注壁面到达穿透深度的全部高度,由于两束激光的交叉和试验段的宽度,导致在测量中心对称面时,需要预留一定高度,避免激光被遮挡,在吴里银的试验中,PDA 测点的起始位置 9 mm,这个距离显然是不可忽略的,这是吴里银的试验结果和 Lin 等[101] 提出的"S"形分布(图 1.19)产生不同的客观原因。

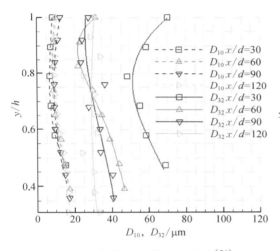

图 1.18 液滴尺寸的"C"形分布[24]

图 1.19 液滴尺寸的"S"形分布[101]

在超声速气流中的液体喷雾特性的研究中,尽管很多研究者希望通过数值模拟的方法对气液混合过程深入研究,但目前的研究表明,在加入了各种修正的破碎模型之后,尽管仿真结果能够在射流的空间分布上与实验取得一致,但依然很难在液滴尺寸上与试验结果取得较好的一致性[214]。在低速气流中的射流研究中,Fontes 等[215]采用数值方法研究了液体横向射流在低速气流中的破碎雾化过程,其中一次破碎以及射流柱和气流相互作用过程采用 VOF 方法模拟,然后根据试验得到的经验关系式,在特定的位置给定液滴,采用离散的拉格朗日方法模拟液滴破碎和碰撞过程,通过这种混合的模型得到的结果与试验吻合较好,同时节省了计算量。Mashayek 等[77]针对亚声速气流中的射流破碎问题提出用一种连续射流液柱模拟一次破碎过程的模型。研究考虑了液体射流轨迹,横截面形变,质量损失,一次破碎以及二次破碎等子模型,采用沿着射流液柱背风面喷注液滴的方式模拟雾化过程。该模型的建立极大节省了计算量,使预测模型可以适用于更宽的喷注参数范围。

总体来看,喷雾的雾化特性包含了喷雾基本的组成——液滴的所有动态信息,液滴尺寸和速度在喷雾空间不同位置具有不同的分布规律,这是气液两相相互作用的必然结果。在超声速气流中,液滴动态信息的直接获取是一个难题,直接决定了喷雾定量研究的水平。尽管研究表明,通过直接拍照和全息成像技术可以得到液滴的尺寸和速度信息,但在精度和数据量上,基于多普勒相位原理的光学诊断技术显然更具优势。喷雾雾化特性的研究需要在更丰富的液滴数据上开展,因此有必要进行更加详细的试验探究。

1.5 小结

本章首先介绍了超声速气流中液体横向射流雾化的研究背景和研究意义,随后对超声速气流中液体横向射流雾化研究手段进行了综述,最后系统地介绍了超声速气流中液体横向射流空间分布特性和雾化特性的研究进展。

(1)超声速气流中液体横向射流雾化的研究历史悠久,主要的研究手段包括理论研究、实验研究和数值研究,限于超声速气液两相流动的复杂性和特殊性,理论研究仍存在一定挑战,实验和数值研究仍是超声速气流中液体横向射流雾化的主要研究手段,随着光学实验手段的发展和计算机硬件的革新,高时空分辨率的实验和高精度大规模仿真将为研究者对该问题的深入研究提供重要支撑。

(2)穿透深度和展向宽度是表征超声速气流中液体横向射流纵向和横向分布的重要指标。基于大量的实验和数值仿真,研究者总结了大量穿透深度和展向宽度的经验公式,这些经验公式的表达形式一般分为幂函数、指数函数和对数函数三种形式。液气动量比 q、喷嘴直径 d、喷注角度 θ 是影响液体横向射流穿透深度的主要因素。迎风面积是影响液体横向射流展向宽度的主要因素。

(3)PDA 实验测量是当前针对超声速气流中液体横向射流雾化特性研究最准确的实验手段。利用相位多普勒原理,PDA 可测量液滴的粒径和速度分布,这对了解液滴在超声速气流中的雾化好坏和运动规律有着重要意义。液滴在中心对称面上的粒径分布呈"S"形或"C"形,而速度分布呈现镜像"S"形。

参考文献

[1] Heiser W H, Pratt D T. Hypersonic airbreathing propulsion[M]. Washington: American Institute of Aeronautics and Astronautics, 1994.

[2] 占云.高超声速技术(HyTech)计划[J].飞航导弹,2003,3：43-49.

[3] Boudreau A H. Status of the U.S. Air Force HyTech program[C]. Virginia: 12th AIAA International Space Planes and Hypersonic Systems and Technologies, 2003.

[4] Edwards T, Maurice L. HyTech fuels/fuel system research[C]. Norfolk: 8th AIAA International Space Planes and Hypersonic Systems and Technologies, 1998.

[5] Perurena B, Asma C O, Theunissen R, et al. Experimental investigation of liquid jet injection into hypersonic crossflow[J]. Experiments in Fluids, 2009, 46: 403-417.

[6] Huebner L D, Rock K E, Witte D W, et al. Hyper-X engine testing in the NASA Langley 8-foot high temperature tunnel[C]. Huntsville: 36th AIAA/ASME/SAE/ASEE Joint Propulsion Conference and Exhibit, 2000.

[7] 温杰.美国海军的 HyFly 计划[J].飞航导弹,2008,12：10-13.

[8] Smart M. Sustained hypersonic flight — It's harder than rocket science[C] Melbourne: Ultra-High Temperature Ceramics: Materials for Extreme Environment Applications Ⅲ, 2015.

[9] Bolender M A, Dauby B, Muse J A, et al. HIFiRE 6: Overview and status update 2014 [C]. Glasgow: 20th AIAA International Space Planes and Hypersonic Systems and Technologies Conference, 2015.

[10] 刘静.超声速气流中横向燃油喷雾的数值模拟和实验研究[D].北京：北京航空航天大学,2010.

[11] 席文雄.超声速气流中的点火启动及其强化机理研究[D].长沙：国防科学技术大学,2013.

[12] 孙明波.超声速来流稳焰凹腔的流动及火焰稳定机制研究[D].长沙：国防科学技术大学,2008.

[13] 汪洪波.超声速燃烧室中凹腔流动及凹腔稳定的射流燃烧振荡机制研究[D].长沙：国防科学技术大学,2012.

[14] 吴海燕.超燃冲压发动机燃烧室两相流混合燃烧过程仿真及实验研究[D].长沙：国防科学技术大学,2009.

[15] Ghenai C, Sapmaz H, Lin C X. Characterization of aerated liquid jet in subsonic and supersonic crossflow[C]. Tucson: 41st AIAA/ASME/SAE/ASEE Joint Propulsion Conference

and Exhibit, 2005.

[16] Cox S K, Schetz R P, Walters R W. Vortical interactions generated by an injector array to enhance mixing in supersonic flow[C]. Reno: 32st Aerospace Sciences Meeting and Exhibit, 1994.

[17] Gauba G, Haj-Hariri H, Mcdaniel J C. Numerical and experimental investigation of hydrogen combustion in a Mach 2 airflow with an unswept ramp fuel injector[C]. San Diego: 31st Joint Propulsion Conference and Exhibit, 1995.

[18] Eklund D R, Baurle R A, Gruber M R. Numerical study of a scramjet combustor fueled by an aerodynamic ramp injector in dual-mode combustion[C]. Reno: 39th Aerospace Sciences Meeting and Exhibit, 2001.

[19] Rowley C W, Colonius T, Basu A J. On self-sustained oscillations in two-dimensional compressible flow over rectangular cavities[J]. Fluid Mechanics, 2002, 455(6): 315 − 346.

[20] Raman G. Supersonic jet mixing enhancement using impingement tones from obstacles of various geometries[J]. AIAA Journal, 1995, 33(3): 454 − 462.

[21] Muller S, Hawk C W, Bakker P G, et al. Mixing of supersonic jets in a strutjet propulsion system[J]. Journal of Propulsion and Power, 2001, 17(5): 1129 − 1131.

[22] Ben Y A, Mungal G M, Hanson R K. Time evolution and mixing characteristics of hydrogen and ethylene transverse jets in supersonic crossflows[J]. Physics of Fluids, 2006, 18: 26 − 101.

[23] Wu L, Wang Z, Li Q, et al. Study on transient structure characteristics of round liquid jet in supersonic crossflows[J]. Journal of Visualization, 2016, 19(2): 336 − 339.

[24] Wu L, Wang Z, Li Q, et al. Investigations on the droplet distributions in the atomization of kerosene jets in supersonic crossflows[J]. Applied Physics Letters, 2015, 107: 104103.

[25] 王雄辉.横向气流中液体圆柱射流的破碎特性和表面波现象[J].航空动力学报,2012, 27(9): 1979 − 1987.

[26] 费立森,徐胜利,王昌建,等.高速冷态气流中煤油雾化现象的实验研究[J].中国科学 (E 辑: 技术科学),2008,38(1): 72 − 78.

[27] Sallam K A, Aalburg C, Faeth G M. Breakup of round nonturbulent liquid jets in gaseous crossflow[J]. AIAA Journal, 2004, 42(12): 2529 − 2540.

[28] Sankarakrishnan R. Breakup of turbulent round liquid jets in uniform gaseous crossflow [D]. India: Engineering in Mechanical Engineering University of Madras Chennai, 2003.

[29] Wu P K, Kirkendall K A, Fuller R P, et al. Breakup processes of liquid jets in subsonic crossflows[J]. Journal of Propulsion and Power, 1997, 13(1): 64 − 73.

[30] 刘静,徐旭.高速气流中横向液体射流雾化研究进展[J].力学进展,2009,39(3): 273 − 283.

[31]　Li H S, Karagozian A R. Breakup of a liquid jet in supersonic crossflow[J]. AIAA Journal, 1992, 30(7): 1919-1921.

[32]　Wang Z, Wu L, Li Q, et al. Experimental investigation on structures and velocity of liquid jets in a supersonic crossflow[J]. Applied Physics Letters, 2014, 105(13): 134102(1-4).

[33]　俞刚,范学军.超声速燃烧与高超声速推进[J].力学进展,2013,43(5): 449-471.

[34]　刘静,徐旭.超声速横向气流中喷雾的数值模拟[J].火箭推进,2006(5): 32-37.

[35]　Im K S, Lin K C, Lai M C, et al. Breakup modeling of a liquid jet in crossflow[J]. International Journal of Automotive Technology, 2011, 12(4): 489-496.

[36]　Rayleigh L. On the instability of jets[C]. London: Proceedings of the Royal Society of London, Series A, Mathematical and Physical Sciences, 1878.

[37]　Faeth G M, Hsiang L P, Wu P K. Structure and breakup properties of sprays[J]. International Journal Multiphase Flow, 1995, 21(29): 99-127.

[38]　Ashgriz N. Handbook of atomization and sprays[M]. Berlin: Springer, 2011.

[39]　Lin S P, Lian Z W. Mechanisms of the breakup of liquid jets[J]. AIAA Journal, 1990, 28(1): 120-126.

[40]　Ibrahim E. Asymmetric instability of a viscous liquid jet[J]. Journal of Colloid and Interface Science, 1997, 189(1): 181-183.

[41]　Ibrahim E, Williams T. A non-linear model for the atomization of a swirling viscous liquid jet[J]. Proceedings of the Institution of Mechanical Engineers, Part C: Journal of Mechanical Engineering Science, 2008, 222(11): 2137-2145.

[42]　Uddin J, Decent S, Simmons M. Non-linear waves along a rotating non-Newtonian liquid jet [J]. International Journal of Engineering Science, 2008, 46(12): 1253-1265.

[43]　Zhou Z, Lin S. Effects of compressibility on the atomization of liquid jets[J]. Journal of Propulsion and Power, 1992, 8(4): 736-740.

[44]　Erriguible A, Vincent S, Subra P. Numerical investigations of liquid jet breakup in pressurized carbon dioxide: Conditions of two-phase flow in Supercritical Antisolvent Process[J]. The Journal of Supercritical Fluids, 2012, 63(1): 16-24.

[45]　杜青,郭津,包铁成.实际射流参数对加热条件下液体燃料射流不稳定性的影响[J]. 燃烧科学与技术,2005,11(5): 421-426.

[46]　杜青,王青,郭津.加热条件下液体燃料射流破碎机理的研究[J].内燃机学报,2005, 23(5): 423-429.

[47]　Amini G, Ihme M. Liquid jet instability under gravity effects[C]. Grapevine: 51st AIAA Aerospace Sciences Meeting including the New Horizons Forum and Aerospace Exposition, 2013.

[48]　Yang L, Qu Y, Fu Q. Linear stability analysis of a slightly viscoelastic liquid jet[J]. Aerospace Science and Technology, 2013, 28(1): 249-256.

[49] Yang L, Tong M, Fu Q. Linear stability analysis of a three-dimensional viscoelastic liquid jet surrounded by a swirling air stream[J]. Journal of Non-Newtonian Fluid Mechanics, 2013, 191: 1 – 13.

[50] Chang Q, Zhang M, Bai F, et al. Instability analysis of a power law liquid jet[J]. Journal of Non-Newtonian Fluid Mechanics, 2013, 198: 10 – 17.

[51] Gao Z, Ng K. Temporal analysis of power law liquid jets[J]. Computers and Fluids, 2010, 39(5): 820 – 828.

[52] Funada T, Joseph D, Yamashita S. Stability of a liquid jet into incompressible gases and liquids[J]. International Journal of Multiphase Flow, 2004, 30(11): 1279 – 1310.

[53] Yuen M C. Non-linear capillary instability of a liquid jet[J]. Journal of Fluid Mechanics, 1968, 33(1): 151 – 163.

[54] Chaudhary K C, Redekopp L G. The nonlinear capillary instability of a liquid jet[J]. Journal of Fluid Mechanics, 1980, 96(2): 257 – 274.

[55] Shokoohi F, Elrod H. Numerical investigation of the disintegration of liquid jets[J]. Journal of Computational Physics, 1987, 71(2): 324 – 342.

[56] Lewis D J, Taylor G I. The instability of liquid surfaces when accelerated in a direction perpendicular to their planes. Ⅱ[J]. Proceedings of the Royal Society of London Series A Mathematical and Physical Sciences, 1950, 202(1068): 81 – 96.

[57] Taylor G I. The instability of liquid surfaces when accelerated in a direction perpendicular to their planes. I[J]. Proceedings of the Royal Society of London Series a Mathematical and Physical Sciences, 1950, 201(1065): 192 – 196.

[58] Ramaprabhu P, Dimonte G U, Andrews M J. A numerical study of the influence of initial perturbations on the turbulent Rayleigh-Taylor instability[J]. Journal of Fluid Mechanics, 2005, 536: 285 – 319.

[59] Ramaprabhu P. Experimental investigation of Rayleigh-Taylor mixing at small Atwood numbers[J]. Journal of Fluid Mechanics, 2004, 502: 233 – 271.

[60] Harper E Y, Grube G W, Chang I D. On the breakup of accelerating liquid drops[J]. Journal of Fluid Mechanics, 1972, 52(3): 565 – 591.

[61] El-ansary N F, Hoshoudy G A, Abd-elrady A S, et al. Effects of surface tension and rotation on the Rayleigh-Taylor instability[J]. Physical Chemistry Chemical Physics, 2002, 4(8): 1464 – 1470.

[62] Li Y, Zhang P, Kang N. Theoretical analysis of Rayleigh-Taylor instability on a spherical droplet in a gas stream[J]. Applied Mathematical Modelling, 2019, 67: 634 – 644.

[63] Awasthi M K, Agarwal S. Rayleigh-Taylor instability in a spherical configuration: A viscous potential flow approach[J]. Chinese Journal of Physics, 2020, 68: 866 – 873.

[64] Wang S L, Huang Y, Liu Z L. Theoretical analysis of surface waveson a round liquid jetina

gaseous crossflow[J]. Atomization and Sprays, 2014, 24(1): 23 - 40.

[65]　Mahmoud Y D. Nonlinear Rayleigh-Taylor instability of two fluids with cylindrical interfaces: effect of a periodic radial magnetic field[J]. Journal of Magnetism and Magnetic Materials, 1999, 195(3): 779 - 792.

[66]　Reitz R D, Bracco F V. Mechanism of atomization of a liquid jet[J]. The Physics of Fluids, 1982, 25(10): 1730 - 1742.

[67]　Li X. Mechanism of atomization of a liquid jet[J]. Atomization and sprays, 1995, 5(1): 89 - 105.

[68]　曹建明. 液体喷雾学[M]. 北京: 北京大学出版社, 2013.

[69]　Funada T, Joseph D D, Saitoh M, et al. Liquid jet in a high Mach number air stream[J]. International Journal Multiphase Flow, 2006, 32(1): 20 - 50.

[70]　Behzad M, Ashgriz N, Mashayek A. Azimuthal shear instability of a liquid jet injected into a gaseous cross-flow[J]. Journal of Fluid Mechanics, 2015, 767: 146 - 172.

[71]　Sussman M, Puckett E G. A coupled level set and volume-of-fluid method for computing 3d and axisymmetric incompressible two-phase Flows[J]. Journal of Computational Physics, 2000, 162(2): 301 - 337.

[72]　Boeck T, Zaleski S. Viscous versus inviscid instability of two-phase mixing layers with continuous velocity profile[J]. Physics of Fluids, 2005, 17(3): 032106.

[73]　Otto T, Rossi M, Boeck T. Viscous instability of a sheared liquid-gas interface: Dependence on fluid properties and basic velocity profile[J]. Physics of Fluids, 2013, 25(3): 032103.

[74]　Yecko P, Zaleski S, Fullana J M. Viscous modes in two-phase mixing layers[J]. Physics of Fluids, 2002, 14(12): 4115 - 4122.

[75]　Forde J M, Molder S, Szpiro E J. Secondary liquid injection into a supersonic airstream [J]. Journal of Spacecraft and Rockets, 1966, 3(8): 1172 - 1176.

[76]　Catton I, Hill D E, Mcrae R P. Study of liquid jet penetration in a hypersonic stream[J]. AIAA Journal, 1968, 6(11): 2084 - 2089.

[77]　Mashayek A, Jafari A, Ashgriz N. Improved model for the penetration of liquid jets in subsonic crossflows[J]. AIAA Journal, 2008, 46(11): 2674 - 2686.

[78]　Clark M M. Drop breakup in a turbulent flow—I. Conceptual and modeling considerations [J]. Chemical Engineering Science, 1988, 43(3): 671 - 679.

[79]　Mashayek A, Ashgriz N. Model for deformation of drops and liquid jets in gaseous crossflows[J]. AIAA Journal, 2009, 47(2): 303 - 313.

[80]　Gonor A L, Zolotova N V. Spreading and break-up of a drop in a gas stream[J]. Acta Astronauticaica, 1984, 11(2): 137 - 142.

[81]　Mashayek A, Behzad M, Ashgriz N. Multiple injector model for primary breakup of a liquid jet in crossflow[J]. AIAA Journal, 2011, 49: 2407 - 2420.

[82] Rimbert N, Castrillon E S, Meignen R, et al. Spheroidal droplet deformation, oscillation and breakup in uniform outer flow[J]. Journal of Fluid Mechanics, 2020, 904: A15.

[83] 周曜智,李春,李晨阳,等.超声速横向气流中液体射流的轨迹预测与连续液柱模型[J].物理学报,2020,69(23): 219-232.

[84] Catton I, Hill D E, McRae R P. Study of liquid jet penetration in a hypersonic stream[J]. AIAA Journal, 1968, 6(11): 2084-2089.

[85] Lubard S, Schetz J. Atomization and vaporization of a liquid sheet exposed to a supersonic airstream[C]. Cleveland: 4th Propulsion Joint Specialist Conference, 1968.

[86] Sherman A, Schetz J A. Breakup of liquid sheets and jets in a supersonic gas stream[J]. AIAA Journal, 1971, 9(4): 666-673.

[87] Yates C L. Liquid injection into a supersonic stream[R]. AD0741887, 1972.

[88] Yates C L. Liquid injection into supersonic airstreams[C]. Salt Lake City: 7th Propulsion Joint Specialist Conference, 1971.

[89] Kush E, Schetz J. Liquid jet injection into a supersonic flow[C]. New Orleans: 8th Joint Propulsion Specialist Conference, 1972.

[90] Baranovsky S L, Schetz J A. An experimental investigation of methods to increase the liquid jet penetration into supersonic flow[R]. AFOSR-TR-78-1300, 1978.

[91] Baranovsky S I, Schetz J A. Effect of injection angle on liquid injection in supersonic flow [J]. AIAA Journal, 1980, 18(6): 625-629.

[92] Nejad A S, Schetz J A, Jakubowski A K. Mean droplet diameter resulting from atomization of a transverse liquid jet in a supersonic air stream[C]. Baltimore: International Meeting and Technical Display on Global Technology 2000, 1980.

[93] Nejad A S, Schetz J A. Effects of properties and locations in the plume on droplet diameter for injection in a supersonic stream[J]. AIAA Journal, 1983, 21(7): 956-961.

[94] Nejad A S, Schetzt J A. Effects of viscosity and surface tension on a jet plume in supersonic crossflow[J]. AIAA Journal, 1984, 22(4): 458-459.

[95] Schetz J A, Kush E A, Joshi P B. Wave phenomena in liquid jet breakup in a supersonic crossflow[J]. AIAA Journal, 1980, 18(7): 774-778.

[96] Hewitt P W. Atomization of impinging liquid jets in a supersonic crossflow[C]. Orlando: 20th Aerospace Sciences Meeting, 1982.

[97] Less D, Schetz J. Penetration and break-up of slurry jets in a supersonic stream[J]. AIAA Journal, 1982, 21(7): 1045-1046.

[98] Thomas R H, Schetz J A. Distributions across the plume of transverse liquid and slurry jets in supersonic airflow[J]. AIAA Journal, 1985, 23(12): 1892-1901.

[99] Lin K C, Kirkendall K A, Kennedy P J, et al. Spray structures of aerated liquid fuel jets in supersonic crossflows[C]. Los Angeles: 35th Joint Propulsion Conference and Exhibit,

1999.

[100] Lin K C, Kennedy P J, Jackson T A. Spray penetration heights of angle-injected aerated-liquid jets in supersonic crossflows[C]. Reno：38th Aerospace Sciences Meeting and Exhibit, 2000.

[101] Lin K C, Kennedy P J, Jackson T A. Structures of water jets in a Mach 1.94 supersonic crossflow[C]. Reno：42nd AIAA Aerospace Sciences Meeting and Exhibit, 2004.

[102] Sallam K A, Aalburg C, Faeth G M, et al. Breakup of aerated-liquid jets in supersonic crossflows[C]. Reno：American Institute of Aeronautics and Astronautics Aerospace Sciences Meeting and Exhibit, 2004.

[103] Dixon D R, Gruber M R, Jackson T A. Structures of aerated aerated-liquid jets in Mach 1.94 supersonic cross flow[C]. Reno：43rd AIAA Aerospace Sciences Meeting and Exhibit, 2005.

[104] Ghenai C, Sapmaz H, Lin C X. Penetration of aerated liquid fuel jet in supersonic crossflow[C]. Orlando：2005 ASME International Mechanical Engineering Congress and Exposition, 2005.

[105] Ghenai C. Effect of Gas-liquid mass ratio on the penetration of aerated liquid jet in supersonic cross flow[C]. Reno：44th AIAA Aerospace Sciences Meeting, 2006.

[106] Ghenai C, Sapmaz H, Lin C X. Penetration height correlations for non-aerated and aerated transverse liquid jets in supersonic cross flow[J]. Experiments in Fluids, 2009, 46(1)：121-129.

[107] Sapmaz H, Lin C X, C. Ghenai. Visualization of pulsed aerated liquid jet in supersonic crossflow[C]. Houston：2005 ASME Fluids Engineering Division Summer Meeting and Exhibition, 2005.

[108] Masutti D, Bernhardt S, Asma C O, et al. Experimental characterization of liquid jet atomization in Mach 6 crossflow[C]. San Antonio：39th AIAA Fluid Dynamics Conference, 2009.

[109] Perurena J B, Asma C O, Theunissen R, et al. Experimental investigation of liquid jet injection into Mach 6 hypersonic crossflow[J]. Experiments in Fluids, 2009, 46：403-417.

[110] 徐胜利, Archer R D, Milton B E, 等. Unsteady transverse injection of kerosene into a supersonic flow[J].中国科学(技术科学英文版),2000,43(2)：206-214.

[111] 徐胜利, Archer R D, Milton B E, 等.煤油在超声速气流中非定常横向喷射的实验观察[J].空气动力学学报,2000(3)：272-279.

[112] 徐胜利, Archer R D, Milton B E, 等.煤油在超声速气流中横向喷射的实现[J].中国科学 E 辑：技术科学,2000(2)：179-186.

[113] 徐胜利,岳朋涛,Archer R D,等.柴油在亚、超声速气流中横向喷射实验研究[J].燃

烧科学与技术,2000,6(2):101－107.

[114] 徐胜利,岳朋涛,韩肇元,等.雾化燃料在超声速气流中横向喷射混合的数值模拟[J].空气动力学学报,2000,18(1):39－46.

[115] 徐胜利,岳朋涛,孙英英,等.超声速气流中雾化燃料喷射的三维数值研究[J].应用力学学报,2000,17(2):19－23.

[116] 俞刚,张新宇.超声速气流中的煤油喷雾研究[J].流体力学实验与测量,2001,15(4):12－14.

[117] 王冬,俞刚.煤油射流在超声速燃烧室中的实验研究[J].实验流体力学,2005,19(2):11－13.

[118] Yu G, Li J, Yue L, et al. Characterization of kerosene combustion in supersonic flow using effervescent atomization[C]. Orleans:11th AIAA/AAAF international conference space planes and hypersonic systems and technologies, 2002.

[119] 费立森,徐胜利,王昌建,等.高速气流中煤油冷态雾化的 PLIF/纹影测量[C].洛阳:第十二届全国激波与激波管学术会议,2006.

[120] 费立森.煤油在冷态超声速气流中喷射和雾化现象的初步研究[D].合肥:中国科学技术大学,2007.

[121] 潘余,王振国.激波对超声速流中横向射流的影响[J].国防科技大学学报,2007,29(6):6－9.

[122] 刘静,王辽,张佳,等.超声速气流中横向射流雾化实验和数值模拟[J].航空动力学报,2008,23(4):724－729.

[123] 陈亮,乐嘉陵,宋文艳,等.超声速冷态流场液体射流雾化实验研究[J].实验流体力学,2011,25(2):29－34.

[124] 曹娜,徐青,曹亮,等.脉冲全息技术在发动机射流雾化场测量中的应用[J].现代应用物理,2013(4):323－329.

[125] 杨顺华,乐嘉陵.超声速横向气流中液体射流雾化研究[C].洛阳:第十二届全国激波与激波管学术会议,2006.

[126] Yang H, Li F, Sun B G, et al. Trajectory analysis of fuel injection into supersonic crossflow based on schlieren method[J]. Chinese Journal of Aeronautics, 2012, 25:42－50.

[127] 李锋,吕付国,罗卫东,等.超声速气流中液体横向射流的破碎特性[J].北京航空航天大学学报,2015,41(12):2356－2362.

[128] 刘林峰,徐胜利,郑日恒,等.超声速气流中凹槽结构煤油喷射和掺混研究[J].推进技术,2010,31(6):721－729.

[129] Sallam K A, Lin K C, Hammack S D, et al. Digital holographic analysis of the breakup of aerated liquid jets in supersonic crossflow[C]. Grapevine:55th AIAA Aerospace Sciences Meeting, 2017.

[130] Olinger D, Sallam K A, Lin K C, et al. Digital holographic analysis of near-field aerated liquid jets in crossflow. Part Ii: Measurements[C]. Grapevine: 51st AIAA Aerospace Sciences Meeting including the New Horizons Forum and Aerospace Exposition, 2013.

[131] Miller B D. Digital holographic diagnostics of aerated-liquid jets in a subsonic crossflow [D]. Oklahoma: Oklahoma Christian University, 2006.

[132] Rodrigues N S, Kulkarni V, Gao J, et al. An experimental and theoretical investigation of spray characteristics of impinging jets in impact wave regime[J]. Experiments in Fluids 2015, 56(3): 1 – 13.

[133] Urbán A, Zaremba M, Malý M, et al. Droplet dynamics and size characterization of high-velocity airblast atomization[J]. Journal of Multiphase Flow, 2017, 95: 1 – 11.

[134] Chen H, Li Q, Cheng P, et al. Experimental research on the spray characteristics of pintle injector[J]. Acta Astronauticaica, 2019, 162: 424 – 435.

[135] Li C, Li P, Li C, et al. Experimental and numerical investigation of cross-sectional structures of liquid jets in supersonic crossflow[J]. Aerospace Science and Technology, 2020, 103: 105926.

[136] Fan X, Liu C, Mu Y, et al. Experimental investigations of flow field and atomization field characteristics of pre-filming air-blast atomizers[J]. Energies, 2019, 12(14): 1 – 16.

[137] Bao J, Wang Y, Xu X, et al. Analysis on the influences of atomization characteristics on heat transfer characteristics of spray cooling[J]. Sustainable Cities and Society, 2019, 51: 101799.

[138] Gao Q, Wang H, Shen G. Review on development of volumetric particle image velocimetry[J]. Chinese Science Bulletin, 2013,58(36): 4541 – 4556.

[139] Lisen F, Xu S, Wang C, et al. Experimental study on atomization phenomena of kerosene in supersonic cold Flow[J]. Science in China Series E: Technological Sciences, 2008, 51(2): 145 – 152.

[140] Lin K C, Ombrello T, Carter C D. Qualitative study of near-field and cross-sectional structures of liquid jets in supersonic crossflow[C]. Kissimmee: 2018 AIAA Aerospace Sciences Meeting, 2018.

[141] Wu L, Chang Y, Zhang K, et al. Model for three-dimensional distribution of liquid fuel in supersonic crossflows[C]. Xiamen: 21st AIAA International Space Planes and Hypersonics Technologies Conference, 2017.

[142] 吴里银.超声速气流中液体横向射流破碎与雾化机理研究[D].长沙:国防科学技术大学,2016.

[143] Lin K C, Kennedy P, Jackson T.Structures of aerated-liquid jets in high-speed crossflows [C]. St. Louis: 32nd AIAA Fluid Dynamics Conference and Exhibit, 2002.

[144] Lin K C, Laib M C. Structures and temporal evolution of liquid jets in supersonic

crossflow[C]. Grapevine：55th AIAA Aerospace Sciences Meeting, 2017.

[145] Bouchez M, Montazel A, Dufour M. Hydrocarbon fueled scramjets for hypersonicvehicles [C]. Norfolk：8th AIAA International Space Planes and Hypersonic Systems and Technologies, 1998.

[146] 李东霞,徐旭,蔡国飙.基于双流体模型的超声速两相横向喷射流场研究[J].航空动力学报,2007,22(10)：1710-1714.

[147] Liu H, Guo Y, Lin W. Numerical simulations of transverse liquid jet to a supersonic crossflow using a pure two-fluid model[J]. Advances in Mechanical Engineering, 2016, 8(1)：1-13.

[148] 岳连捷,俞刚.超声速气流中横向煤油射流的数值模拟[J].推进技术,2004,25(1)：11-15.

[149] 杨东超,朱卫兵,陈宏,等.超音速横向流作用下射流的二次破碎模型研究[J].哈尔滨工程大学学报,2014,35(1)：62-68.

[150] Im K-S, Lin K C, Lai M C. Spray atomization of liquid jet in supersonic cross flows[C]. Reno：43rd AIAA Aerospace Sciences Meeting and Exhibit, 2005.

[151] 杨顺华,乐嘉陵.超声速气流中液体燃料雾化数值模拟[J].推进技术,2008,29(5)：519-522.

[152] 李佩波,王振国,孙明波,等.超声速气流中液体横向射流的气液相互作用过程数值研究[J].宇航学报,2016(2)：209-215.

[153] Wang H, Wang Z, Sun M, et al. Large-eddy／reynoldsaveraged navier-stokes simulation of combustion oscillations in a cavity-based supersonic combustor [J]. International Journal of Hydrogen Energy, 2013, 38(14)：5918-5927.

[154] Genin F, Menon S. LES of supersonic combustion of hydrocarbon spray in a scramjet[C]. Fort Lauderdale：40th AIAA／ASME／SAE／ASEE Joint Propulsion Conference and Exhibit, 2004.

[155] Salewski M, Fuchs L. Consistency issues of Lagrangian particle tracking applied to a spray jet in crossflow[J]. International Journal of Multiphase Flow, 2007, 33(4)：394-410.

[156] Gu X, Basu S, Kumar R. Dispersion and vaporization of biofuels and conventional fuels in a crossflow pre-mixer[J]. International Journal of Heat and Mass Transfer, 2012, 55：336-346.

[157] Patel N, Menon S. Simulation of spray-turbulence-flame interactions in a lean direct injection combustor[J]. Combustion and Flame, 2008, 153：228-257.

[158] Knudsen E, Shashank, Pitsch H. Modeling partially premixed combustion behavior in multiphase LES[J]. Combustion and Flame, 2015, 162(1)：159-180.

[159] Pai M G, Pitsch H, Desjardins O. Detailed numerical simulations of primary atomization of liquid jets in crossflow[C]. Orlando：47th AIAA Aerospace Sciences Meeting Including

The New Horizons Forum and Aerospace Exposition, 2009.

[160] Herrmann M, Arienti M, Soteriou M. The impact of density ratio on the liquid core dynamics of a turbulent liquid jet injected into a crossflow[J]. Journal of Engineering for Gas Turbines and Power-Transactions of the ASME, 2011, 133(6): 1 – 9.

[161] Meillot E, Vincent S, Caruyer C, et al. Modelling the interactions between a thermal plasma flow and a continuous liquid jet in a suspension spraying process[J]. Journal of Physics D-Applied Physics, 2013, 46(22): 1 – 11.

[162] Luo K, Shao C, Chai M, et al. Level set method for atomization and evaporation simulations[J]. Progress in Energy and Combustion Science, 2019, 73: 65 – 94.

[163] Xiao F, Dianat M, McGuirk J J. Large eddy simulation of liquid-jet primary breakup in air crossflow[J]. AIAA Journal, 2013, 51(12): 2878 – 2893.

[164] Xiao F, Wang Z, Sun M B, et al. Large eddy simulation of liquid jet primary breakup in supersonic air crossflow[J]. International Journal of Multiphase Flow, 2016, 87(12): 229 – 240.

[165] O'Rourke P J, Amsden A A. The tab method for numerical calculation of spray droplet breakup[C]. Toronto: International Fuels and Lubricants Meeting and Exposition, 1987.

[166] Reitz R D, Diwakar R. Structure of high-pressure fuel sprays[J]. SAE Transactions, 1987: 492 – 509.

[167] Patterson M A, Reitz R D. Modeling the effects of fuel spray characteristics on diesel engine combustion and emission[C]. Detroit: International Congress and Exposition, 1998.

[168] Liu A B, Mather D, Reitz R D. Modeling the effects of drop drag and breakup on fuel sprays[C]. Detroit: International Congress and Exposition, 1993.

[169] Kuo K K, Acharya R. Fundamentals of turbulent and multiphase combustion[M]. Hoboken: John Wiley & Sons, Inc., 2012.

[170] Khosla S, Crocker D S. CFD Modeling of the atomization of plain liquid jets in cross flow for gas turbine applications[C]. Vienna: Proceedings of ASME Turbo Expo 2004, 2004.

[171] Behzad M, Mashayek A, Ashgriz N. A KIVA-based model for liquid jet in cross flow[C]. Cincinnati: ILASS-Americas 22nd Annual Conference on Liquid Atomization and Spray Systems, 2010.

[172] Khare P, Wang S, Yang V. Modeling of finite-size droplets and particles in multiphase flows[J]. Chinese Journal of Aeronautics, 2015, 28(4): 974 – 982.

[173] Broumand M, Farokhi M, Birouk M. Penetration height of a circular liquid jet in a subsonic gaseous crossflow: An Eulerian-Lagrangian approach[C]. San diego: 54th AIAA Aerospace Sciences Meeting, 2016.

[174] Sinha A, Ravikrishna R V. LES of spray in crossflow: Effect of droplet distortion[J].

International Journal of Spray and Combustion Dynamics, 2016, 9(1): 55 - 70.

[175] Kamin M, Khare P. A LES study of kerosene combustion in air crossflow[C]. Cincinnati: 2018 Joint Propulsion Conference, 2018.

[176] Ganti H, Kamin M, Khare P. Design space exploration for vaporizing liquid jet in air crossflow using machine learning[C]. San Diego: AIAA SciTech forum and exposition, 2019.

[177] Bhandarkar A, Manna P, Chakraborty D. Assessment of droplet breakup models in high-speed cross-flow[J]. Atomization and Sprays, 2017, 27(1): 61 - 79.

[178] Hu R, Li Q, Li C, et al. Effects of an accompanied gas jet on transverse liquid injection in a supersonic crossflow[J]. Acta Astronauticaica, 2019, 159: 440 - 451.

[179] Im K S, Zhang Z C, Jr. Grant C, et al. Simulation of liquid and gas phase characteristics of aerated-liquid jets in quiescent and cross flow conditions[J]. International Journal of Automotive Technology, 2019, 20(1): 207 - 213.

[180] Yue L J, Yu G. Numerical study on kerosene spray in supersonic flow[C]. Beijing: The 24th International Symposium on Shock Waves, 2005.

[181] 陈亮,宋文艳,肖隐利.超燃冲压发动机燃烧室液体射流雾化数值模拟[J].计算机仿真,2008,25(3): 75 - 78.

[182] Yang S, Le J, Zhao H, et al. Parallel numerical investigation of fuel atomization and combustion in a scramjet[C]. Canberra: 14th AIAA/AHI Space Planes and Hypersonic Systems and Technologies Conference. 2006.

[183] 杨顺华,乐嘉陵,赵慧勇,等.煤油超燃冲压发动机三维大规模并行数值模拟[J].计算物理,2009,26(4): 534 - 539.

[184] Yang S, Le J, He W, et al. Fuel atomization and droplet breakup models for numerical simulation of spray combustion in a scramjet combustor[C]. Tours: 18th AIAA/3AF International Space Planes and Hypersonic Systems and Technologies Conference, 2012.

[185] 杨东超,朱卫兵,孙永超,等.超声速气流中液体横向射流雾化破碎模型改进[J].推进技术,2017,38(2): 416 - 423.

[186] 刘静,徐旭.超声速横向气流中燃料雾化的数值模拟[J].北京航空航天大学学报,2010,36(10): 1166 - 1170.

[187] 刘静,徐旭.两种雾化模型在横向流雾化数值模拟中的应用[J].航空动力学报,2013,28(7): 1141 - 1148.

[188] Wang J, Liu C, Wu Y. Numerical simulation of spray atomization in supersonic flows[J]. Modern Physics Letters B, 2010, 24(13): 1299 - 1302.

[189] Fan X, Wang J. A Marker-based Eulerian-Lagrangian method for multiphase flow with supersonic combustion applications [J]. International Journal of Modern Physics: Conference Series, 2016, 42: 1660159.

[190] Fan X, Wang J, Zhao F, et al. Eulerian-Lagrangian method for liquid jet atomization in supersonic crossflow using statistical injection model [J]. Advances in Mechanical Engineering, 2018, 10(2): 1 – 13.

[191] Joshi P B, Schetz J A. Effect of injector shape on penetration and spread of liquid jets[J]. AIAA Journal, 1975, 13(9): 1137 – 1138.

[192] Baranovsky S, Schetz J A. Effect of injection angle on liquid injection in supersonic flow for increasing fuel jet penetration[C]. Reston: 17th Aerospace Sciences Meeting, 1979.

[193] Baranovsky S I, Schetz J A. Effect of injection angle on liquid injection in supersonic flow [J]. AIAA Journal, 1980, 18(6): 625 – 629.

[194] Lin K C, Kennedy P, Jackson T. Penetration heights of liquid jets in high-speed crossflows[C]. Reston: 40th AIAA Aerospace Sciences Meeting and Exhibit, 2002.

[195] Dixon D R, Gruber M R, Jackson T A, et al. Structures of angled aerated-liquid jets in Mach 1.94 supersonic crossflow[C]. Reston: 43rd AIAA Aerospace Sciences Meeting and Exhibit, 2005.

[196] Sathiyamoorthy K, Danish T H, Iyengar V S, et al. Penetration and combustion studies of tandem liquid jets in supersonic crossflow[J]. Journal of Propulsion and Power, 2020, 36(6): 920 – 930.

[197] Less D M, Schetz J A. Penetration and breakup of slurry jets in a supersonic stream[J]. AIAA Journal, 1983, 21(7): 1045 – 1046.

[198] Li P, Li C, Wang H, et al. Distribution characteristics and mixing mechanism of a liquid jet injected into a cavity-based supersonic combustor [J]. Aerospace Science and Technology, 2019, 94: 105401.

[199] Zhu Y, Xiao F, Li Q, et al. LES of primary breakup of pulsed liquid jet in supersonic crossflow[J]. Acta Astronauticaica, 2019, 154: 119 – 132.

[200] Zhou Y, Xiao F, Li Q, et al. Simulation of elliptical liquid jet primary breakup in supersonic crossflow[J]. International Journal of Aerospace Engineering, 2020, 2020: 1 – 12.

[201] Lin K C, Kastengren A L, Hammack S, et al. Exploration of water jets in supersonic crossflow using X-ray diagnostics[J]. Atomization and Sprays, 2020, 30(5): 331 – 50.

[202] Bolszo C D, Mcdonell V G, Gomez G A, et al. Injection of water-in-oil emulsion jets into a subsonic crossflow: An experimental study[J]. Atomization and Sprays, 2014, 24(4): 303 – 348.

[203] Miller B D. Digital holographic diagnostics of aerated liquid jets in a subsonic crossflow [D]. Stillwater: Oklahoma State University, 2006.

[204] Adebayo A, Sallam K A, Lin K C, et al. Drop size and velocity distributions of the spray of aerated injection in subsonic crossflow[R]. ICLASS 2015, 2015.

[205] 李丽远,郭志辉,李振祥,等.空气雾化喷嘴在横向流动中的喷雾特性研究[J].燃气轮机技术,2013,26(1):40-45.

[206] Brown C T, Mondragon U, Mcdonell V. Behavior of alternative fuels injected as a liquid jet into a crossflow[C]. Grapevine: 51st AIAA Aerospace Sciences Meeting including the New Horizons Forum and Aerospace Exposition, 2013.

[207] 李春.超声速气流中液体横向射流结构特性试验研究[D].长沙:国防科学技术大学,2013.

[208] Lin K C, Carter C D, Smith S K, et al. Exploration of gas phase properties in aerated-liquid jets using X-ray fluorescence[C]. Kissimmee: 53rd AIAA Aerospace Sciences Meeting, 2015.

[209] Lin K C, Kastengren A, Bornhoft B, et al. Derivations of averaged two-phase flow properties using X-ray fluorescence measurements[C]. Kissimmee: 2018 AIAA Aerospace Sciences Meeting, 2018.

[210] Zhang Z, Ziada S. PDA measurements of droplet size and mass flux in the three-dimensional atomisation region of water jet in air cross-flow[J]. Experiments in Fluids, 2000, 28(1): 29-35.

[211] Tropea C, Xu T H, Onofri F, et al. Dual-mode phase-doppler anemometer[J]. Particle & Particle Systems Characterization, 1996, 13(2): 165-170.

[212] Wu P K, Kirkendall K A, Fuller R P. Spray structures of liquid jets atomized in subsonic crossflows[J]. Journal of Propulsion and Power, 1998, 14(2): 173-182.

[213] Sinha A, Surya P R, Madan M A, et al. Experimental studies on evaporation of fuel droplets under forced convection using spray in crossflow methodology[J]. Fuel, 2016, 164: 374-385.

[214] Li P B, Wang Z, Sun M, et al. Numerical simulation of the gas-liquid interaction of a liquid jet in supersonic crossflow[J]. Acta Astronauticaica, 2017, 134: 333-344.

[215] Fontes D H, Vilela V, Souza M L, et al. Improved hybrid model applied to liquid jet in crossflow[J]. International Journal of Multiphase Flow, 2019, 114: 98-114.

第 2 章　超声速气流中液体横向
射流喷雾近场特征

　　液体横向射流喷雾近场区域包括表面波主导破碎区域和快速雾化区域[1]。超声速气流中液体横向射流喷雾近场区域流动是两相流流体动力学领域非常困难的问题[2]，该问题阻断了人们将喷雾与燃烧"真正实现耦合计算"的想法[3,4]。首先射流的流体变形、破碎机理非常复杂，这属于复杂的流体界面问题。本章采用高空间分辨率的高速纹影方法[5,6]对射流前分离区结构、弓形激波结构、二次激波结构进行连续捕捉，讨论其空间分布规律和振荡分布特性，特别针对弓形激波起始位置、弓形激波脱体距离、弓形激波角度、分离区大小、二次激波位置和动态演化等随工况参数的变化规律开展了定量研究。

2.1　弓形激波特征与运动规律

　　针对弓形激波的试验研究工况列于表 2.1，共设计 7 组工况，对比研究了不同喷孔直径、不同喷注压降和不同来流总压条件对弓形激波结构特征和运动规律的影响。

表 2.1　弓形激波结构研究工况参数表

工况	超声速气流参数			液体横向射流参数	
	马赫数	总温/K	总压/kPa	孔径/mm	压降/MPa
QLC - 01	2.1	300	891	1.4	2.75
QLC - 02	2.1	300	891	1.4	1.99
QLC - 03	2.1	300	891	1.4	1.25
QLC - 04	2.1	300	891	1.0	1.25

续　表

工　况	超声速气流参数			液体横向射流参数	
	马赫数	总温/K	总压/kPa	孔径/mm	压降/MPa
QLC‑05	2.1	300	891	1.0	1.99
QLC‑06	2.1	300	891	1.0	2.75
QLC‑07	2.1	300	700	1.0	3.08

　　基于图2.1对弓形激波特征进行介绍,为了定量化研究弓形激波特性,定义如下几个参数。弓形激波的起始点(图中"BW"点)定义为从壁面向上最先出现弓形激波的位置;弓形激波脱体距离(Δ)定义为弓形激波最前端距离射流喷孔出口上边缘的流向距离;弓形激波角度(θ)定义为喷雾上方角度基本不变部分的弓形激波与超声速来流的夹角。从图中可以看出,在图示工况下,弓形激波起始点距离喷注壁面很近,距离约为1 mm,弓形激波几乎贴着射流柱,脱体距离仅为0.8 mm,这也是在全局图像中分辨不出射流与弓形激波的原因。

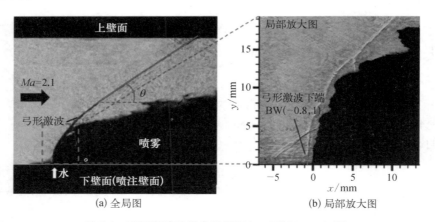

(a) 全局图　　　　　　　　　　　(b) 局部放大图

图2.1　弓形激波特性参数说明(工况"QLC‑01")

2.1.1　弓形激波起始点与脱体距离

　　超声速气流中,在气液湍流不稳定的作用下,液体横向射流表面会产生形态和尺度实时变化的表面结构,进而引起弓形激波位置和形态的变化,可能导致弓形激波起始点位置和脱体距离发生变化。图 2.2 显示的是实验工况"QLC－01"条件下不同时刻的波系结构图,从图中可以发现,t_1～t_4时刻弓形激波起始点距离喷注壁面分别为 1.7 mm、1.0 mm、1.8 mm 和 1.2 mm,通过大量图像分析可知,在工况"QLC－01"条件下,弓形激波起始点到喷注壁面的距离在 0.5～1.9 mm 变化,均值约在 1.2 mm 处,以均值为中心,弓形激波起始点到喷注壁面距离的振荡幅度为±0.7 mm。弓形激波脱体距离相对稳定,始终保持在 -0.9～-0.1 mm 的范围,图 2.2 所示 t_1～t_4时刻弓形激波脱体距离分别为 0.8 mm、0.8 mm、0.8 mm 和 0.7 mm。

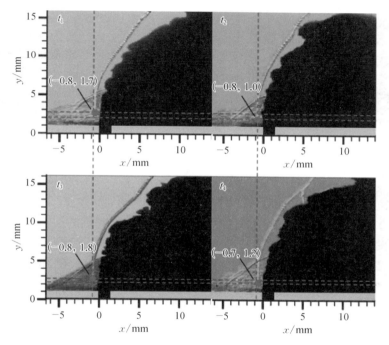

图 2.2　工况"QLC－01"下弓形激波起始点位置分布(d = 1.4 mm, Δp = 2.85 MPa)

　　图 2.3 显示的是工况"QLC－02"条件下不同时刻的波系结构图,从图中可以发现,t_1～t_6时刻弓形激波起始点距离喷注壁面分别为 1.1 mm、1.0 mm、1.7 mm、1.8 mm、1.0 mm 和 0.9 mm。通过大量图像分析可知,在工况"QLC－02"条件下,弓形激波起始点到喷注壁面的距离在 0.6～2.2 mm 变化,均值约在 1.4 mm 处,以均值为中心,弓形激波起始点到喷注壁面距离的振荡幅度为±0.8 mm。弓形激波最前缘 x 坐标值分布在 -0.9～-0.1 mm 范围,图 2.3 所示 t_1～t_6时刻弓形激波

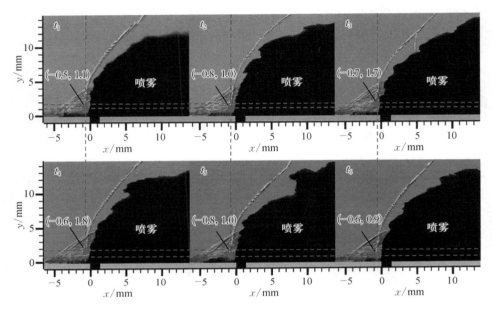

图2.3 工况"QLC‐02"下弓形激波起始点位置分布($d=1.4$ mm，$\Delta p=1.90$ MPa)

脱体距离分别为 0.5 mm、0.8 mm、0.7 mm、0.6 mm、0.8 mm 和 0.6 mm。

图 2.4 显示的是工况"QLC‐03"条件下不同随机时刻的波系结构图，从图中可以发现，$t_1 \sim t_6$ 时刻弓形激波起始点距离喷注壁面分别为 1.6 mm、1.6 mm、1.0 mm、1.1 mm、0.7 mm 和 1.7 mm。通过大量图像分析可知，在工况"QLC‐03"条件下，弓形激波起始点到喷注壁面的距离在 0.5~2.1 mm 变化，均值约在 1.3 mm 处，以均值为中心，弓形激波起始点到喷注壁面距离的振荡幅度为±0.8 mm。形激波最前缘横轴坐标值分布在−0.4±0.3 mm 范围，图 2.4 所示 $t_1 \sim t_6$ 时刻弓形激波脱体距离分别为 0.2 mm、0.8 mm、0.7 mm、0.2 mm、0.5 mm 和 0.2 mm。

图 2.5 显示的是工况"QLC‐04"条件下不同随机时刻的波系结构图，从图中可以发现，$t_1 \sim t_6$ 时刻弓形激波起始点距离喷注壁面分别为 1.0 mm、1.3 mm、1.7 mm、0.8 mm、1.2 mm 和 1.2 mm。通过大量图像分析可知，在工况"QLC‐04"条件下，弓形激波起始点到喷注壁面的距离在 0.6~2.2 mm 变化，均值约在 1.4 mm 处，以均值为中心，弓形激波起始点到喷注壁面距离的振荡幅度为±0.8 mm。形激波最前缘横轴坐标值分布在−0.5~−0.1 mm 范围，图 2.5 所示 $t_1 \sim t_6$ 时刻弓形激波脱体距离分别为 0.5 mm、0.2 mm、0.2 mm、0.2 mm、0.3 mm 和 0.2 mm。

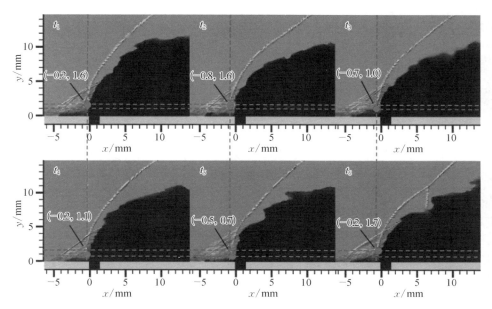

图 2.4 工况"QLC - 03"下弓形激波起始点位置分布($d = 1.4\ \mathrm{mm}$, $\Delta p = 1.32\ \mathrm{MPa}$)

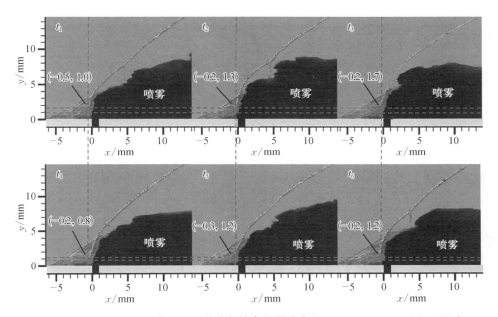

图 2.5 工况"QLC - 04"下弓形激波起始点位置分布($d = 1.0\ \mathrm{mm}$, $\Delta p = 1.21\ \mathrm{MPa}$)

本节还研究了工况"QLC - 05"、工况"QLC - 06"、工况"QLC - 07"对应条件下的弓形激波起始点和脱体距离,与图2.2～图2.5对应工况条件下的统计结果汇总并列于表2.2。表中同时给出了Inouye[7]对绕半球平衡流激波脱体距离的工程估算结果,计算公式如下:

$$\frac{\Delta}{R} = 0.78(\rho_\infty/\rho_2) \tag{2.1}$$

式中,Δ为激波脱体距离;R为半球半径;ρ_∞和ρ_2分别代表正激波前后的气体密度。

表2.2 不同工况条件下弓形激波起始点高度与脱体
距离统计结果(马赫数2.1,总温300 K)

工况	气流参数	液体横向射流参数		弓形激波起始点位置		Inouye[7]预测
	总压/kPa	孔径/mm	压降/MPa	起始点高度/mm	脱体距离/mm	脱体距离/mm
QLC - 01	891	1.4	2.75	0.5～1.9	0.1～0.9	0.19
QLC - 02	891	1.4	1.99	0.6～2.2	0.1～0.9	0.19
QLC - 03	891	1.4	1.25	0.5～2.1	0.1～0.7	0.19
QLC - 04	891	1.0	1.25	0.6～2.2	0.1～0.5	0.14
QLC - 05	891	1.0	1.99	0.6～2.0	0.1～0.5	0.14
QLC - 06	891	1.0	2.75	0.5～1.9	0.1～0.7	0.14
QLC - 07	700	1.0	3.08	0.8～2.0	0.1～0.7	0.14

从试验结果可以看出,在同一工况下,弓形激波起始点位置随时间是不断变化的,围绕一个均值在小的范围内跳动。从表中数据发现,弓形激波的起始点高度几乎不受来流总压、喷孔直径和喷注压降的影响,始终保持在1.3±0.8 mm的范围;激波脱体距离受喷注压降和来流总压影响不大,受喷孔直径的影响比较明显,当喷孔直径为1.0 mm时,弓形激波脱体距离的均值约为0.33 mm,当喷孔直径为1.4 mm时,弓形激波脱体距离的均值约为0.47 mm,说明随着喷孔直径的增加激波脱体距离增大,但是基于喷孔直径的无量纲化后的脱体距离基本相同,这与圆柱绕流的理论研究结论保持一致。从公式(2.1)中可以看出,脱体距离只与正激波前后的密度比和绕流物体的半径相关,而正激波前后密度比值

只取决于来流马赫数,与来流总压无关,所以在本试验条件下,来流马赫数不变的情况下,弓形激波脱体距离只与绕流物体的直径成正比。与公式(2.1)所示的工程估算结果对比发现,试验结果普遍比工程估算结果偏大,且液体横向射流迎风面上流动结构的不断变化导致弓形激波脱体距离并非保持不变,而是在一定范围内波动,脱体距离最小时弓形激波局部几乎与射流柱之间相连。针对超声速气流中液体圆柱射流弓形激波的特殊性质,可以采用在公式(2.1)的基础上加修正因子的方法对圆柱射流前弓形激波脱体距离的平均值进行估算,修正后的估算经验关系式如公式(2.2)所示,其中 Δ 代表脱体距离平均值,d 为喷孔直径,ρ_∞ 代表超声速主流密度,ρ_2 代表超声速主流经过正激波后的静密度。因为弓形激波脱体距离是不断变化的,且最小值约等于 $0.1d$,所以可以认为弓形激波脱体距离以公式(2.2)所示的平均值为中心,最小值为 $0.1d$,最大值为 $(2\Delta - 0.1d)$。

$$\frac{\Delta}{d} = 0.94(\rho_\infty / \rho_2) \tag{2.2}$$

2.1.2　弓形激波角度

1. 理论分析

图 2.6 为半无限大空间内弓形激波产生与变形过程示意图,射流根部液体集中且流向速度几乎为零,液体对超声速来流阻碍作用大,形成一道几乎与来流速度方向垂直的强激波,波后局部压强大,气流速度小,波后速度方向平行于射流面向上,对应图中的①区。随着气流对液体横向射流的加速,液柱逐渐向下游弯曲,相对于来流呈一定角度向后倾斜,且角度逐渐减小,导致对应位置处的弓形激波与来流夹角不断减小,同时因为液体横向射流的弯曲分布,导致②区内产生一系列膨胀波,气流在膨胀波作用下不断加速并转向(如图 2.6 中灰色箭头所示)。在②区内由于液体界面弯曲曲率较大,且气流速度存在向上的分量,所以产生的膨胀波角度较大,均与前缘的弓形激波相交,不断削弱弓形激波强度,且使弓形激波与来流夹角不断减小,但是因为随着流动向下游的发展,气液界面相对于来流逐渐变得平缓,膨胀波强度逐渐减弱,膨胀波对弓形激波的影响程度也逐渐减小,在②区内靠下游的部分弓形激波与来流夹角几乎保持不变。随着流动继续向下游发展,气液间界面相对于来流呈小倾角斜坡分布,产生的波系结构可认为是马赫波,根据气体动力学基本理论可知,马赫波是在

超声速气流中微小扰动所能产生的角度最小的波,在 Ma2.1 条件下,马赫波与来流夹角为28.5°,所以在②区内弓形激波会在膨胀波的削弱和影响下最终保持与来流夹角呈28.5°。在③区所示范围内,液体被气流充分加速,一般情况下气液间相对速度低于声速,不会产生激波或膨胀波,偶尔由局部扰动产生的马赫波因为强度和马赫角也不会对上游弓形激波产生影响。

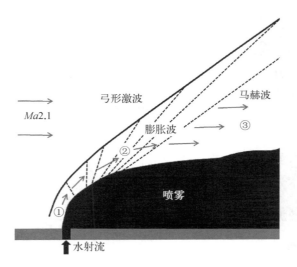

图 2.6　弓形激波的产生和变形过程

2. 受限空间内弓形激波角度

在实际试验中,因为试验段尺寸的限制,液体横向射流的存在会对流道产生堵塞,造成当地局部流动参数发生改变,同时激波与边界相互作用导致的边界层分离等都会对弓形激波的形态产生一定程度的影响,一般情况下,因为流道堵塞造成当地局部压力升高,为了匹配激波前后压力,激波与来流夹角会稍有增加,堵塞程度越大,激波与来流夹角越大。

图 2.7 显示的是喷孔直径 1.0 mm、喷注压降 1.99 MPa(工况"QLC - 05")条件下弓形激波角度随时间的变化情况,其中 $t_1 \sim t_4$ 是随机时刻。从图中可以看出不同时刻弓形激波角度是略有变化的(图中四个时刻的激波角度分别为30.8°、31.4°、31.3°和31.5°),但是变化幅度不大。为了获取弓形激波角度分布的规律信息,对 5 000 幅独立时刻下的激波角度进行测量,经统计发现,不同弓形激波角度对应出现的次数如图 2.8 柱状图所示,工况"QLC - 05"下的弓形激

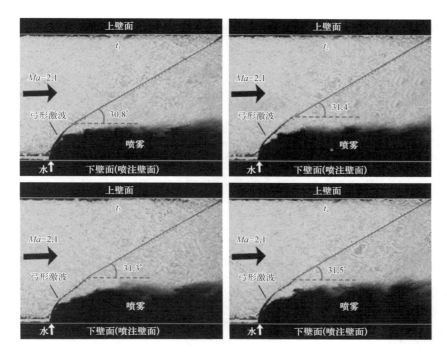

图 2.7　弓形激波角度的非定常变化 $(d = 1.0\ \text{mm},\ \Delta p = 1.99\ \text{MPa})$

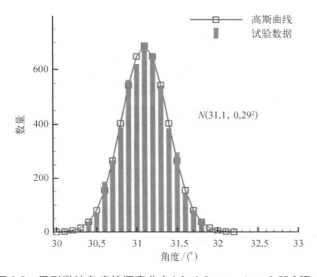

图 2.8　弓形激波角度的概率分布 $(d = 1.0\ \text{mm},\ \Delta p = 1.99\ \text{MPa})$

波角度近似满足正态分布 $N(31.1, 0.29^2)$（图中曲线），弓形激波角度平均值为 $31.1°$，在 $30.3° \sim 31.9°$ 变化。相当于 $Ma2.1$ 气流中倾角为 $3.1°$ 的楔形块产生的斜激波角度。

图2.9对比了不同喷注压降对弓形激波角度的影响。保持喷孔直径为 1.0 mm 不变，共比较了三个不同的喷注压降值（1.99 MPa、2.75 MPa 和 3.90 MPa），且每个工况随机显示了两个不同时刻的流场瞬态结构图，从图中可以看出，随着喷

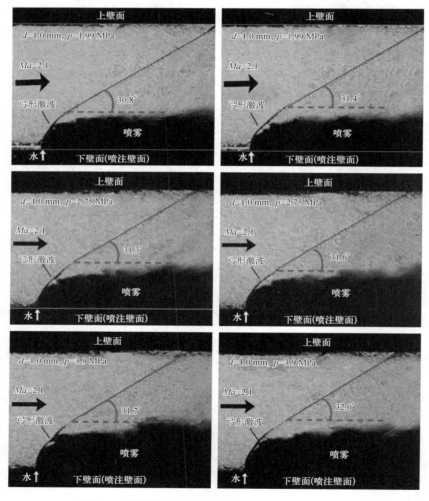

图 2.9　喷注压降对弓形激波角度的影响（$d = 1.0 \text{ mm}$）

注压降的增加,弓形激波角度稍有增加。从图 2.8 的分析中可知,在 1.99 MPa
条件下弓形激波角度的平均值为 31.1°,同理对其他两个工况下的 5 000 幅瞬态
图像进行弓形激波角度的提取与分析,发现在 2.75 MPa 和 3.90 MPa 条件下弓
形激波角度平均值分别为 31.5° 和 31.9°,分别相当于 $Ma2.1$ 气流中倾角为 3.1°
和 3.2° 的楔形块产生的斜激波角度。

　　图 2.10 对比了不同喷孔直径对弓形激波角度的影响。保持喷注压降为

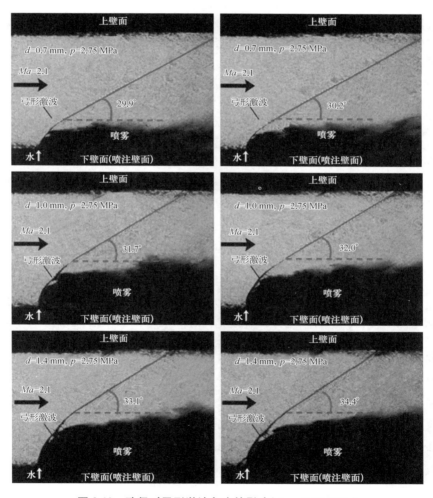

图 2.10　孔径对弓形激波角度的影响($\Delta p = 2.75$ MPa)

2.75 MPa不变,共比较了三个不同的喷孔直径值(0.7 mm、1.0 mm 和 1.4 mm),且每个工况随机显示了两个不同时刻的流场瞬态结构图,从图中可以看出,随着喷孔直径的增加,弓形激波角度稍有增加。对图 2.10 所示三个工况下的 5 000 幅瞬态图像进行弓形激波角度的提取与分析,发现在 0.7 mm、1.0 mm 和 1.4 mm 条件下弓形激波角度平均值分别为 30.1°、31.9° 和 33.8°,分别相当于 $Ma2.1$ 气流中倾角为 3.0°、3.1° 和 3.3°的楔形块产生的斜激波角度。

比较喷孔直径和喷注压降对弓形激波角度的影响可以发现:首先,尽管喷孔直径和喷注压降大范围变化,但弓形激波角度分布在 30.0° ~ 33.2°,比 $Ma2.1$ 气流中马赫角(28.5°)稍大,说明在受限空间内液体横向喷雾的存在对流场产生了影响,使弓形激波角度大于马赫角;其次,随喷孔直径或喷注压降的增加,弓形激波角度有所增加,说明液体横向射流流量的增加对流道的阻塞强度变大,导致当地局部压力升高,进而使弓形激波角度增加;最后,喷孔直径从 0.7 mm 增加到 1.4 mm 引起的弓形激波角度从 30.0° 增加到 33.2°,而喷注压降从 1.99 MPa 增加到 3.90 MPa 引起的弓形激波角度变化仅为 0.8°,说明喷孔直径的增加对弓形激波角度影响更明显,这是因为喷注压降与液体流量呈线性关系,而喷孔直径的平方与液体流量呈线性关系,增加喷孔直径能更显著的提高液体流量,进而造成对流道的更大堵塞。

2.1.3　弓形激波的振荡分布

图 2.11 将两个不同时刻的弓形激波瞬态结构提取并叠加在一幅图中显示,从图中可以明显看出,不同时刻的弓形激波的空间位置和形态是变化的。不断叠加更多不同时刻的弓形激波瞬态结构,最终得到弓形激波空间振荡分布的范围。

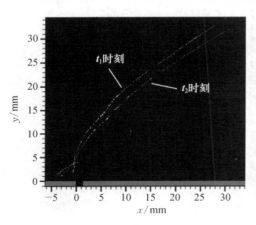

图 2.11　不同时刻弓形激波的空间分布

图 2.12 所示是 5 000 幅瞬态结构图叠加得到的结果,图中喷雾上游黑色曲线区域代表弓形激波的空间分布范围。从图中可以看出,尽管瞬态弓形激波位置和形状是振荡的,但是振荡范围控制在一个小的区域内,在靠近液体横向射流出口部分的弓形

激波振荡范围非常小,振荡宽度仅为
0.4 mm,上端的振荡幅度稍大,从图
中测量振荡宽度约为 2.0 mm。从振
荡幅度上弓形激波大致可以分为三
段来描述,第一段是图中 I 区所示部
分,I 区内激波强度大,激波与来流
夹角接近 90°,同时也是振荡幅度最
小,且振幅保持不变;第二段是图中
II 区所示部分,该部分激波会随着尺
度较大的射流迎风面结构而发生变
形,射流迎风面液体结构随着流动向
下游的发展尺度往往是增加的,导致
该部分弓形激波振荡幅度也不断增

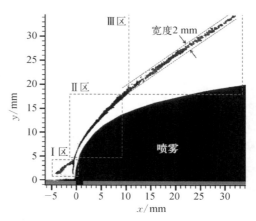

图 2.12   弓形激波时均位置(工况
“QLC‐01”)

大。第三部分是图中 III 区所示部分,该部分激波与来流夹角几乎不发生变化,
激波振荡只是 II 区激波振荡的延续,所以该部分激波振荡幅度基本维持稳定。

图 2.13 比较了固定喷孔直径 1.4 mm 时不同喷注压降下弓形激波时均位置
的变化。从图中可以看出,在 I 区内三道弓形激波线基本重合,说明弓形激波
的脱体距离几乎不受喷注压降影响,这与 2.1.2 节的分析结论保持一致;不同喷
注压降下弓形激波在 III 区内的振荡幅度基本一致;随着压降的增加,弓形激波

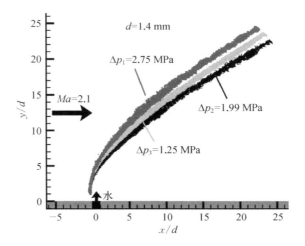

图 2.13   喷注压降对弓形激波时均位置的影响

整体向上扬起,激波角度稍有增加。这是因为在实际试验中,试验段属于受限空间,喷雾占据流道面积相当于超声速气流流动过程中流道收缩,会对流场产生减速增压效果,局部静压升高,为了匹配激波前后流场参数,斜激波强度比小扰动时的强度要大,所以激波角度比小扰动产生的斜激波角度稍大;当喷注压降增加时,射流纵向初始动量增加,射流被迫转弯过程延长,弓形激波随之向上移动,因为液体对流道的堵塞作用更强,气流通过斜激波后需要匹配的当地压力更大,所以随着喷注压降的增加,斜激波角度有所增加。

图 2.14 比较了不同喷注压降下喷孔直径对弓形激波时均位置的影响,图 2.14(a)中两条弓形激波线对应的液体喷注压降均为 1.25 MPa,喷孔直径有

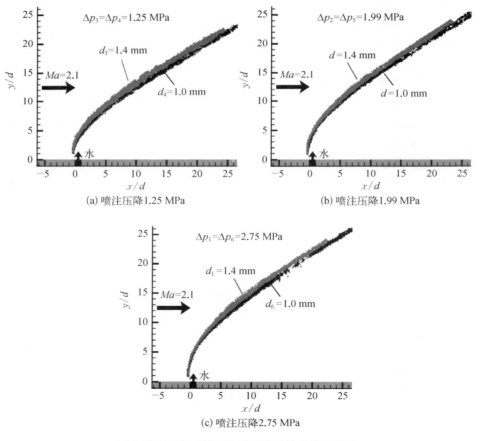

(a) 喷注压降1.25 MPa   (b) 喷注压降1.99 MPa

(c) 喷注压降2.75 MPa

图 2.14　喷孔直径对弓形激波时均位置的影响

所不同。两条弓形激波线起点位置几乎重合,说明喷孔直径的变化对弓形激波脱体距离影响仍不显著;弓形激波Ⅲ区对应的振荡幅度亦基本相同;当喷孔直径更大时,射流穿透深度更大,导致 $d=1.4$ mm 对应的弓形激波线更靠上方,同时在相同的喷注压降下,$d=1.4$ mm 喷孔的液体流量近似是 $d=1.0$ mm 喷孔的两倍,对气体流道的堵塞作用更大,所以 $d=1.4$ mm 喷孔对应的弓形激波角度更大。

2.2 二次激波结构及其发展演化

超声速气流中液体横向射流压缩气流产生与射流柱弯曲及表面结构密切相关的弓形激波,弓形激波最终发展为激波角度无明显变化的近似斜激波结构。弓形激波在喷嘴出口位置激波角度较大,可近似看作正激波,激波后气流为亚声速。射流柱受气流影响向流向弯曲,激波角度逐渐较小,激波后气流由亚声速逐渐变为超声速气流。弓形激波后的局部超声速气流与低速喷雾相互作用形成了位于弓形激波与喷雾之间的二次激波结构。采用高速阴影方法捕捉近场激波结构,获得了不同射流喷注压降、喷嘴孔径、长径比下二次激波结构。试验研究的主要工况如表 2.3 所示。其中 Case1~Case9 图像的采集频率为 500 Hz,主要研究不同条件下二次激波位置、形态等的变化规律,研究和探讨二次激波对局部气液流场的影响。Case10 图像的采集频率为 100 kHz,主要

表 2.3　二次激波结构试验研究工况

工况	工况代号	Δp/MPa	d/mm	l/d	Q/(g/s)	q	We_L	We_g	Re_L
Case1	D1P1.81L2	1.81	1	2	32.36	2.8	23 598	8 362	41 079
Case2	D1P2.931L2	2.93	1	2	41.67	4.7	39 129	8 362	52 897
Case3	D1P2.701L8	2.70	1	8	39.89	4.3	35 857	8 362	50 638
Case4	D1P3.871L8	3.87	1	8	47.88	6.2	51 660	8 362	60 780
Case5	D1P2.07L8	2.07	1	8	35.69	3.4	28 704	8 362	45 306
Case6	D0.7P3.0L8	3.00	0.7	8	18.13	3.7	21 595	5 853	32 878
Case7	D1P3.02L8	3.02	1	8	42.81	4.9	41 299	8 362	54 344
Case8	D1.2P2.79L8	2.79	1.2	8	57.92	4.4	43 749	10 034	61 271
Case9	D1.4P2.75L8	2.75	1.4	8	82.03	4.7	55 260	11 707	74 380
Case10	D1P1.96L2	1.96	1	2	34.89	3.3	27 431	8 362	44 290

分析二次激波的产生过程及其动态变化规律。试验工质为水,水的表面张力系数为 $\sigma = 0.072$ N/m,动力黏性系数为 $\mu_1 = 1 \times 10^{-3}$ Pa·s,密度为 $\rho_1 = 980$ kg/m³。射流雷诺数、射流韦伯数和气流韦伯数的定义式分别为 $Re_1 = \rho_g u_g d/\mu_1$、$We_1 = \rho_1 u_1^2 d/\sigma$、$We_g = \rho_g u_g^2 d/\sigma$。液气动量通量比 q 定义如式(2.3)所示,使用式(2.4)计算相应无量纲数时的射流速度均取射流平均速度 u_1:

$$q = \rho_1 u_1^2 / \rho_g u_g^2 \tag{2.3}$$

$$u_1 = 4Q/\rho_1 \pi d^2 \tag{2.4}$$

2.2.1 二次激波的相似特征与匹配方法

1. 二次激波结构的相似特征

取 Case1 中二次激波结构为目标模板对不同工况下近场射流图像序列进行特征匹配。图 2.15 给出了 Case1~Case9 中近场激波及射流结构,图中白色箭头标记的激波即为二次激波。射流喷注压降、孔径、长径比变化时,近场射流形态及弓形激波形态均发生变化。不同工况下均匹配得到了与 Case1 二次激波结构相似的二次激波结构,特征匹配的结果表明超声速横向气流中液体横向射流气液作用形成的近场激波结构具有一定的相似性,近场弓形激波后的局部超声速气流与激波后低速喷雾之间的气液加速与剪切具备相似的特征。图 2.15 中不同工况下二次激波后的射流/液雾边界均存在大尺度的起伏,表明二次激波后存在大的液块或喷雾团。二次激波的形成与发展和近场射流密切相关,液柱迎风面表面波沿射流不断增长和发展,在射流柱表面形成局部高压区。随着表面波的发展与演化,局部压力变化更加剧烈。当弓形激波后超声速气流被局部高压气流压缩时,即产生二次激波。在二次激波后产生高压区,使局部压力变化进一步增大,射流变形进一步增强直至液柱发生断裂和分离,射流完成一次破碎过程。射流一次破碎后形成液块,液块的流向速度较小,低速液块与弓形激波后气流的相对速度仍为超声速,二次激波维持并沿流向不断发展演化,使弓形激波后的局部流场不断发展变化。

定义 N_{ss} 表征不同工况局部流场的相似程度。图 2.16 给出了 N_{ss} 随压降变化的柱状图。随着压降增大,N_{ss} 明显减小,表明局部流场结构发生了明显变化。压降增大后,液气动量通量比 q 增大,射流轨迹和射流表面波结构均存在较大差异。随着 q 增大,近场射流的动量增加,单位时间射流纵向运动明显增强,射流弯曲明显减小。因此相同纵向位置弓形激波的弯曲减小,弓形激波后的声速点纵向位置

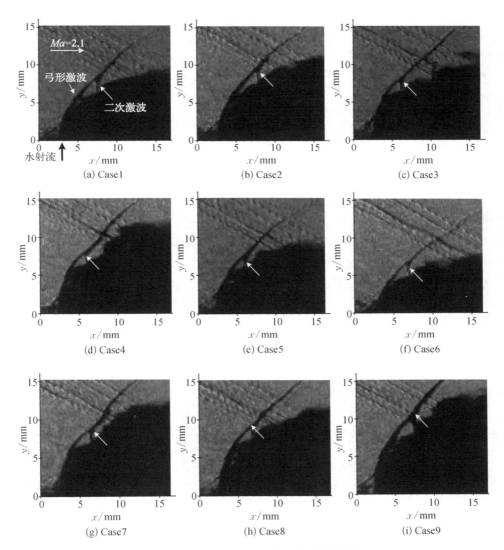

图 2.15 不同工况下近场二次激波结构

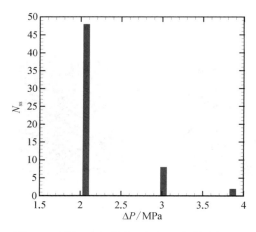

图 2.16　不同喷注压降下相似二次激波数 N_{ss}

上移,激波后气态发生变化,气液间初始对流速度随压降增大而减弱。二次激波产生的位置及形态相应的发生变化,近场二次激波区域的流场结构的差异性随之增强。因此,随着射流喷注压降增大,横向射流近场的射流及流场结构相似程度明显降低。

不同喷孔直径及长径比下 N_{ss} 数值如图 2.17 所示。喷孔直径及长径比变化时,N_{ss} 的差异明显小于喷注压降变化时,喷孔长径比变化时近场二次激波的变化略强于喷孔直径的影响。综合来看,喷注压降是影响近场局部气液流场结构的主要因素,喷孔长径比次之,喷嘴直径的影响最小。喷孔长径比增大,射流出口的湍流发展更加充分。射流柱周向的边界层厚度增加,射流的表面破碎更强,射流表面的液滴剥离增强。在相同的纵向位置,射流受到的气动加速随着表面破碎的增加而增强。射流的流向加速相应增强,射流弯曲更快导致弓形激波形态发生变化。射流出口湍流发展状态的差异最终使近场局部的气液对流状态产生明显差异,进而对局部流场的激波形态产生影响。

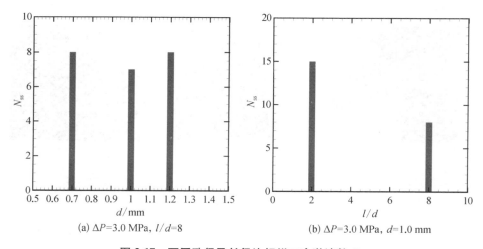

(a) ΔP=3.0 MPa, l/d=8　　　　　　(b) ΔP=3.0 MPa, d=1.0 mm

图 2.17　不同孔径及长径比相似二次激波数 N_{ss}

2. 二次激波特征匹配方法

初步研究表明不同工况下射流近场均存在二次激波结构,二次激波结构是横向射流近场气液作用的一种典型流动特征。二次激波的位置随射流结构的变化不断变化。为了研究捕捉不同时刻二次激波结构及位置,采用互相关分析方法对不同工况中的二次激波结构进行匹配分析。同时统计相似二次激波结构数 N_{ss},通过 N_{ss} 在不同工况下的变化表征喷嘴结构、喷注压降等对二次激波结构的影响。互相关系数的计算公式如式(2.5)所示,其中 f 是进行匹配计算的图像,t 为拟匹配的模板,$\bar{t}$ 为模板灰度的平均值,$\bar{f}_{u,v}$ 为匹配图像在模板区域灰度的平均值。互相关系数 $r(u,v)$ 的大小反映了模板与图像对应区域的相似程度,互相关系数越大则说明图像区域和模板越相似。在实际图像处理过程中,如图 2.18(a)所示,取射流近场的二次激波特征结构作为目标模板,在同一工况的 2 500 幅图像序列中计算单幅图像对应局部区域的最大互相关系数 r_{max},计算结果如图 2.18(b)所示,由图可知,不同时刻最大互相关系数在一定范围内变化,说明在近场区域存在与目标区域相似的激波/喷雾结构,但仍存在一些差异。对匹配结果进一步分析发现,单幅图像中与目标区域相似度最高的区域并非全部具有二次激波结构,故需要进一步对筛选。本节选择不同的最大互相关

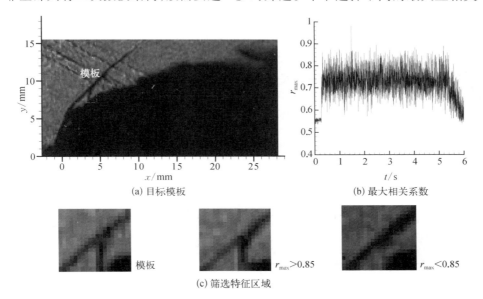

(a) 目标模板　　　　　　　　　　(b) 最大相关系数

模板　　　　　　$r_{max}>0.85$　　　　　　$r_{max}<0.85$

(c) 筛选特征区域

图 2.18　互相关方法进行二次激波特征匹配

系数阈值对初次匹配的特征区域进行进一步筛选,结果如图 2.18(c)所示,当 $r_{max}>0.85$ 时能够较好地匹配得到二次激波结构,所以为了获得二次激波特征区域,取 0.85 为阈值确定不同时刻与模板匹配的二次激波结构,所以相似二次激波结构数 N_{ss} 的定义式如式(2.6)所示。

$$r(u, v) = \frac{\sum_{x, y}[f(x, y) - \bar{f}_{u, v}][t(x - u, y - v) - \bar{t}]}{\left\{\sum_{x, y}[f(x, y) - \bar{f}_{u, v}]^2 \sum_{x, y}[t(x - u, y - v) - \bar{t}]^2\right\}^{0.5}}$$

$$(2.5)$$

$$N_{ss} = N\{r_{max} > 0.85 \mid r_{max} \in S\} \qquad (2.6)$$

2.2.2 二次激波位置及局部流场结构

1. 二次激波位置影响因素

近场气流与射流相互作用,射流及弓形激波形态随时间不断变化,因此近场局部流场的气液对流条件不断变化,二次激波位置及形态随气液对流条件的变化而变化。取 Case1 喷孔出口位置的二次激波特征区域作为特征匹配分析的目标区域,以匹配获得的二次激波区域的中心位置作为特征位置标记二次激波位置,分析二次激波初始位置的空间分布特征。

Case2、Case5、Case6、Case7 二次激波空间分布如图 2.19 所示。二次激波的纵向及流向位置在近场一定范围内变化,其流向位置集中分布于 $x/d = 2 \sim 7$。由图可知,喷孔直径减小,二次激波的流向分布明显远离喷嘴出口位置。这主要由于相同喷注压降下,喷孔直径减小,单位时间内喷入横向气流的射流质量减少,气体对射流的流向加速增强,射流弯曲增加,相同时间内低速液雾沿流向的运动距离增加,使二次激波的分布远离喷孔。喷孔长径比增大,二次激波的流向分布的流向距离亦增加。喷孔长径比增加射流出口的湍流发展更加充分,射流的表面破碎增强,近场液

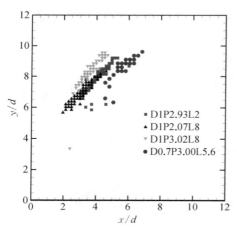

图 2.19　不同工况二次激波空间分布

滴的剪切破碎增强。由于射流周向的剪切破碎,射流的迎风面减小,单位体积的液柱受到的气动加速增强,喷雾流向运动距离增加使二次激波的整体流向分布距离增加。喷注压降对二次激波的流向分布无明显影响,喷注压降增大,二次激波的纵向分布距离整体增加。这主要是由于随着喷注压降增加,液气动量通量比 q 增大,近场射流的穿透深度明显增大,喷雾的纵向穿透距离增加,液柱迎风面表面波结构及液柱断裂位置亦增加,所以液块与弓形激波后超声速气流相互作用形成的二次激波的纵向分布距离随之增大。

2. 二次激波区域局部流场结构

二次激波与弓形激波相互作用,局部区域流场参数产生较大的变化,为评估近场局部流场参数的变化,建立了局部流场的简化分析模型,将局部三维流场简化为二维流场,获得局部马赫数及静压的变化规律,研究二次激波对局部流场参数的影响。采用 Otsu 方法对原始图像进行分割,得到近场激波/液雾结构如图 2.20(a)所示。图像分割后能够获清晰的射流的弓形激波、二次激波及喷雾边界,受图像分辨率的限制,无法有效分辨出喷嘴出口位置的激波及液柱结构。二次激波区域的局部放大图如图 2.20(b)所示。二次激波与弓形激波相交,局部流场区域被弓形激波、二次激波及喷雾边界分为四个流动区域。区域 1 为弓形激波后局部超声速气流,区域 2 为二次激波后流场,区域 3 为弓形激波激波角稳定后近似斜激波后的流场,区域 0 为超声速主流区域,来流参数与试验段入口参数相同。二次激波区域弓形激波、二次激波角度变化较小。为简化分析,局部的弓形激波及二次激波可简化为斜激波,近似认为激波后的局部流场无梯度变化。

$$\cos \beta = \frac{\langle m \cdot n \rangle}{|m| \cdot |n|} \tag{2.7}$$

$$Ma_2^2 = \frac{Ma_1^2 + \dfrac{2}{k-1}}{\dfrac{2k}{k-1}Ma_1^2 \sin^2\beta - 1} + \frac{Ma_1^2 \cos^2\beta}{\dfrac{k-1}{2}Ma_1^2 \sin^2\beta + 1} \tag{2.8}$$

$$\tan \delta = \frac{Ma_1^2 \sin^2\beta - 1}{\left[Ma_1^2\left(\dfrac{k+1}{2} - \sin^2\beta\right) + 1\right]\tan\beta} \tag{2.9}$$

$$\frac{p_b}{p_a} = \frac{2k}{k+1}Ma_1^2 \sin^2\beta - \frac{k-1}{k+1} \tag{2.10}$$

　　二次激波的影响范围较小,忽略近场局部流场的三维效应,认为局部流场区域的激波均为斜激波,则二次激波的流场区域简化为如图 2.20(c)所示的二维流场。超声速来流经过两道二维斜面压缩行程的局部流场参数可以根据斜激波关系式(2.8)~式(2.10)计算得到,其中下标"1"表示激波前参数,下标"2"表示激波后参数。其中区域 0 的流场参数为已知量,三道斜激波方向向量 ab、cb、bd 及弓形激波后气液界面方向向量 ac 为根据二次激波区域图像的激波及射流边界通过线性拟合的方法测量得到。初始计算时,已知超声速来流方向向量 v_f 及 ab,由式(2.7)计算得到激波角 β_1,δ_1、p_1、Ma_1分别由式(2.8)~式(2.10)计算得到。区域 2、区域 3 的流场参数采用类似的方法计算。

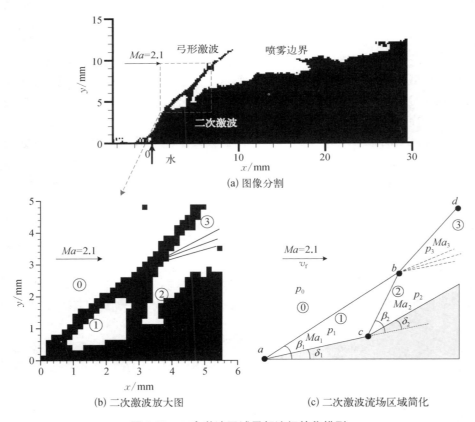

(a) 图像分割

(b) 二次激波放大图　　　　(c) 二次激波流场区域简化

图 2.20　二次激波区域局部流场简化模型

不同工况下二次激波区域的流场参数计算结果如表 2.4 所示,其中 δ_{ex} 为根据试验图像获得的区域 1 的气流偏折角。δ_{ex} 与 δ_1 最大相对偏差 27%,结果表明忽略局部流场的三维效应对流场参数的计算仍有一定的误差。简化二维模型能够在一定程度上反映局部流场参数的变化趋势。

表 2.4　二次激波区域局部流场参数变化

参　数	工　　况			
	D1P2.93L2	D1P2.07L8	D1P3.02L8	D0.7P3.00L5.6
β_1	43.34	43.56	44.71	46.85
β_2	71.80	72.36	70.36	67.38
β_3	46.68	47.19	45.42	39.54
δ_1	13.56	13.93	15.92	20.01
δ_{ex}	18.54	14.07	22.02	20.54
δ_2	63.41	64.29	57.82	45.30
δ_3	19.67	20.74	17.19	8.21
Ma_1	1.53	1.52	1.49	1.42
Ma_2	0.83	0.83	0.86	0.93
Ma_3	1.42	1.41	1.46	1.66
p_1 /kPa	219.9	221.9	231.9	250.6
p_2 /kPa	505.8	508.5	491.5	459.9
p_3 /kPa	249.1	253.6	238..0	186.9
p_0 /kPa	97.4	97.4	97.4	97.4

由表 2.4 可知,不同工况下二次激波区域的流场参数变化趋势基本相同。超声速气流经过弓形激波、二次激波两道激波压缩后,气流静压升高,流速降低。区域 1 的超声速气流经过二次激波后变为亚声速气流。区域 2 的气流静压明显高于区域 3,区域 2、3 之间存在膨胀波以匹配流场压力。二次激波后气流方向发生大角度的偏折,气流沿气液界面的纵向速度分量增大,局部气流对局部液雾抬升作用随之增强,二次激波后局部流场的压力及流动的变化是影响喷雾团运动和发展的关键因素。

2.2.3　二次激波的动态演化

采用 100 kHz 帧频对 Case10 近场激波/射流结构进行观测,获得了近二次激波动态变化图像如图 2.21 所示,图像的空间分辨率为 0.167 mm/pixel。弓形激波后的液块与波后超声速气流相互作用形成二次激波,二次激波沿流向运动发展,运动过程中激波后液雾不断运动扩展,最终喷雾团从喷雾边界分离向主流扩展,在运动发展过程中二次激波的运动速度与波后液雾相当。二次激波运动过程中,其与弓形激波相交使弓形激波形状随之变化,随着二次激波沿流向运动,二次激波对弓形激波形状的影响不断减小,弓形激波的形状及激波角不再受二次激波影响,弓形激波可近似视为斜激波。这表明二次激波的激波强度沿流向

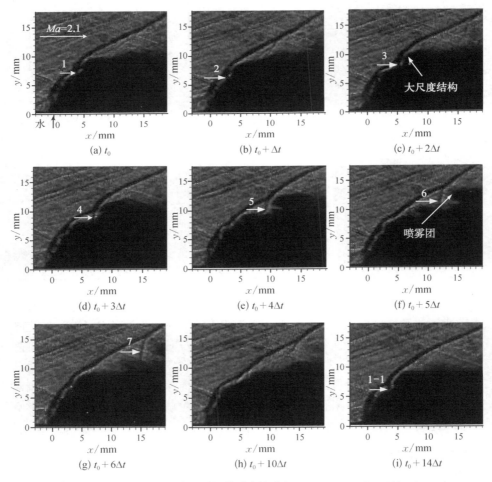

图 2.21　二次激波随时间的动态变化($\Delta t = 0.01$ ms,Case10)

不断减弱。通过测量图 2.21(a)~(c)与图 2.21(d)~(f)二次激波的位移及图像的时间间隔,得到二次激波的平均流向速度分别为 118.3 m/s 和 253.5 m/s。结果表明二次激波的流向速度不断增加。激波后液雾沿流向不断加速,弓形激波区域局部对流速度不断减小,故而使二次激波强度沿流向不断减弱,其对弓形激波形态的影响亦随之减小。

基于 3 000 幅图像对二次激波的动态演化过程进行了统计分析,结果表明二次激波在近场区域周期性产生并沿流向发展。二次激波的产生与射流/液雾边界的大尺度液块/喷雾团的运动发展密切相关。液柱表面的大尺度波动结构在局部气流的作用下不断扩展,最终形成大尺度喷雾团与喷雾核心区分离。二次激波形成的局部高压亚声速区内气流沿纵向运动,局部气流的抬升增强了大尺度喷雾团与喷雾核心区之间的分离。

通过对 Case10 的 3 000 图像中二次激波周期性产生和发展次数的统计分析,初步估计了二次激波的频率。试验图像中二次激波周期性出现了 60 次,在近场 $x<10$ mm 区域内的驻留时间约为 0.05 ms。由于近场气液相互作用的非定常特征的影响及流场品质的干扰,试验捕捉的二次激波运动周期存在一定差异,所以通过平均周期初步估计近场二次激波的周期性特征。由统计结果可知,本工况下二次激波的平均周期为 0.5 ms。射流与气流相互作用形成的弓形激波后,局部气流与液块相互影响产生二次激波。二次激波在液块前产生高压亚声速区,该区域内气流使喷雾团沿纵向加速并使其与喷雾核心区分离。二次激波周期性产生及发展,促使喷雾形态产生相应的周期性脉动特征,喷雾脉动的周期为毫秒量级。喷雾场脉动的同时,局部高压声速流场不断产生并伴随喷雾团在近场流场中运动发展,对喷雾场内部液滴的混合和扩散产生周期性的影响。实际发动机中局部流场的周期性扰动及其对燃料分布及蒸发的影响可能是影响燃烧特性的关键因素。

2.3　表面波增长与演化

2.3.1　图像处理与特征提取

本节采用脉冲激光背景成像方法[8-10]对近喷孔区域流动结构进行试验研究。基于该方法可以"冻结"超声速气流中液体横向射流的瞬态流场,配合使用 200 mm 定焦微距镜头实现对近喷孔区域的高空间分辨率成像,获得清晰的射流表面波、破碎位置等结构特征。图 2.22 显示的是某一时刻近喷孔区域的瞬态流动结构(原始图像),图像空间分辨率为 9 μm/pixel,对应的试验工况参数为:马赫数 2.1,总温 300 K,总压 891 kPa;喷孔直径 0.5 mm,喷注压降 4.1 MPa,喷孔出口液体平均速度 61 m/s;液气动量通量比为 6.1。图 2.22(a)是在未喷注液体时拍摄的超声速流场图像,图中光亮部分是空载的背景区域,下方灰度较低的区域是喷注壁面,因为俯仰视角,图像中的喷注壁面在深度方向上(垂直于纸面)呈一定斜面分布。相机的对焦位置在深度方向的正中心位置,所以焦平面位置的喷注壁面清晰可见,远离焦平面的喷注壁面渐渐模糊,在图像中表现为灰度值增加。图 2.22(b)显示的是射流喷入超声速气流中的瞬态流动图像,图中超声速气流从左向右流动,水垂直于气体来流方向向上喷出,在超声速气流的气动作用下向下游弯曲,形成图中所示的流动图像。值得说明的是,射流从位于焦平面的喷孔垂直向上喷出,液体横向喷雾一直处于景深范围内,相机俯仰视角的微小变化对喷雾在景深范围内的纵向分布成像几乎不产生变形,通过在焦平面上布置刻度尺的方法对图像的纵横分辨率进行验证,计算结果显示图像的横向空间分辨率为 9.025 μm/pixel,图像的纵向空间分辨率为 9.027 μm/pixel,意味着在图像上 1 000 个像素长度累积对应的实际空间位置误差仅为 2 μm,在本研究中可以忽略不计。

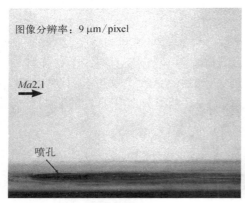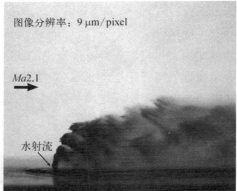

图像分辨率: 9 μm/pixel

*Ma*2.1

喷孔

(a) 空载图像

图像分辨率: 9 μm/pixel

*Ma*2.1

水射流

(b) 有喷雾的流场图像

图 2.22 喷雾瞬态图像

1. 图像预处理

为了准确和定量地对喷雾结构进行研究,需要对图像中的背景区域和喷雾区域进行区分,并提取喷雾的边界信息等。从图 2.22 中可以看出,背景区域的亮度比较均匀,与喷雾部分形成明显的对比,这对喷雾结构的提取是有利的,为了获得更好的视觉效果和更清晰的图像轮廓,本节中针对该类图像统一进行预处理,预处理的方法和流程为:图像增强→图像分割→背景去除(图 2.23)。

图 2.23 图像预处理流程

图像增强的目的是使目标更突出,噪声弱化,常规处理方法包括滤波和灰度变换。为了尽量保留图片的原始信息,本节中只选用了均值滤波方法对图像进行去噪处理。图像分割就是把图像分成构成它的诸多子区域,常见的分割方法有阈值分割法、区域分割法和边界分割法[7,11]。本节中关注的是如何将喷雾部分分割出来,从中可以看出,需要预处理的图像背景单一,且背景区域的灰度分布比较均匀,与喷雾部分形成鲜明的灰度对比,采用阈值分割方法对该类图像进行处理,能够较好地对“前景”和“背景”进行区分。以阈值为限对图像进行分割,图像矩阵中灰度值低于阈值的区域仍保持原灰度值不变,灰度值高于阈值的区域人工赋值 2^n,其中 n 为图像灰度的位深度,本节中图像位深度为 8。

用于阈值确定的方法很多,本节选用的是最大类间方差法,即 Otsu 方法[12]。该方法是由日本学者 Otsu 于 1979 年最先提出的,是一种自适应的阈值确定方法,它是按图像的灰度特性,将图像分为背景和目标两部分,以类间方差作为判定依据,背景和目标之间的类间方差越大,说明构成图像的两部分的差别越大,当部分目标被错分为背景或部分背景被错分为目标都会导致两部分间的差别变小,类间方差随之减小,因此,使类间方差最大的分割意味着错分概率最小。脉冲激光背景成像方法用于成像的背景光具有良好的光学均匀性和规律性,采用最大类间方差阈值分割的办法能够实现对图像喷雾区与背景区的精确分割。

最大类间方差法基本原理为:设图像的像素总数为 N,灰度范围为 $[0, L-1]$,灰度值 i 的像素数为 n_i,则 i 的概率为

$$P_i = \frac{n_i}{N} \tag{2.11}$$

把图像中的像素按灰度值用阈值 T 分成两类 C_0 和 C_1，C_0 对应灰度值在 $[0, T-1]$ 的像素，C_1 对应灰度值在 $[T, L-1]$ 的像素，则 C_0 和 C_1 的概率分别为

$$w_0 = \sum_{i=0}^{T-1} P_i \tag{2.12}$$

$$w_1 = \sum_{i=T}^{L-1} P_i = 1 - w_0 \tag{2.13}$$

C_0 和 C_1 的均值分别为

$$u_0 = \sum_{i=0}^{T-1} iP_i / w_0 \tag{2.14}$$

$$u_1 = \sum_{i=1}^{L-1} iP_i / w_1 \tag{2.15}$$

整个图像的灰度均值为

$$u = w_0 u_0 + w_1 u_1 \tag{2.16}$$

定义类间方差为

$$\sigma^2 = w_0(u_0 - u)^2 + w_1(u_1 - u)^2 = w_0 w_1 (u_0 - u_1)^2 \tag{2.17}$$

令 T 在 $[0, L-1]$ 以步长 1 依次递增取值，当方差最大时对应的 T 即为最佳阈值，并以此阈值为基准对图像进行分割处理。

图 2.24 显示的是采用 Otsu 阈值法对图像进行分割的处理结果。为了尽量减少非相关区域对阈值选取的影响，在对原始图像滤波去噪后进一步去除了图像中代表喷注面板部分，如图 2.24(a) 所示。图 2.24(b) 反映的是图 2.24(a) 的灰度分布情况，灰度直方图存在两个分布尖峰，其中灰度值较小的尖峰区域代表是液体部分，灰度值较大的尖峰区域则表示图 2.24(a) 中的背景部分。从灰度直方图中可以看出，两个尖峰所代表的区域之间存在明显的分割区，说明在图 2.24(a) 中背景区域和喷雾区域分界明显，基于 Otsu 算法对最佳阈值进行计算，得到最大类间方差对应的灰度值为 127。以 127 为阈值对图 2.24(a) 进行分割，对背景区域进行强制赋值，设定背景区域为纯白色，即背景区域对应灰度值为图像的饱和灰度，同时保持喷雾区域的灰度值不变，得到去除背景后的喷雾图像，如图 2.24(c) 所示。也可以根据需要对图 2.24(c) 进行二值化处理，将喷雾部分强制赋值为 0，从而凸显液体区域和气液边界，如图 2.24(d) 所示。

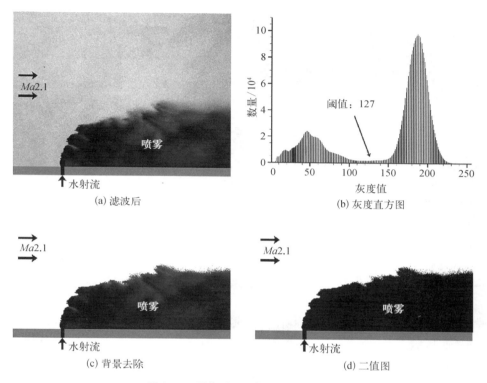

图 2.24　图像预处理操作流程及效果

2. 轮廓线提取

在图像分析中,边缘检测是一个基础性问题,在超声速气流中液体横向射流的研究中,轮廓线提取是深入研究的前提,在后续的表面波结构分析、射流穿透深度定量研究中都需要对喷雾的轮廓线准确定位。

边缘检测方法很多且相对成熟,特别是对于经过上述图像预处理过程的图像,采用如 Sobel 算子、Roberts 算子和 Prewitt 算子等都能得到理想的边缘检测效果,图 2.25 显示了采用 Sobel 算子对图 2.24(d)进行边界提取,图 2.25(b)即为喷雾边界的提取结果,将提取后的边界用红色显示并与原图匹配,如图 2.25(a)所示。

从提取后的喷雾边界可以看出,在液体离开喷孔的最初阶段,由于液体分布集中,边界保持为纤细的曲线状。不断远离喷孔后,边界逐渐变粗,从图像处

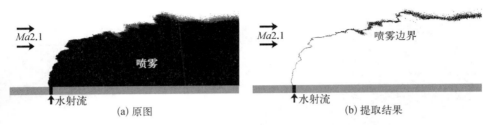

图 2.25　基于 Sobel 算子的边缘检测结果

理过程分析,这是因为在喷雾主体区域外,存在一些黑色离散点,这些点可能代表着真实存在的液滴,也可能是在图像预处理中引入的噪声误差。随着流动向下游发展,液体在空间的分布范围变大,喷雾浓度变低,喷雾图像上对应区域的灰度逐渐增大,特别是喷雾边缘处,越接近主流的区域,喷雾浓度越低,造成喷雾边缘处灰度值与背景灰度值相当,在进行阈值判定并去除背景的过程中可能会造成喷雾与背景的误判,导致本来连续的喷雾区域被错误分割成离散状;另一种原因是喷雾边缘处的液滴本身呈离散状分布,导致预处理后的图像中存在代表液滴真实存在的离散黑点。

在对喷雾边界进行定量分析时,需要一个确切数值来准确描述边界位置,即轮廓线概念:一条连续的描述喷雾边界的曲线。图 2.26 显示的是轮廓线提取过程与结果。基于边缘检测方法得到的喷雾边界(图中黑色点线表示),以起始点为原点,采用幂函数形式方程 $y = a \cdot x^b$ 对边界进行拟合,得到如图中蓝色线条表示的边界拟合曲线,在拟合曲线上采用沿程坐标系,对沿程每一点法线方向上的喷雾边界位置信息进行统计,取法线上所有离散点纵坐标值的中位数为描述该点边界位置的纵坐标值,横坐标值在沿程坐标系中始终为零。最终得到如图中红色线条表示的轮廓线。

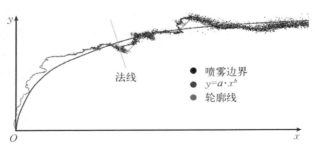

图 2.26　轮廓线提取原理示意图

3. 局部结构显化

由于人眼对灰度变化的分辨能力有限,对于喷雾图像中的一些信息难以直观获取。例如射流表面波主导破碎区液体比较集中,灰度值普遍偏低,难以直观地从图像中分辨出射流柱的断裂位置;再如快速雾化区大部分液体分块集中分布,但是由于喷雾块与喷雾块之间的液雾存在,使得喷雾块之间的灰度差别不明显。本节通过灰度变换方法将需要"看清"的局部区域显示出来。

由图像预处理结果可知,利用阈值法对喷雾图像进行去背景处理,背景区域被强制赋值为饱和灰度,而喷雾部分的灰度分布范围则在零到阈值之间[图 2.24(c)]。局部结构显化处理的第一步是将喷雾区域的灰度范围进行线性拉伸,使喷雾区域的灰度值分布在 0~255,如图 2.27(a)所示。从图 2.27(a)中可以看出,射流柱断裂位置和喷雾块部分对应的灰度值集中在小值附近,所以局部结构显化处理的第二步是对线性拉伸后的灰度图像再进行一次幂变换,幂变换原理如图 2.27(b)所示,即将原图中的灰度按照幂函数关系进行非线性拉

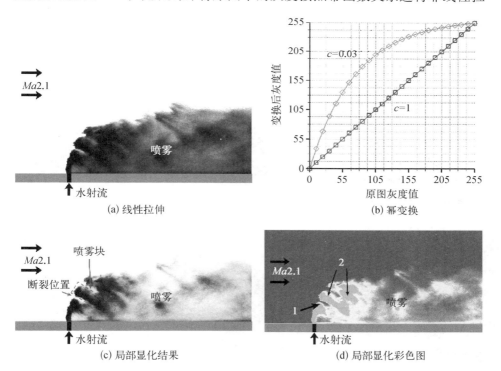

(a) 线性拉伸　　　　　　　　　　　　(b) 幂变换

(c) 局部显化结果　　　　　　　　　　(d) 局部显化彩色图

图 2.27　局部结构显化处理

伸,凸显出某个特定灰度区域的流动结构,本节中幂变换采用的函数如公式(2.18)所示:

$$\frac{g_T}{255} = \frac{1}{c-1} \cdot (c^{g_R/255} - 1), \quad c > 0 \text{ 且 } c \neq 1 \quad (2.18)$$

其中,g_R 代表原图中的灰度值;g_T 代表变换后对应的灰度值;c 为非线性系数,当 $c<1$ 时表示将小灰度值区域显化,当 $c>1$ 时表示将大灰度值区域显化。

图 2.27(c)显示了采用幂变换方法获得的图像显化结果,图 2.27(d)是对图 2.27(c)进行伪彩色处理后的结果。从图中可以清晰看出射流柱在位置 1 处发生断裂,且断裂后的喷雾块呈倾斜状分布。

2.3.2 表面波的定量描述

1. 表面波的沿程增长

图 2.28 所示为采用脉冲激光背景成像技术拍摄的不同时刻表面波结构图像,图像对应的试验工况参数为:超声速来流马赫数 2.1,总压 891 kPa,总温 300 K;液体横向射流介质为水,喷孔直径 1.0 mm,喷注压降 3.9 MPa,喷孔出口

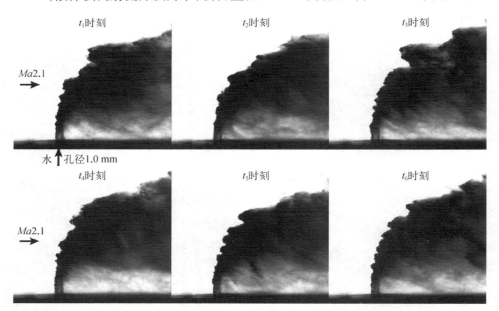

图 2.28　多个随机时刻下射流表面波结构图像(脉冲激光背景成像)

平均流速为 61 m/s，液气动量通量比为 6.17。

从图 2.28 可以看出，不同时刻表面波的空间分布和尺寸变化很大，基于单幅图像的测量数据难以准确描述表面波的空间尺度。通过分析大量试验图像发现，在不同时刻，连续射流柱在气流中的位置相对固定，没有出现前后摆动的不稳定现象，可以认为射流表面波主导破碎区迎风面的边界振荡完全就是由表面波运动引起的，那么表面波主导破碎区迎风面边界的振荡范围即为当地的射流表面波振荡幅度，进而能够测量出射流表面波的平均尺寸范围和迎风面上射流表面波振幅沿程的增长规律。

基于前面介绍的轮廓线提取方法，对每一张图像的轮廓线进行提取，然后叠加出轮廓线的分布范围，这个分布范围即为表面波沿程的振幅大小。图 2.29 显示的是由 400 张瞬态表面波主导破碎区图像经过统计平均得到的射流轮廓线分布范围，对应的试验工况参数与图 2.28 相同。在该工况下，连续射流发生断裂的位置分布在 $3<x/d<8$，所以表面波结构只存在于 $x/d<8$，图中 A 表示当地表面波振幅，下标代表当地的无量纲流向位置，d 代表喷孔直径。图中给出了喷孔出口位置（$x/d=0$）、$x/d=3$ 和 $x/d=8$ 三个位置的表面波振幅值，两倍振幅分别为 $0.2d$、$1.7d$ 和 $2.8d$，表面波振幅沿程不断增长，振幅约从 $0.1d$ 增长到 $1.4d$。

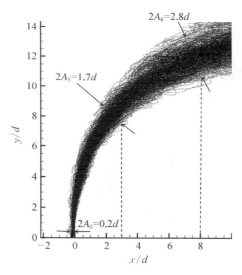

图 2.29　表面波振幅沿程增长规律

2. 流场结构的时间演化

脉冲激光背景成像方法通过脉冲照明实现对喷雾的纳秒级曝光，通过该方法可以捕捉到具有不同时间间隔的喷雾图像。如果两幅图像的时间间隔很短，尽管流动结构在这段时间内会发生一定的变化，但是仍然可以从两幅图像中分辨出同一流动特征，这样的两幅图像称为具有时间相关性的图像。因此，基于脉冲激光背景成像方法可以利用电荷耦合器件（charge coupled device，CCD）相机的双跨帧技术实现"两两相关"的流场结构捕捉（第 1 幅图像和第 2 幅图像的时间间隔最短 200 ns，时间间隔可调），进而对表面波主导破碎区流动结构的时间演化特性和速度变化规律开展研究。需要注意的是,试验室激光器工作频率一般不超过 2 Hz,现有设备性能的限制使得试验中只能获得一系列"两两相关"的瞬态流动图像,即第 1 幅图像和第 2 幅图像是时间相关的,第 3 幅图像和第 4 幅图像是时间相关的,而第 2 幅图像和第 3 幅图像之间不存在时间相关性。

固定试验工况,研究了不同时间间隔下表面波的时间演化特性,在本节的研究中,超声速来流为空气,马赫数 2.1,总压 891 kPa,总温 300 K,速度 531 m/s;液体横向射流介质为水,喷孔直径 0.5 mm,喷注压降 4.1 MPa,喷孔出口平均速度为 60 m/s;液体横向射流垂直于超声速来流喷射,液气动量通量比为 6.1;图像空间分辨率为 9 μm/pixel。

图 2.30 所示为时间间隔为 0.5 μs 时表面波结构的演化过程。从图 2.30 中可以看出,射流离开喷孔后,射流柱表面经历短暂的光滑段后开始出现表面波,在 0.5 μs 的时间间隔内,表面波结构与喷雾块结构的几何形态几乎未发生改变。图 2.30(c)是提取两个时刻的喷雾轮廓线后叠加获得,因为在 0.5 μs 的时间间隔内,射流表面波主导破碎区结构变形小且运动距离短,所以图中两条代表不同时刻喷雾轮廓的曲线非常贴近,特别是在靠近喷嘴出口的位置两条曲线

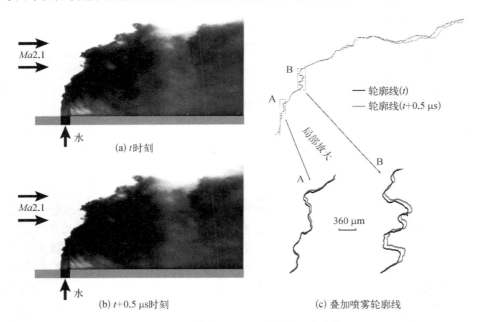

(a) t 时刻

(b) $t+0.5$ μs 时刻

(c) 叠加喷雾轮廓线

图 2.30　时间间隔 0.5 μs 的表面波演化

几乎重合,为了更直观地分辨表面波结构的变形和运动轨迹,对图示 A 和 B 两个区域进行局部放大显示。结构 A 更靠近喷嘴出口,受超声速来流影响时间短,速度主要表现为沿纵向的分量部分,由图中可以看出,在 0.5 μs 的时间间隔内,结构 A 向上移动约 30 μm,向右移动约 10 μm,对应运动速度分量分别为 60 m/s 和 20 m/s。在 0.5 μs 的时间间隔内,结构 B 向上移动 30 μm,向右移动约 70 μm,对应运动速度分量分别为 60 m/s 和 140 m/s。从时间演化结果分析,由于时间间隔很短,表面波结构均没有出现明显的变形,但是表面波结构的空间移动距离也很短,特别是靠近喷孔出口的结构 A,在图像中的运动距离只有 3 个像素长度,这会给运动距离和运动速度的定量化带来较大的误差。

　　图 2.31 所示为时间间隔为 2 μs 时表面波结构的演化过程。从喷雾图像上可以看出,射流柱迎风面存在表面波结构,如结构 A 和结构 B 所示;射流在结构 B 下游发生断裂,形成斜向后分布的喷雾块,如结构 C 和结构 D 所示。在 2 μs 的时间间隔内,喷雾的形态未发生明显变化,图 2.31(a) 中的表面波 A、表面波 B、喷雾块 C 和喷雾块 D 分别对应 (a) 中的表面波 A′、表面波 B′、喷雾块 C′ 和喷

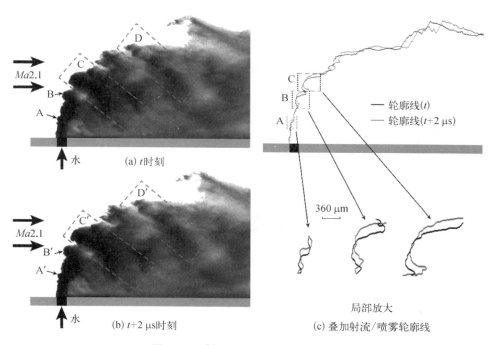

(a) t 时刻

(b) $t+2$ μs 时刻

(c) 叠加射流/喷雾轮廓线

图 2.31　时间间隔 2 μs 的表面波演化

雾块 D′。从图 2.31(c)中显示的轮廓线可以看出,尽管在 2 μs 的时间间隔内,喷雾结构未发生明显变形,但是在空间中向上向右移动了可观的距离。通过测量计算,表面波 A 向上移动约 110 μm,向右移动约 27 μm,对应运动速度分别为流向速度 13.5 m/s、纵向速度 55 m/s。表面波 B 向上移动约 153 μm,向右移动约 40 μm,对应运动速度分别为流向速度 20 m/s、纵向速度 76.5 m/s。喷雾块 C 向上移动约 150 μm、向右移动约 60 μm,对应运动速度分别为流向速度 30 m/s、纵向速度 75 m/s。喷雾块 D 向上移动约 110 μm,向右移动约 423 μm,对应运动速度分别为流向速度 213.50 m/s、纵向速度 55 m/s。

从时间演化结果分析,在 2 μs 的时间间隔内,喷雾结构变形很小,局部特征的轮廓线可以很好地重合;在表面波发展阶段,射流迎风面的运动速度主要表现在纵向上,流向运动速度相对较小。液柱从图中结构 B 和结构 C 之间发生断裂,断裂后形成的喷雾块 C 流向速度依然只有 30 m/s,但是在此之后超声速气流对液雾流向的加速非常迅速,在喷雾块 D 处流向速度达到了 213.5 m/s。从结构 A 到结构 B,纵向速度从 55 m/s 增加到 76.5 m/s,这是因为一方面气流在弓形激波的作用下发生转向,斜向上流动,通过剪切将动量传递到液体结构上,另一方面射流柱前方沿程压力是不断减小的,这使得液体结构在压差作用下不断加速,导致结构 B 处的纵向速度比结构 A 处大。

图 2.32 所示为时间间隔为 5 μs 时表面波结构的演化过程。在图 2.32(a)中,射流断裂发生在表面波 B 与喷雾块 C 之间,对比图 2.32(b)可以看出,5 μs 后射流从图 2.32(a)所示波谷 A 处发生新的断裂,形成新的喷雾块 B′,t 时刻的喷雾块 C 和喷雾块 D 在 5 μs 后的喷雾图像上依然清晰可见,但是已经能够明显看出对应结构之间的形态变化。在表面波 B 上游位置未见可比拟的结构,这可能是因为射流离开喷孔初始阶段形成的表面波尺寸较小,且容易在气动力的作用下破碎、脱落,而两幅图之间的时间间隔大于这种小结构的行为特征时间,所以难以捕捉到这种小结构。基于图 2.32(c)对结构 B、结构 C 以及结构 D 的空间运动进行分析,通过测量计算,结构 B 向上移动约 440 μm,向右移动约 82 μm,对应运动速度分别为流向速度 16.4 m/s、纵向速度 88 m/s。喷雾块 C 向上移动约 377.5 μm,向右移动约 245 μm,对应运动速度分别为流向速度 49 m/s、纵向速度 75.5 m/s。喷雾块 D 向上移动约 297 μm,向右移动约 1 086 μm,对应运动速度分别为流向速度 217 m/s、纵向速度 59.4 m/s。

从时间演化结果分析,5 μs 的时间间隔已经大于射流表面一些小结构的行为特征时间,导致在射流柱初始段无法找到明显相匹配的结构,对最终发展起

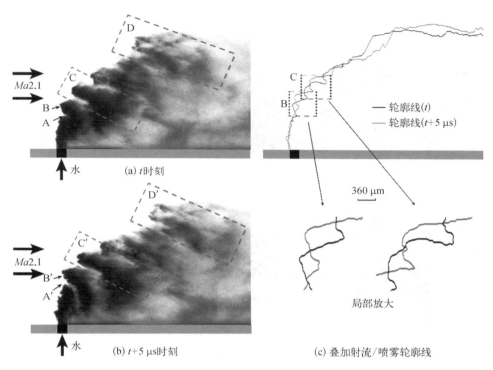

图 2.32　时间间隔 5 μs 的表面波演化

来的表面波结构来说，在 5 μs 的时间间隔内，表面波结构也发生了明显的变形，但依然能够清晰地识别。

图 2.33 所示为时间间隔为 10 μs 时表面波结构的演化过程。从图 2.33 可以发现，射流柱在波谷位置 A 处发生断裂，断裂后形成新的喷雾块 B′。对比图 2.33(a)和图 2.33(b)可以看出，在 10 μs 的时间间隔内，射流结构已经发生明显变化，结构 B′比结构 B 增大很多，结构 C′和结构 C 几乎找不出相似之处。

综上，通过分析不同时间间隔下流场结构的演化规律可以发现，在 Ma2.1 超声速气流中，液体横向射流结构具有运动速度快、变形快的特点，在 2~5 μs 的时间间隔内，可以从时间相关的两幅图像中清晰辨识出同一流动结构，并能精确测量出流动结构在时间间隔内的运动距离。时间间隔太短会导致运动距离的测量误差增加，时间间隔太长则会使前一时刻的流动结构由于变形严重而在下一时刻消失或者因为变形严重而无法对其准确定位。

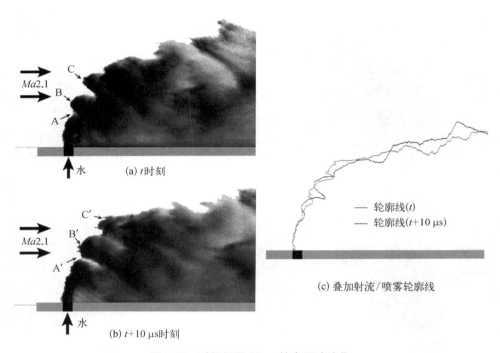

(a) t 时刻

(b) $t+10\ \mu s$ 时刻

—— 轮廓线(t)
—— 轮廓线($t+10\ \mu s$)

(c) 叠加射流/喷雾轮廓线

图 2.33　时间间隔 10 μs 的表面波演化

2.3.3　迎风面速度分布与加速特性

1. 速度计算方法

为了获取更加准确定量的流动结构沿程速度分布和加速特性信息,基于图像匹配算法对多组时间相关图像对进行流动结构的识别和比对,进而确定流动结构的平均运动轨迹和平均速度分布。本节主要对射流迎风面结构的沿程速度和加速特性进行研究。

图 2.34 所示为本节进行流动结构速度和加速度计算的原理图,图中实曲线和虚曲线分别代表两个相邻时刻的瞬态轮廓线,时间间隔为 2.5 μs,由 2.3.2 节的分析可知,t_1 和 t_2 时刻的流动图像是时间相关的,瞬态轮廓线在 2.5 μs 的时间间隔内向下游运动,但轮廓线的结构几乎没有发生变化。图中"基准区 1"的尺寸为 $l \times l$ 像素,以轮廓线为界可以被分为 A 和 B 两部分,其中 A 区域与喷雾图像中的背景区域对应,B 区域与喷雾图像中的液体区域对应,下面以图中"基准

区 1"为例对速度计算过程进行简要介绍。

以 $l×l$ 大小的查问区遍历 t_2 时刻的图像空间,并实时计算"基准区 1"中 A 区域与"查问区"中 A′区域、"基准区 1"中 B 区域与"查问区"中 B′区域的重合面积,以总的重合面积最大为优选目标,最终确定"基准区 1"在 t_2 时刻图像中的对应位置(图中"查问区 1");进而计算出"基准区 1"位置处的速度 V_1。 同理,不断更新基准区的位置,即可计算出不同位置上的速度。

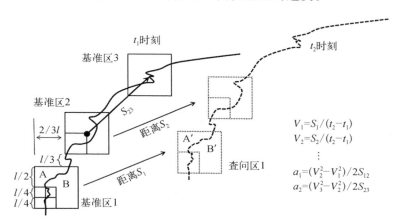

图 2.34　速度与加速度分析原理图(图像特征匹配分析方法)

值得说明的是,为了提高计算结果的可信性和计算精度,采取了以下几个措施:首先,在确定基准区时,对基准区内轮廓线的复杂程度进行判断,基准区内没有轮廓线或者轮廓线形状过于简单则不参与计算,以保证查问区与基准区匹配的唯一性;其次,基准区 $l×l$ 的尺寸足够大,保证其内轮廓线形状的唯一性,完成对基准区 $l×l$ 的计算后,采用 $0.25l×0.25l$ 尺度的小基准区对其内轮廓线重新覆盖,进一步计算更细致结构的运动速度,同时以原尺度基准区的速度作为参考对小基准区速度进行修正;最后,为了防止因基准区划分可能导致部分轮廓线特征结构识别不全面,基准区在横向和纵向上的步进长度分别取 $1/3l$。

2. 加速度计算方法

在超声速气流中,表面波等表面波主导破碎区流动结构在运动过程中会发生变形直至消失,这个过程的时间间隔非常小(约 $10\ \mu s$),导致在试验时不能对其进行连续的跟踪测量,所以无法得到流动结构连续的速度变化过程,普通意义上的时间加速度信息亦无法获得。本节通过计算空间加速度的办法对流动结构的沿程加速特性进行分析,基于图 2.34 所示对空间加速度的计算过程进行介绍。

流动结构从"基准区 1"位置经历 Δt 时间后运动到相邻的"基准区 2"位置,速度从 V_1 增加到 V_2,运动距离记为 S_{12},假设这个过程是匀加速的,则运动时间 Δt 和空间加速度 a_1 可以表示为

$$\Delta t = \frac{S_{12}}{2(\mid V_1 \mid + \mid V_2 \mid)} \tag{2.19}$$

$$a_1 = \frac{V_2 - V_1}{2S_{12}}(\mid V_1 \mid + \mid V_2 \mid) \tag{2.20}$$

对于稳定流动,相邻两个位置足够近时,以上匀加速假设是近似成立的,基于以上假设计算得到的空间加速度与普通意义上的时间加速度近似相等。然而超声速气流中的液体横向喷雾是不断振荡的,表面波等流动结构空间位置和形状的实时变化剧烈,为了实现对加速度的准确计算,在相同工况下对多幅时间相关图像分别进行瞬态速度计算,记录流动结构的空间位置和对应速度信息,然后对流动结构的平均位置和对应的平均速度进行提取,针对平均后的位置和速度信息,计算加速度。

3. 流动结构的加速过程

图 2.35(a)和图 2.35(b)记录了 t 时刻喷雾迎风面流动结构沿程的位置分布和对应速度信息,图示结果是基于 200 组瞬态流动结构位置和速度信息叠加获得的,每组瞬态数据是采用图 2.34 所示图像特征匹配分析方法计算得到。图 2.35 所示试验结果对应的试验工况参数为:来流马赫数 2.1,来流总压 891 kPa,来流总温 300 K,液体横向射流介质为水,喷孔直径为 0.69 mm,喷注压降为 3.4 MPa,对应喷嘴出口射流平均速度为 64 m/s,液气动量通量比为 6.9。超声速气流从左向右流动,液体横向射流从 $x/d=0$ 处向上喷出,并向下游弯曲发展,图中黑色区域为液体横向喷雾区(该区域始终处于所有瞬态轮廓线以下),彩色部分是喷雾迎风面所在的区域,因为表面波和喷雾块等流动结构的存在,导致瞬态的喷雾迎风面是不规则的且在彩色区域内实时振荡,所以迎风面流动结构的沿程位置分布和速度分布在一个较宽的区域内。图 2.35(a)和图 2.35(b)中所示的平均位置是当地流动结构的振荡中心,该位置处的速度值可由当地沿程法线方向上所有位置速度的算数平均得到。

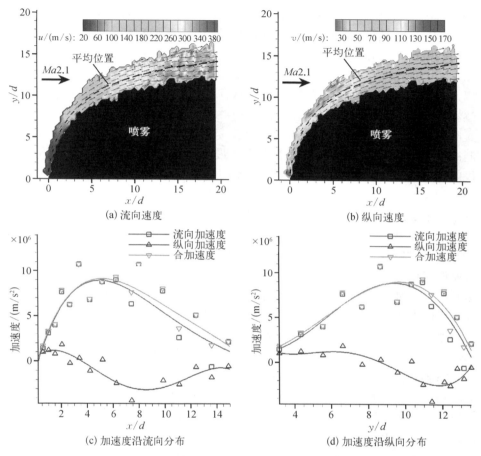

图 2.35　迎风面沿程速度与加速度分布

图 2.35(a)中彩色云图的颜色等级表征当地流动结构的流向速度分量值(u),从图上直观看出,流动结构在流向上是被持续加速的,流向速度经历了$x/d<3$区域的缓慢加速,到$3<x/d<10$区域的快速加速,再到$x/d>10$区域的加速变化过程。图 2.35(b)中彩色云图的颜色等级表征当地流动结构的纵向速度分量值(v),与流向速度随流动发展的变化趋势不同,纵向速度在流动中经历了先增加后减小的过程,而且纵向速度最大值位置与流向速度加速最快的位置基本重合。

图 2.35(c)和图 2.35(d)分别给出了加速度沿流向和纵向的变化趋势。从

图中可以看出,在超声速气流中,近喷孔区域液体流动结构的加速度非常大,约在 1×10^6 m/s^2 量级。红色正方形标识代表的流向加速度始终大于零,说明流动结构的流向速度分量始终保持增加,这是气体主流对液体流动的持续加速所致。流向加速度在 $x/d=5$ 附近达到最大,这是因为随着射流表面波尺度的增加以及表面波断裂成喷雾块结构的这一段区域内,液体与超声速气流的接触面积逐渐变大,液体受到超声速气流总的作用力增加,从而表现出加速度值增加,但是随着流动结构被加速,气液间的相对速度逐渐减小,气体对液体的作用力不断减小,导致液体流动结构加速度在到达最大值后复又呈下降趋势,但是在一段时间内加速度的绝对值是大于零的,流动结构依然被加速,这与图 2.35(a)中显示的速度分布结果一致。蓝色正三角形标识代表的纵向加速度整体呈现先减小再增加最后趋于稳定的趋势,在 $0<x/d<3$ 区域内纵向加速度大于零,这是因为射流前弓形激波的存在一方面导致射流迎风区根部位置压力增大,压力沿射流流动方向减小,另一方面导致射流迎风区的部分气流有向上的速度分量,从压差作用和动量交换两个角度上来说,在射流离开喷孔的初始阶段,流动结构在纵向上是被加速的。同时由于射流背风区低压区域的存在,液体流动结构始终承受一个向下作用的力,迫使射流原有的纵向动量不断被消耗,迫使流动结构的纵向速度不断减小。在 $x/d<3$ 区域内,液体承受向上的作用力占据主导,纵向加速度为正,$x/d>3$ 区域内,向下作用力大于向上的作用力,纵向加速度为负。

图 2.36 和图 2.37 比较了不同射流初始速度对迎风面流动结构速度分布的影响。从图中可以看出,在所有工况下,流向速度沿程始终都是增加的,射流离开喷孔后,流向速度经历先缓慢增加再到快速增加再到缓慢增加的过程,这种模式的流向加速过程是由液体在超声速气流中的分布行为决定的,且与流动结构的发展密切相关。在射流离开喷孔的初始阶段,尽管气液间速度差最大,但是由于液体分布相对集中,与超声速气流接触面积小,液体受到的总的流向作用力反而不大;随着射流不断向下游运动、发展,射流表面波波长、振幅不断增长,液体在展向方向上不断延展,液体与外界的接触面积大大增加,导致液体总的受力大大增加,进而导致液体流向加速度不断增加,特别是在表面波断裂并刚形成喷雾块结构的区域,此时气液作用面积足够大,且喷雾块刚由连续液柱上脱离,流向速度相对较小,综合导致液体受到的流向作用力很可能在此附近存在最大值,导致该处的流向加速度最大。从喷雾的弯曲形状上分析,流向加速最快的区域对应迎风面曲率半径最大的区域,喷雾形状弯曲最快的地方往往是受力最大的地方。随着流动继续向下游运动,液体不断被加速,

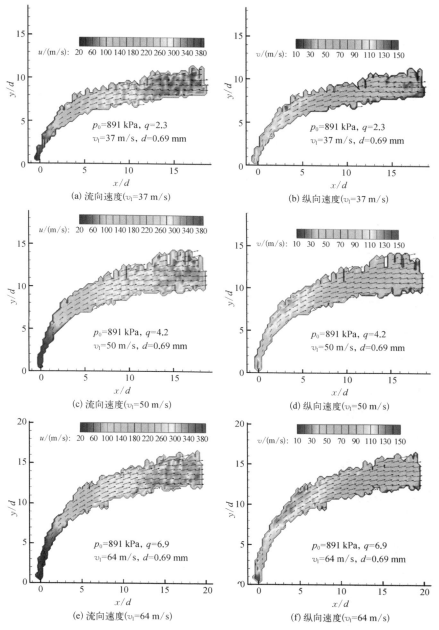

图 2.36　不同液体横向射流初始速度下迎风面流动结构的速度分布（$d=0.69$ mm）

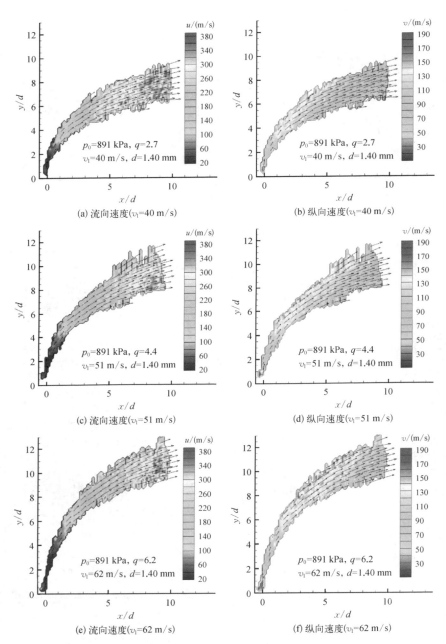

(a) 流向速度(v_l=40 m/s)　　　　　(b) 纵向速度(v_l=40 m/s)

(c) 流向速度(v_l=51 m/s)　　　　　(d) 纵向速度(v_l=51 m/s)

(e) 流向速度(v_l=62 m/s)　　　　　(f) 纵向速度(v_l=62 m/s)

图2.37　不同液体横向射流初始速度下迎风面流动结构的速度分布(d=1.40 mm)

气液相对速度逐渐减小,而且射流已经完成了一次破碎,气液间受力面积的增加有限,不足以克服气液相对速度减小给液体受力带来的削弱影响,所以气体对液体在流向的综合作用力会不断减小,导致流向加速度之后不断减小,但一直保持正值。

纵向速度分布沿程的增长模式也是不随工况参数变化的,液体离开喷孔后有一段向上加速的过程,相继伴随一段向上减速的过程。这种纵向速度沿程分布模式是由射流前到弓形激波之间的气体流动、射流前压力分布、射流背风区压力分布等因素共同作用导致,具体原因在分析图 2.35 的流动结构时已经描述,此处不再赘述。值得说明的是,比较发现,流动结构纵向速度最大的区域总是与流向速度加速最快的区域相吻合。

液体横向射流初始速度对迎风面流动结构速度分布是有影响的。首先,射流初始速度越大,流向的加速会越慢,在相同的下游位置上,射流初始速度低的工况对应的流向速度更大。其次,射流初始速度越大,纵向速度所能达到的最大值越大。

图 2.38 显示的是喷孔直径对迎风面流动结构速度分布的影响情况。与射流初始速度的影响规律相似,喷孔直径越小,流向的加速会越慢,在相同的下游位置上,喷孔直径小的工况对应的流向速度更小;其次,喷孔直径越大,纵向速度所能达到的最大值越大。

图 2.39 显示的是来流总压对迎风面流动结构速度分布的影响情况。来流总压增大,流向加速度最大的区域会随之向上游移动,这说明来流总压的升高可能导致射流一次破碎位置的前移。

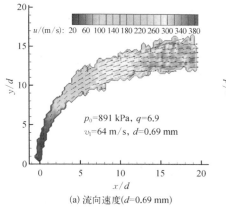

(a) 流向速度($d=0.69$ mm)

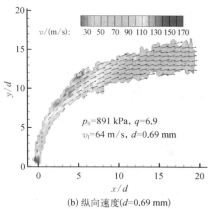

(b) 纵向速度($d=0.69$ mm)

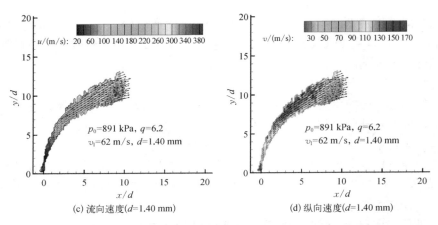

(c) 流向速度(d=1.40 mm) (d) 纵向速度(d=1.40 mm)

图 2.38　喷孔直径对迎风面流动结构速度分布的影响

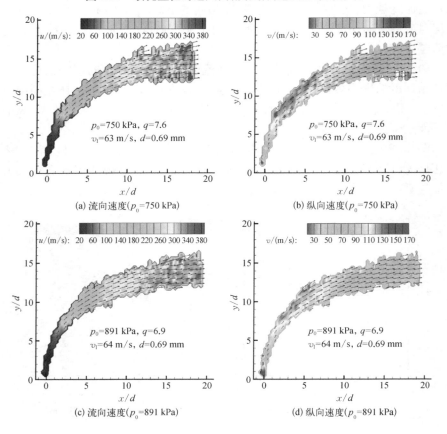

(a) 流向速度(p_0=750 kPa) (b) 纵向速度(p_0=750 kPa)

(c) 流向速度(p_0=891 kPa) (d) 纵向速度(p_0=891 kPa)

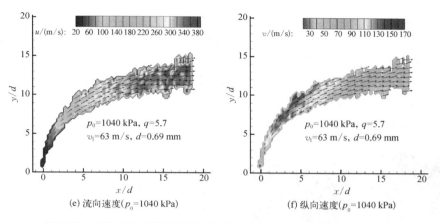

(e) 流向速度(p_0=1040 kPa) 　　　　(f) 纵向速度(p_0=1040 kPa)

图 2.39　来流总压对迎风面流动结构速度分布的影响(d=0.69 mm)

2.3.4　表面波振幅的增长规律

　　基于高分辨率显微成像结构,定义并提取了射流表面波振幅,研究了表面波振幅的增长规律。本节主要试验工况如表 2.5 所示。

表 2.5　表面波振幅增长试验工况

工况	压降 Δp/MPa	喷嘴直径 d/mm	长径比 l/d	流量 Q/(g/s)	流道收缩角 A/(°)	液气动量比 q	液体韦伯数 We_l	气体韦伯数 We_g	液体雷诺数 Re_l
Case11	1.07	0.5	8	39.25	60	3.7	15 012	4 024	20 178
Case12	1.08	0.5	4	54.37	60	3.7	15 012	4 024	20 256
Case13	1.96	0.5	4	66.51	60	6.8	27 801	4 024	27 451
Case14	3.05	0.5	4	7.92	60	10.5	41 145	4 024	33 540
Case15	2.93	1.0	4	11.00	60	10.1	91 223	8 048	75 270

　　1. 特征参数提取方法

　　射流近场液柱弯曲较小,射流表面波的产生与发展使液柱迎风面边界上产生与液柱直径尺度相当的特征结构。这些特征结构沿液柱表面不断增长发展引起射流边界的脉动,射流边界的脉动特征反映了射流表面波沿射流表面的发展演化规律。定义 0.5 倍射流边界脉动宽度作为表面波的振幅,描述射流表面波振幅的增长规律。

　　近场射流的原始图像图及灰度分布特征如图 2.40(a)所示。显微成像系统采用脉冲激光光源作为背景光,成像时由于激光存在干涉和衍射效应。图像的背景中存在较强的噪声信号,图 2.40(b)中灰色曲线即为虚线圈出背景区域的灰度分布。可以看出图像背景中灰度分布范围很大,背景很不均匀。为减小激光干涉带来的噪声影响,采用均值滤波的方法对原始图像进行空间滤波。滤波处理后的背景灰度分布如图 2.40(b)中黑色曲线所示。采用均值滤波方法能够有效降低图像背景信号的脉动,使其灰度分布更加均匀。

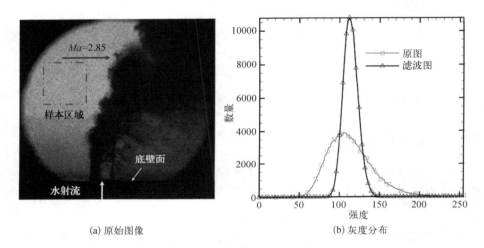

(a) 原始图像　　　　　　　　(b) 灰度分布

图 2.40　原始射流图像及背景灰度分布特征

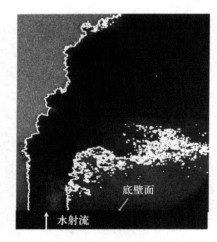

图 2.41　图像边缘检测结果

采用图像边缘检测的方法得到射流的边界信息,图像处理的主要步骤为:① 分别对无射流的背景图像及有射流图像进行均值滤波。② 背景图像减去有射流图像,得到只含有射流信号的图像并对图像进行灰度增强。③ 采用 Matlab 边缘检测函数获取射流边界信号。图 2.41 给出了图像边缘检测方法得到的射流边界。射流边界与液雾形态基本吻合,射流背风面可观测到表面破碎产生的液雾,射流迎风面存在表面波结构。射流背风面存在大量表面破碎产生的小液滴,图像灰度梯度较小。边缘检测时的干扰较大,分析射流表面波振幅增长时,主要提取射流迎风面边界研究射流柱表面波的增长与演化规律。

取 60 幅射流边界叠加的结果如图 2.42 所示。随着射流向主流运动,射流边界的振荡幅值不断增强。取平均射流边界为基准,当地边界的法向方向的射流振荡宽度 $2A_s$ 作为射流振荡的振幅,故表面波的振幅即为 A_s。具体计算时,取平均射流边界(图中红色曲线)的拟合边界线(图中蓝色曲线)作为基准,计算当地的射流边界振幅,其中蓝色曲线与原始边界的拟合相关系数为 0.99。

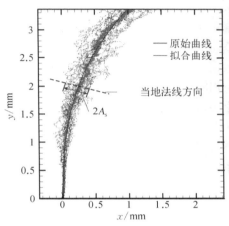

图 2.42　射流边界叠加结果

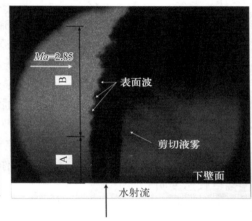

图 2.43　喷孔出口射流结构

2. 表面波振幅增长的分区特征

喷孔附近射流的瞬态结构如图 2.43 所示。液体横向射流与超声速气流相互作用,喷孔出口射流柱基本不发生弯曲,射流柱迎风面无大尺度扰动(图 2.43 中 A 区域)。这主要是壁面边界层的影响,在近壁面位置,气流速度相对较低,射流沿流向的加速和剪切均较弱。随着射流向主流运动,射流逐渐发生弯曲,且迎风面出现表面波结构(图 2.43 中 B 区域),液柱迎风面射流表面波不断发展增长,射流表面特征结构的尺度不断增大。

表面波无量纲振幅沿射流方向的变化曲线如图 2.44 所示。表面波振幅沿射流方向不断增大。根据振幅的增长的速度,表面波沿流向的增长过程可以分两个典型过程。$y/d < 1$ 时,初始 A_s/d 为 5%。表明喷孔出口附近射流表面仍存在小尺度扰动,并非如单张图像里显示的那样光滑。在该区域射流表面波的增长速率很小,主要在初始值附近振荡。$y/d > 1$ 时,振幅增长速度明显加快。

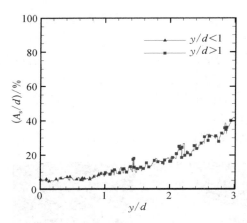

图2.44 射流表面波振幅沿纵向变化曲线(D0.5P1.08L2)

图2.44表示的是射流表面波振幅沿纵向高度的变化情况。表面波的发展可以分为两个阶段:准稳定区和快速增长区。表面波沿流向的演化规律主要是由局部的气液相互作用决定的。液柱前由于气流滞止,射流表面的气流分为方向相反的两股。在滞止点前,回流区内局部气流与射流方向相反。射流表面剪切作用居主导,气流对液柱的流向加速作用较小,主要产生K-H不稳定。然而在滞止点后,气流与射流方向相同。射流开始变形迎风面宽度增加,液柱的流向加速明显增强,射流向流向弯曲。射流初始小扰动在剪切气流及气动加速作用下不断增长,射流表面出现大尺度表面波结构。在该区域,气流对液体横向射流的流向加速增强,气液加速作用占据主导,射流R-T不稳定作用主导促使表面波不断增长,表面波振幅增长速度明显增大。

3. 表面波振幅增长的影响因素

图2.45给出了Case2~Case4的表面波振幅沿射流方向的变化曲线,取射流直径对振幅和流向距离进行无量纲化。由图2.45可以看出,在进场区域,表面波的振幅随着流向距离的增大不断增长,在$y/d<1$的范围内,表面波振幅变化不大,基本稳定在射流直径的5%。在该区域,射流表面为小结构受到的表面张力与气动力基本平衡,因此表面波振幅基本不增长。在$y/d>1$范围内,表面波振幅增长较为明显。这主要是由于随着射流进入横向气流,气流非定常特性的影响增强,诱导了更强的射流不稳定特征,打破了表面张力和气动力的平衡,故表面波振幅开始出现明显增长。对比Case2~Case4

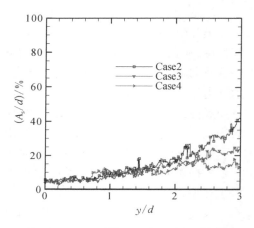

图2.45 不同动量比q表面波振幅曲线

可以看出,随着动量比 q 增大,在相同流向位置,表面波振幅有所减小。这主要由于动量比增大,射流本身的惯性力增大,气动力对表面波的增强作用减弱,射流表面波更不容易发展,最终导致射流破碎距离沿射流方向增加。

　　图 2.46 给出了不同长径比的射流表面波振幅曲线。由图可以看出长径比变化射流表面波振幅的初始值基本相同,其增长趋势也较为接近。这主要是因为在现有研究的长径比下,射流出口仍为非湍流射流。射流长径比对射流状态的影响还比较小,射流表面初始阶段的气动力与表面张力的平衡仍能够维持。所以在现有工况下,射流表面波的发展过程基本相同。图 2.47 给出了不同喷孔直径的射流表面波振幅曲线。由图可知喷孔直径变化后,无量纲的表面波振幅仍具有相近的初始值和增长趋势。较小的增长率主要是由于动量比 q 的抑制作用。孔径增大,作用在射流表面的气动力有所增加,但同时射流的惯性力也由于流量的增大而增加,气动力的促进作用和惯性力的抑制作用同时影响射流表面波的振幅,最终两者相互抵消,使表面波振幅具有相近的变化规律。

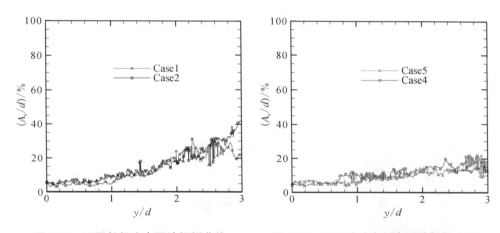

图 2.46　不同长径比表面波振幅曲线　　　图 2.47　不同喷孔直径表面波振幅曲线

　　在本节研究的工况范围内,射流表面波振幅的变化规律主要受来流及动量比影响,孔径和长径比的影响不明显。表面波的初始振幅约为喷孔直径的 5%,初始振幅与射流直径、射流出口状态等特性无关,其主要受来流条件决定。表面波沿流向发展可以分为两个阶段:准稳定段和快速增长段,在现有研究工况下两个发展分区的临界位置在 $y/d=1$ 的位置。

2.3.5 表面波波长的空间演化

采用显微成像系统对 $Ma2.85$ 来流下不同喷孔及喷注压降下喷孔出口位置的射流形态进行了观测,测量了射流表面波波长,研究了表面波波长的空间演化规律。试验工况参数如表 2.6 所示。

表 2.6 表面波波长空间演化试验工况

工况	压降 $\Delta p/\text{MPa}$	喷嘴直径 d/mm	长径比 l/d	流量 $Q/(\text{g/s})$	流道收缩角 $A/(°)$	液气动量比 q	液体韦伯数 We_1	气体韦伯数 We_g	液体雷诺数 Re_1
Case16	1.02	0.547	2	11	60	3.4	12 866	4 550	22 275
Case17	2.03	0.547	2	14	60	6.9	25 606	4 550	31 424
Case18	2.98	0.547	2	16.8	60	10	37 589	4 550	38 074
Case19	2	0.522	4	12	60	6.8	22 530	4 550	28 795
Case20	2	0.522	8	10	60	6.7	18 204	4 550	25 883
Case21	1.92	1.03	8	44.5	60	6.7	40 781	9 100	54 419
Case22	1.98	1.03	16	44.4	60	6.9	42 056	9 100	55 262
Case23	1.96	1.03	8	46.9	90	6.9	41 631	9 100	54 983
Case24	1.99	1.03	8	45.5	120	6.9	42 268	9 100	55 402
Case25	1.97	0.71	8	23	60	6.7	32 254	5 830	40 181

1. 喷孔出口射流瞬态结构

图 2.48、图 2.49、图 2.50 分别给出了不同喷孔直径、喷注压降及喷孔长径比

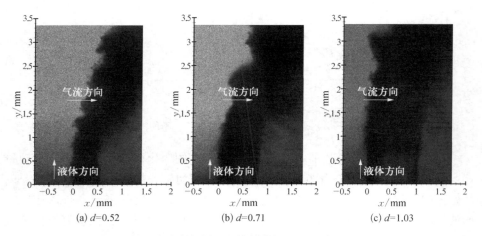

(a) $d=0.52$　　　　(b) $d=0.71$　　　　(c) $d=1.03$

图 2.48 不同喷孔直径射流显微图像($\Delta p = 2.0 \text{ MPa}$, $l/d = 8$)

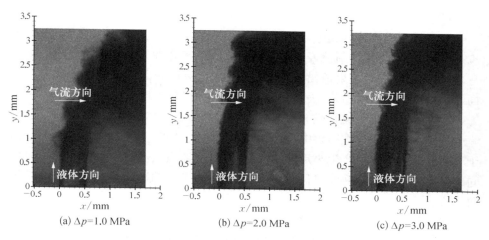

图 2.49　不同喷注压降射流显微图像($d=0.54\ \mathrm{mm}$,$l/d=2$)

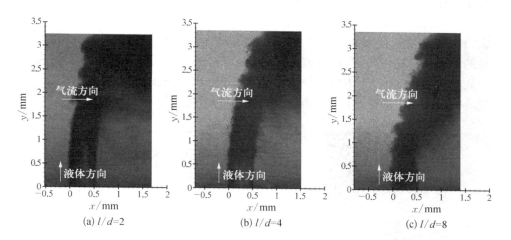

图 2.50　不同长径比 l/d 射流显微图像($d=0.53\ \mathrm{mm}$,$\Delta p=2.0\ \mathrm{MPa}$)

下的射流显微成像典型图像。不同喷嘴结构及喷注压降下,射流迎风面均存在表面波结构。表面波沿流向不断增长,最终导致射流破碎。喷孔直径增大,射流弯曲减小,相同流向位置表面波尺度相对减小。喷注压降增大,液气动量比增大,射流穿透增加,表面破碎位置的纵向高度增加,射流迎风面表面扰动尺度减小。喷孔长径比增大,喷嘴出口液柱的灰度明显减小。液柱表面的小扰动结构增多,液柱透光性减弱,使液柱区域的灰度整体减小。同时射流表面破碎增强,背风面的剥离液雾增多。

射流进入超声速气流中,近壁面位置受边界层影响,气动加速与剪切较弱。现有分辨率下,可观测射流表面波主要出现在射流弯曲开始弯曲的位置。射流弯曲位置,气动加速使射流沿流向加速并弯曲,液柱表面的纵向气流使液柱表面的小尺度扰动不断增长,表面波尺度逐渐变为可辨识尺度。

2. 表面波波长的空间演化特征

近场射流显微成像结果中,表面波波长的取法如图2.51所示。液柱表面由于表面波的传播发展产生小尺度的突起,取射流迎风面波动结构的相邻波峰之间的纵向宽度作为表面波波长,以波峰位置纵向坐标的平均值表示表面波的纵向位置。

取120幅瞬态图像进行统计分析,以喷孔直径对表面波波长进行无量纲化,得到$d=0.54$ mm、$l/d=2$、$\Delta p=2.0$ MPa 表面波沿流向分布如图2.52所示。初始表面波波长约为射流直径10%,表面波产生的初始纵向位置在$y/d=1.0$附近。表面波波长沿射流纵向不断增长,在$y/d<3$时,表面波波长分布比较集中,纵向距离进一步增大后,表面波波长的分布范围进一步增大。在喷孔附近,液柱的形态相对比较稳定,随着表面波波长及振幅的增长,表面波波包处的液体受到的气动力增强,液体的不稳定性增大,导致表面波波长分布范围增大。射流液柱破碎产生的喷雾团的尺度亦产生更强的脉动特征。

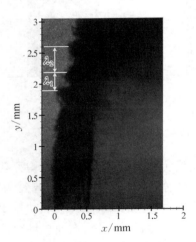

图 2.51　近场显微图像中射流表面波的取法

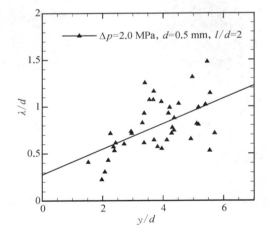

图 2.52　近场显微图像中射流表面波的取法

3. 表面波波长空间演化的影响因素

不同试验工况下得到的表面波波长沿纵向的分布如图 2.53 所示。射流表面波波长沿流向总体呈增大趋势。表面波产生的初始位置靠在 $y/d=1$ 附近。靠近喷孔的位置表面波波长散步减小。小喷孔的射流在近场观测的表面波结构数量明显多于大孔径射流。射流喷孔直径增大,近场射流的惯性增强,射流流向加速减弱,液柱受到的气动加速减弱,因此在近场射流的表面波特征不明显。

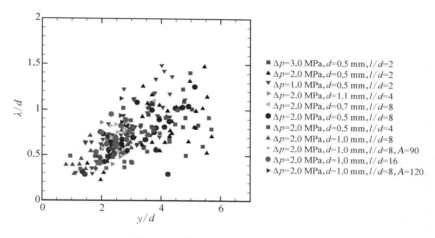

图 2.53　射流表面波纵向分布图

图 2.54 给出了不同喷注压降下表面波波长的纵向分布。由图可知,喷注压降增大,射流的表面波波长普遍增大,且初始表面波出现的位置距离表面更远,射流表面波波长的增长速度减小。近场液柱的射流的液气动量比增大,液柱初始动量增大,液柱抵抗流向气动加速的能力增强,气动加速对液柱形态的影响较小,使射流表面波的增长率减小。

图 2.55 分别给出了 0.5 mm、1.1 mm 喷孔的表面波波长分布。可以看出喷孔直径增大,喷嘴出口位置附近射流表

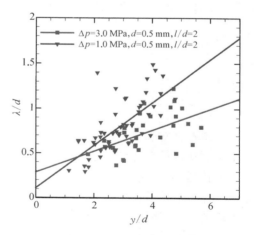

图 2.54　不同喷注压降表面波波长纵向分布

面波的产生和增长均受抑制,表面波产生位置距喷孔较远。近喷孔表面波波长的分布范围无明显变化,说明射流直径的变化对表面波的增长速率影响不大。

　　图 2.56 给出了不同长径比表面波波长纵向分布。长径比对初始表面波位置影响不大,表面波的分布范围基本相同。长径比增大,表面波波长的增长速度略有提高。长径比增大增强了射流的表面破碎,液柱的周向液雾剪切增强使液柱迎风面宽度减小,液柱的惯性减小,射流更容易受到气动加速的影响。故射流的表面波波长增长变快。

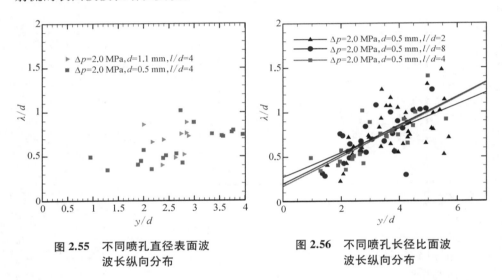

图 2.55　不同喷孔直径表面波　　　　　　　图 2.56　不同喷孔长径比面波
　　　　　波长纵向分布　　　　　　　　　　　　　　波长纵向分布

2.4　小结

　　本章针对超声速气流中液体横向射流喷雾近场开展了翔实的研究,首先介绍了近场区弓形激波特征与运动规律,随后分析了近场区二次激波结构及其发展演化,最后系统总结了近场区表面波增长与规律。

　　(1)液体横向射流垂直于气体来流射入超声速气流中,在射流柱前产生弓形激波,弓形激波起始点到喷注壁面的距离会随时间的推移发生振荡,振荡幅度约为数毫秒量级;半无限大空间内产生的弓形激波角度最终会逐渐减小为马赫角,受限空间内产生的弓形激波角度随喷注压降的增加而增大,随喷孔直径的增大略微有所增大;此外弓形激波位置和形状是振荡的,但是振荡范围控制在一个小的区域内。

(2)近场弓形激波与射流边界之间局部超声速气流与液雾发生相互作用形成二次激波结构。近场二次激波结构的产生和发展具有周期性特征,其周期为毫秒量级。不同喷注压降、喷孔直径及长径比下均存在结构相似的二次激波结构,喷注压降是影响近场流场结构相似特征的关键因素。二次激波后形成高压亚声速流场,局部流场对液雾的纵向加速增强导致喷雾边缘的液雾大尺度分离。

(3)基于脉冲激光背景成像技术对射流表面波主导破碎区和快速雾化区局部的细观流动结构开展了试验研究,研究表明喷雾块结构是快速雾化区的唯一代表性特征,通过对流动特征的时间演化规律和运动规律开展研究,发现:射流表面波在形成之初振幅约 $0.1d$ 量级,表面波沿程不断增长,近场初始表面波长为射流直径的 $10\% \sim 20\%$,断裂前振幅达到 $1.4d$ 量级。

参考文献

[1]　吴里银.超声速气流中液体横向射流破碎与雾化机理研究[D].长沙:国防科学技术大学,2016.

[2]　Li C, Shen C, Li Q, et al. Investigation on structure of shock wave in the near-field of a liquid jet in M2.1 supersonic crossflow[C]. Xiamen: 21st AIAA International Space Plane and Hypersonic Technologies Conference.

[3]　周曜智,李春,李晨阳,等.超声速横向气流中液体射流的轨迹预测与连续液柱模型[J].物理学报,2020,69(23):219 - 232.

[4]　周曜智.超声速气流中连续液柱建模及喷雾特性预测应用[D].长沙:国防科技大学,2020.

[5]　李春.超声速气流中液体横向射流结构特性试验研究[D].长沙:国防科学技术大学,2013.

[6]　李春,沈赤兵,李清廉,等.超声速气流中液体横向射流一次破碎过程[J].国防科技大学学报,2020,41(4):73 - 78.

[7]　Inouye M. Shock standoff distance for equilibrium flow around hemispheres obtained from numerical calculations[J]. AIAA Journal, 1965, 3(1):172 - 173.

[8]　Wu L, Wang Z, Li Q, et al. Study on transient structure characteristics of round liquid jet in supersonic crossflow[J]. Journal of Visualization, 2016, 19(2):337 - 341.

[9] 吴里银,王振国,李清廉,等.一种超声速运动流体的瞬态结构成像方法及装置[P].201410798658.1,2014.

[10] 吴里银,王振国,李清廉,等.一种纳秒级脉宽脉冲平面光源装置[P].201410800056.5,2014.

[11] Rafael C. Gonzalez, Richard E. Woods.数字图像处理[M].第3版.阮秋琦,阮宇智等译.北京:电子工业出版社,2010.

[12] Otsu N. A threshold selection method from gray-level histograms[J]. IEEE Transactions on Systems, Man, and Cybernetics, 1979, 9(1): 62 - 66.

第 3 章　超声速气流中液体横向射流
雾化过程与雾化机理

  液态燃料横向射流的破碎和雾化过程是一个复杂的气液两相湍流流动过程,液体横向射流受到气液界面的气动力、惯性力、黏性力和表面张力等多种力的作用。近场液柱变形及破碎尺度存在较大差异,射流表面发生表面破碎,液丝/小液滴从射流柱上脱落并向下游运动。同时迎风面表面波发展导致液柱破碎,在破碎位置生成形状各异的离散团块,离散的液块破碎为粒径更小的液滴,液滴在气流中蒸发并与来流混合。表面波主导破碎区的超声速复杂两相流动耦合使光学有效性变差,但是目前光学观测方法仍是研究超声速气流中液体横向射流表面波主导破碎区结构的最有效方法。本章基于 PIV 成像技术对喷雾的瞬态结构进行冻结捕捉,根据流动结构特征对液体喷雾场进行分区和分层研究。

  在喷注近场液柱变形剧烈,液块/喷雾速度迅速变化,近场连续液柱的运动变形决定了射流液柱断裂破碎后喷雾的初始分布和喷雾核心区的位置,准确描述射流的一次破碎过程是预测喷雾分布特性和混合特性的基础。针对射流一次破碎过程的表面波演化及气液相互作用机理开展深入研究,建立射流轨迹模型和射流一次破碎模型,明确射流一次破碎机理,实现射流破碎结果的描述和预测,在学术和工程应用层面均具有重要意义。本章通过实验观测、理论分析和数值计算等方法,分析了液体横向射流在超声速气流作用下的主要物理过程及其影响因素,建立了数学物理模型,量化描述射流的液柱破碎及表面破碎,形成了射流喷雾的预测方法,能够为发动机燃料喷射方案优化和喷嘴结构设计提供支撑。

3.1　液体横向射流雾化机理

3.1.1　喷雾分区

  液体燃料喷入超声速气流中后,连续液柱与超声速气流相互作用形成弓形激波,连续液柱经过变形、断裂、破碎后形成微米级液滴喷雾。根据液体横向射流经历的物理过程和流场结构特点,喷雾流场具有显著的分区特征,可分为表面波主导破碎区、快速雾化区和均匀混合区三个区域。本节结合超声速 PIV 技术获得的中心对称面上(xOy 平面)喷雾结构的"冻结"成像结果,对喷雾流场的分区及其对应的结构特征进行了分析和研究,分析的工况如表 3.1 所示。液态燃料通过壁面垂直或带有一定角度喷入超声速气流,射流雾化的主要物理过程如图 1.4 所示。在射流破碎及雾化过程中,射流发生多尺度变形,变形特征尺度从毫米级到微米级。近场表面波主导破碎区液柱破碎和表面破碎同时发生,气动加速和气液剪切耦合影响。气态流场由于连续液柱阻碍作用形成复杂的波系和流场结构(如图 1.4 中弓形激波、分离区等)。气相流场的非定常特征与气液界面的动态演化相互耦合。液块/大液滴在快速雾化区迅速破碎雾化,形成直径在为微米级的大量小液滴。在均匀混合区,雾化后的小液滴在强气液剪切下向主流扩散混合,在点火位置燃料与主流以一定混合比混合。超声速流场中局部液气混合比直接决定点火和火焰传播性能。

表 3.1 气体流场结构研究工况参数表

工 况	超声速气流参数			液体横向射流参数	
	马赫数	总温/K	总压/kPa	孔径/mm	压降/MPa
QLC – 01	2.1	300	891	1.4	1.99

1. 表面波主导破碎区

针对本节研究工况,表面波主导破碎区范围为 $0<x/d<10$,该区域内射流表面波为主要结构特征,表面波不断发展并最终导致射流断裂,强烈的气液对流作用是该区域气液混合的主要形式。Gopalan[1]认为近场是液体密集的区域,近场主要特征是射流完成一次破碎过程,射流柱断裂形成大液滴和液丝,这里的近场即是本节的表面波主导破碎区。

图 3.1 显示的是某一时刻水射流喷雾表面波主导破碎区的瞬态结构图像,超声速气流从左向右水平流动,液体横向射流从 $x/d=0$ 位置处垂直于气体来流向上喷出,液体因为散光作用强而被显现出来,图中 $x+$ 为气体流动方向,称为流向,$y+$ 为射流喷出的初始方向,称为纵向。

从图 3.2 中可以看出,在射流离开喷孔的初始阶段,射流柱表面较为光滑,距离喷嘴出口 $y/d=3$ 位置处开始出现表面波结构,表面波随射流向下游运动并不断增长,最终断裂。射流前分离区的存在使水射流在喷出喷孔后短暂时间内处于亚声速的气流环境中,射流柱表面最初保持光滑,但液体横向射流本身存在的湍流度及流动不稳定性逐渐使射流表面开始出现表面波结构,表面波一方面随射流向下游运动并自然增长,另一方面引起弓形激波和回流区的变形,弓形激波和回流区的不稳定性扰动进一步加速表面波的增长,同时,超声速来流的湍流脉动特性也是表面波增长的原因之一。

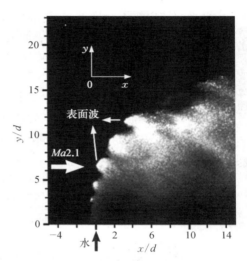

图 3.1　喷雾表面波主导破碎区的瞬态结构图像

对射流表面波结构局部放大后可以清晰看出,表面波的增长主要表现为表面波振幅和波长不断增加,如图 3.2 所示。图中显示表面波波数为 5,依次对其进行编号。表面波生成之初,可识别的表面波最小振幅为 $0.4d$,随着向下游的

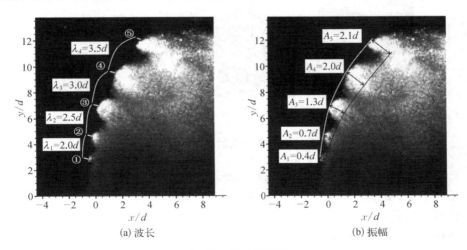

(a) 波长　　　　　　　　　　　(b) 振幅

图 3.2　射流表面波

运动,表面波振幅不断增加,最终表面波振幅达到 2.1d。同时,表面波的波长也从最初的 2d 增加到 3.5d。随着表面波波长、振幅的不断增长,在局部气流作用下,连续液柱断裂为大的液块和喷雾团。

2. 快速雾化区

紧邻射流表面波主导破碎区的快速雾化区表现出与表面波主导破碎区完全不同的结构特征。快速雾化区的特征表现为出现上端向上游倾斜的喷雾块,这些喷雾块由射流断裂后的一部分液块、液丝和小液滴群密集分布而形成,如图 3.3 所示。针对本节研究工况,快速雾化区分布在 10<x/d<50 的区域。快速雾化区内气液混合的主要形式依旧是气液间直接的动量交换,与表面波主导破碎区不同的是,快速雾化区内液体经过表面波主导破碎区的加速过程,气液相对速度减小,气液相互作用与表面波主导破碎区相比减弱。

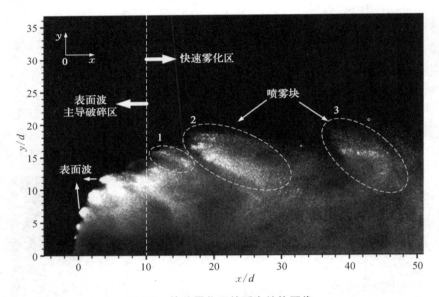

图 3.3　快速雾化区的瞬态结构图像

液体横向射流沿气流方向的初始速度为零,超声速气流在短时间内加速液体横向射流,加速过程是一个剧烈的动量交换过程,在这个过程中,表面波不断增长直至最后断裂。断裂现象一般发生在波谷位置,这是因为来流气体在波谷位置最易发生滞止,液体横向射流在此位置处受到气体传递的冲量最大,同时波谷局部压力增加,与背风面低压区的压差相对较大,这些因素均促使表面波在波谷位置最易发生断裂。图 3.3 中所示结构 1、2、3 即为表面波断裂后的喷雾块形状,结构 1 是断裂的初始阶段,气体切入喷雾形成上端向后的喷雾块,喷雾块向下游运动,顶端部分暴露在超声速气流中,更易被加速,当喷雾块发展到结构 3 位置时,喷雾块向后的形状不再明显。同时可以看出喷雾块沿流向间距增大,这是因为沿流向喷雾速度增加。

为进一步研究快速雾化区的主要特征,采用 PDA 方法测量了喷雾场液滴直径沿流向的分布,测点分布如图 3.4 所示,测点纵向高度为 $y = 15$ mm,流向步进长度为 2 mm,测量范围为 0～136 mm。测量工况如表 3.2 所示,来流马赫数为 1.86,来流总温为 300 K,来流总压为 1.095 MPa。液体喷射介质为煤油,喷孔直径为 1.0 mm,喷孔长径比为 2,液气动量通量比为 2.47。

表 3.2　PDA 测量试验的基准工况参数

超声速气流		煤油射流	
马赫数	1.86	喷嘴直径/mm	1.0
质量流率/(kg/s)	2.65	长径比	2
总温/K	300	喷注压降/MPa	2
总压/MPa	1.095	质量流率/(g/s)	32
速度/(m/s)	496		

图 3.4 中的正方形标识为球形率,即测量体内所有液滴中可视为球形液滴的比例,菱形标识代表索特平均直径(Sauter mean diameter, SMD),三角标识代表算术平均直径(arithmetic mean diameter, AMD)。从图中可以看出,$x/d < 8$ 的区域内没有测量数据,这是因为表面波主导破碎区射流未发生一次破碎,大部分液体集中分布在连续射流柱上,造成 PDA 无法测量。

液体射流发生一次破碎后,喷雾场中存在大量液丝、液块、大液滴、小液滴等尺寸和形状各异的液体结构,从球形率分布曲线可以看出,在 $x/d = 8$ 位置的数据球形率仅为 26%,说明在该位置处存在大量 PDA 无法准确测量的非球形液滴,这时测量得到的液滴群粒径信息是剔除了这些非球形液滴后的结果,无法反映真实的液滴群粒径分布。随着 x/d 的增加,不规则液滴不断发生二次雾化,破碎成更小的球形液滴,不规则液滴减小,测量的球形率快速升高,在 $x/d = 30$ 位置处球形率达到 89.7%,此时可认为 PDA 测量数据是可靠的。尽管 $8 < x/d < 30$ 区域内球形率偏低,一些大的不规则液滴没有被测量到,但是从 SMD 分布

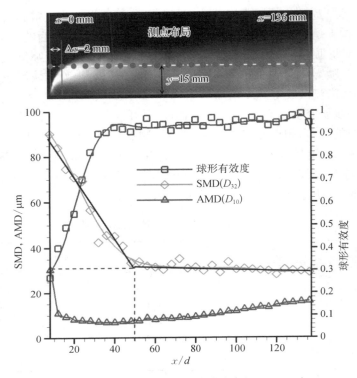

图 3.4　不同流向位置上的液滴分布($y = 15\ \mathrm{mm}$)

曲线上可以看出,该区域内的 SMD 依然最大,这说明在剔除了较大的不规则液滴后,仍然存在相对其他位置更多的球形大液滴,导致 SMD 偏大,说明该区域内仍存在较多的大液滴。SMD 分布曲线沿 x/d 方向可以分为两段,在 $x/d < 50$ 区域内,SMD 沿流向快速减小,在 $x/d > 50$ 区域内,SMD 沿流向仍保持减小趋势,但基本稳定在 $30\ \mu\mathrm{m}$ 左右,这说明该工况下二次雾化过程完成位置在 $x/d = 50$ 附近,在该工况下快速雾化区范围为 $10 < x/d < 50$。

　　3. 均匀混合区

　　在均匀混合区内,由于液滴被迅速加速,气液相对速度相对较小,液滴的破碎不再是主要物理过程。在该区域内,液滴在气相流场影响下的气液混合成为主要物理过程。基于气液混合形式和喷雾主要特征的差异,认为开始出现明显剪切拟序流动结构的区域为均匀混合区流动区域。针对本节研究工况,均匀混合区约分布在 $x/d > 50$ 的区域,均匀混合区内气液混合的主要形式是涡的卷吸掺混。在后续针对喷雾雾化特性的测量研究中发现,均匀混合区与快速雾化区的分界位置与喷雾二次雾化过程完成位置相重合。

如图 3.5 所示,喷雾经过表面波主导破碎区和快速雾化区的气流加速后,沿流向的速度大幅度增加,沿纵向的速度因强烈的气液动量交换而基本消耗殆尽,气液流动基本同向,在气液交界面上形成类似超-超剪切层的结构形式,交界面上出现大量的拟序涡结构,涡不断发展、合并和脱落,将剪切层内的动量传递到喷雾内部,促进着气液两相的混合。同时也可以看到,在均匀混合区,沿流向很长一段距离内,喷雾的高度基本没有增加,这说明涡脱落后并没有进入气体主流区域,主要原因有两个:① 喷雾没有足够的纵向动量穿透剪切层;② 气液两相的密度及黏性系数差距大,位于下部的液体更难穿透剪切层。这表明在该区域液滴的纵向输运基本达到极限。

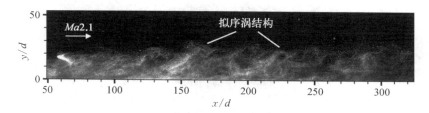

图 3.5　水射流喷雾均匀混合区的瞬态结构图像

3.1.2　液柱破碎机理

早期研究者[2-5]对于超声速气流中液体横向射流一次破碎过程的研究的主要集中为液柱破碎,即液体从壁面喷孔喷出后形成连续液柱、连续液柱变形并最终完全断裂的过程,如图 3.6 所示。在亚声速气流中,液体横向射流受到的气动力作用一般较小,液丝和液滴速度较低,通过高速摄影或纹影可以获得射流柱的小尺度结构[6]和运动信息[3],气液界面一般较为清晰,液柱在未发生断裂前可认为是连续介质[7]。然而,在超声速横向气流中,液体横向射流往往会受到极强的气动力作用,即使通过高时空分辨率的脉冲激光背景光成像技术,气液界面仍然十分模糊,液体横向射流在离开喷嘴极短的距离后便迅速发生液柱破碎,并形成由大量小液滴组成的浓稠液雾,射流破碎加剧,伴随着激波和分离区等结构的产生[8,9],流场结构更加复杂,液柱破碎的过程也难以被清晰捕捉。如图 3.7 所示,Lin 等[10-14]采用高速 X 射线成像技术有效地克服了近场区浓密液雾的影响,成功获得了近场区液柱的精细结构,定性地描述了射流柱迎风面表面波的形成、运动和演化过程,同时分析了射流柱的变形和破裂过程,测量了液体横向射流近场的时间平均视距液体质量分布,并根据液体质量的视线分布,重建了射流柱在不同变形阶段的截面轮廓。

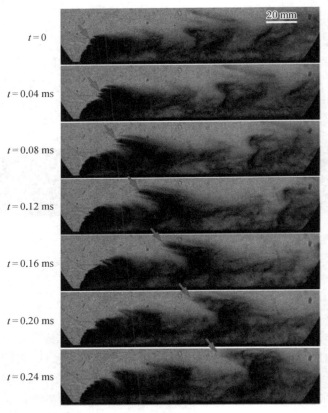

图 3.6　液柱破碎过程的时间演变($Ma = 1.94$,GLR = 4%)[10]

关于液柱破碎的机理,学者们普遍认为液体横向射流的液柱破碎主要是射流表面波的增长和发展导致的。Schetz 等[5]针对超声速横向气流中液体横向射流一次破碎过程开展了超过 1 000 次的实验,指出高频率、大振幅的轴向表面波是液体横向射流发生液柱破碎的主导因素。液柱的断裂往往发生在相邻两个表面波的波谷位置,这种破碎方式与经典的静止空气中瑞利射流的破碎方式

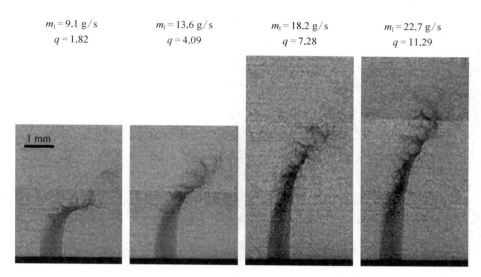

$m_l = 9.1\,\mathrm{g/s}$　　　$m_l = 13.6\,\mathrm{g/s}$　　　$m_l = 18.2\,\mathrm{g/s}$　　　$m_l = 22.7\,\mathrm{g/s}$
$q = 1.82$　　　　　$q = 4.09$　　　　　$q = 7.28$　　　　　$q = 11.29$

图 3.7　高速 X 射线成像结果($Ma = 2.0$)[11]

极为相似,液柱上破碎脱离出的大液块尺寸往往有几个表面波波长的长度。按照波长分布可以将近场射流分为三个区,表面波的传播速度与射流速度同量级,且沿射流方向不断增大。受气动力、表面张力的作用,大液块在下游被加速并分解成更小的液块,液体的物性参数对液柱破碎过程影响较小。在低动量比下,液体横向射流的初始射流轨迹会发生剧烈的振荡;而在高动量比下,初始射流轨迹则较为稳定。从广义上讲,K-H(Kelvin-Helmholtz)不稳定性或者因湍流导致的涡都可能是表面波产生的原因。Nejad 等[15]研究了液体黏性及表面张力对液柱破碎的影响,其研究分析表明射流表面主要存在两种波动,一种是射流迎风面由气动力引起的表面波动,一种是由湍流引起的毛细扰动。其中,增大液体黏性表面波波长减小,振幅增大;减小液体表面张力射流表面波波长与振幅同时增大。

　由于试验观测方法无法获得气液界面处流场参数(如压力、密度、速度等),因此对于气液界面演化与流场相互影响的研究始终不清晰。为此研究者发展了基于界面追踪的高精度数值方法,围绕射流破碎开展了一系列数值仿真工作[16-20]。肖锋等[21-23]发展了基于大涡模拟(large eddy simulation, LES)的 CLSVOF(coupled level set and volume of fluid method)两相数值仿真方法,实现了对超声速横向气流中射流一次破碎过程的高精度数值仿真,其引入等效韦伯数概念分析了表面波产生机理,并认为 R-T 不稳定性是超声速气流中迎风

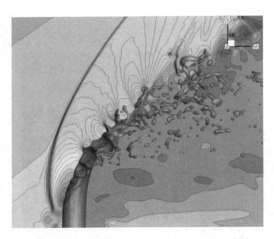

图 3.8 中心对称面压力云图($Ma=2.1$) [22]

面表面波产生的主要原因,并最终导致液柱断裂(图 3.8)。

尽管界面追踪法能够模拟超声速气流中的液体射流一次破碎,但由于缺乏试验的直接结果,在定量的验证方法上存在一定困难,同时计算量也是个不可忽视的问题,特别是捕捉破碎后的液滴则需要更大的计算量,目前的研究向着界面追踪法和拉格朗日液滴追踪法相结合的方向发展,研究者希望可以模拟得到完整的喷雾,进而同时分析液体横向射流一次破碎和二次破碎过程。Zhao[23] 基于自适应网格技术,分别采用 CLSVOF 和 CLSVOF - LPT(Lagrangian particle tracing,拉格朗日粒子追踪)方法分别对超声速横向气流中液体横向射流破碎过程开展了数值仿真(图 3.9)。相较于 CLSVOF 方法,CLSVOF - LPT 方法通过使满足转化标准的液块自动转化为拉格朗日粒子,同时粗化转化位置处的网格,极大提高了计算效率,计算不仅捕捉到了液柱初始小尺度扰动,同时获得了更清晰的表面波结构,证明了表面波是影响射流一次破碎的主要因素。

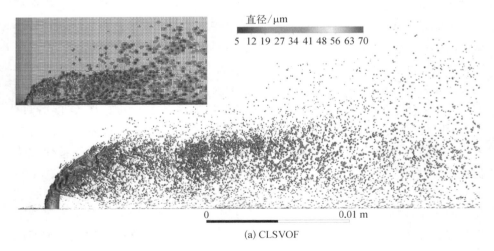

直径/μm

5 12 19 27 34 41 48 56 63 70

0   0.01 m

(a) CLSVOF

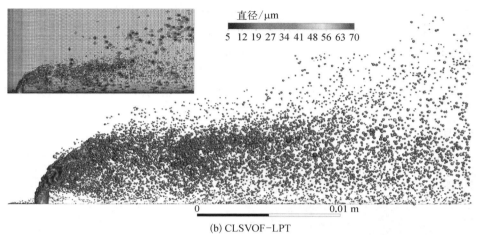

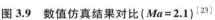

(b) CLSVOF-LPT

图 3.9　数值仿真结果对比($Ma = 2.1$)[23]

3.1.3　表面破碎机理

　　液体横向射流在超声速气流中的表面破碎是一次破碎过程的另一种表现形式[24]。Nicholls 等[25]认为高速气流对液滴的黏性剪切作用是主要的破碎机理,Theofanous[26]认为 K－H 不稳定波是剪切破碎的主要机理,Hwang 等[27]则认为 R－T 不稳定波首先导致了液滴的破碎形成液块,而后液块在 K－H 不稳定波的作用下进一步破碎。

　　当液体横向射流喷注进入超声速气流中,液体横向射流对超声速气流的阻碍作用使得气流在射流柱附近发生转向。一部分气流沿着射流迎风面向上运动,一部分气流则绕过射流柱继续向下游运动。由于壁面边界层和射流前分离区的存在,射流柱根部区域的液体横向射流处于亚声速环境中,所受到的气液间作用力小,射流表面保持光滑。随着纵向高度的增加,射流柱表面失稳形成沿射流流向的表面波,同时射流柱开始变形,在展向上拉伸且边缘处越来越薄,液体在周向绕流气体的作用下剥离,因为绕流气体的雷诺数和韦伯数都很大,所以剥离的液滴直径较小。这些小液滴的纵向动量很容易被耗散,且流向加速迅速,对超声速气流的跟随性远远大于射流柱本身,在超声速气流的带动下脱离射流柱主体部分向下游运动,剥离过程开始发生的位置距离壁面很近,所以射流背风区靠近壁面的位置往往存在大量剥离的小液滴。表面波波谷位置由于承受超声速气流的冲击作用最大,同时又有可能产生流动驻点,连续射流在波谷位置的变形最快而且变形程度相对较大,一些大的液丝、液块会因为周向绕流的作用从波谷位置脱落,如图 3.10 所示。先脱落的液丝(或液块)数量和体积相对较小,脱离后在气流的作用下不断加速向下游运动;同时波谷位置随着液体横向射流一起向上移动,移动过程中不断有新的液丝、液块脱落,然后被气流加速向下游运动,直至射流柱在波谷位置发生断裂。越晚脱落的液丝、液块的速度越小,所以在同一幅图像中呈现出拉丝的现象。

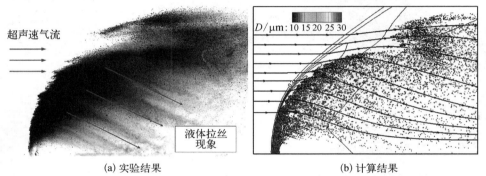

(a) 实验结果　　　　　　　　　　　　(b) 计算结果

图 3.10　表面破碎引发的拉丝现象[28]

　　Li 等[28]采用数值仿真的方法对拉丝过程进行了机理分析,认为气液在遇到液雾时存在向下的倾斜流动,这使得液滴存在倾斜向下的加速度。如图 3.11 所示,由于破碎后的液滴尺寸不同,因此不同尺寸液滴的加速度不同,液滴团沿着局部气流方向形成一系列液体拉丝结构。Liu 等[29]采用自适应网格技术数值模拟了超声速横向气流中液体横向射流一次破碎过程,认为沿射流横向的小尺度不稳定是导致液体横向射流发生表面破碎的重要原因,这种小尺度不稳定性的源头位于气体流场的跨声速区域,液体直接从液柱侧面剥离下来。图 3.12 表示的是采用速度梯度张量 Q 标记的涡结构和射流结构。从图中可以清晰地看到液柱两侧对应表面破碎的涡结构。由于壁面边界层和射流前分离区的存在,射流根部区域的液体横向射流处于亚声速环境中,受到的气液间作用力小,射流表面保持光滑。随着纵向高度的增加,射流柱受到超声速来流的气动作用增强,射流柱表面失稳形成沿射流流向的表面波,射流柱在展向上受到拉伸,尺寸不一的液滴在绕流气体的作用下从周向剥离,由于绕流气体的雷诺数和韦伯数都很大,因此剥离液滴直径一般较小。这些小尺寸液滴的纵向动量较小,且对超声速气流的跟随性远远大于射流柱,脱离射流柱后迅速向下游运动。由于剥离过程开始发生的位置距离壁面很近,因此射流背风区靠近壁面的位置往往存在大量剥离的小液滴。如图 3.12 所示,液体不断地从液柱的两侧剥离,这些被剥离下来的液体由液柱周围产生的涡携带以旋转的形式向下游运动。由于表面破碎的尺度远小于三维模拟的空间分辨率,因此三维模拟不能完全捕捉到表面破碎的细节[30]。Zhou 等[31] 采用 CLSVOF 方法数值研究了超声速气流中椭圆液体横向射流一次破碎过程,并给出了液体横向射流不同纵向高度位置射流横截面的变化情况,液柱迎风面的液体受横向气流"推挤"作用,移动到液柱两侧位置并随之发生剥离。表面破碎同时受到横向气体流动和纵向液体流动的共同影响,其中横向气体流动是影响表面破碎的主要因素。

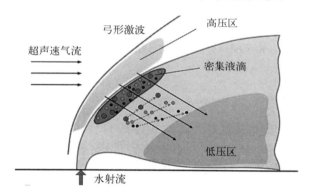

图 3.11　射流破碎拉丝现象的机理示意图[28]

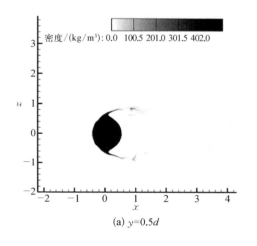

(a) y=0.5d

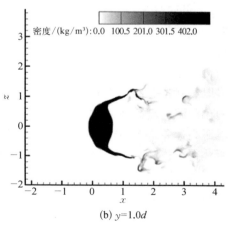

(b) y=1.0d

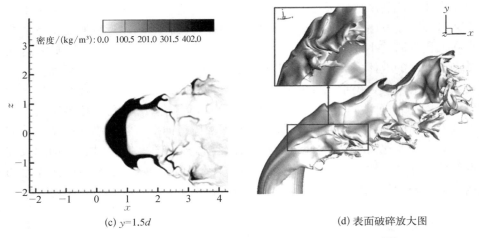

(c) $y=1.5d$ (d) 表面破碎放大图

图 3.12　由于横向不稳定波动引起的表面破碎($Ma=1.5$)[29]

3.1.4　液滴破碎机理

　　超声速气流中液体横向射流二次破碎的过程主要指连续液柱断裂后形成的大液块/液滴,进一步破碎为小液滴的过程,其主要物理过程表现为规则/不规则液滴的破碎过程。在早期的研究中,液滴在气流中的破碎形式主要被分为五种,尽管在不同文献中命名略有不同[32-34]。韦伯数从高到低,这些破碎形式为振荡(vibrational)破碎、袋状(bag)破碎、多模态(multimode)破碎、剥离(stripping)破碎以及灾型(catastrophic)破碎。在不同的实验条件下,这几种破碎形式的临界韦伯数稍有不同,并且随着实验条件不断地进步,对于这些破碎形式的解释也存在着不同的物理机理,这些机理甚至有些是相互矛盾的。而不同机理之间的矛盾主要集中在高速条件下液滴破碎的解释。与低速条件下液体以袋状形态破碎不同,高速条件下液滴破碎的主要过程是液滴表面大量剥离的小液滴。剥离下来的小液滴会在主体液滴周围形成液雾,这些液雾会严重妨碍对高速条件下液滴破碎过程的观测,尤其是在实验中以光学观测为主,观测所获得的模糊图像会对高速气流中液滴破碎机理的解释产生误导。Nicholls 等[25]提出了剪切-剥离(shear stripping)机制或称为边界层剥离(boundary-layer stripping)机制,在他们的理论中液体的剥离是由于液滴边的不稳定边界层导致的,这个理论在 Chou 等[35]及 Igra 等[36]的论文中得到支持。然而,Liu 等[37]提出了另外一种假说,即薄化(sheet-thinning)机制,在他们的理论中认为液滴周围气体的惯性拖拽作用在液滴边缘产生了很薄的液膜,从而导致液体的剥离。Fishburn[38]以及 Joseph 等[39]则引入了 R–T 不稳定性机制来解释高速气流中液滴早期破碎的过程,因为液滴的迎风面受到了很大的加速作用。有关液滴在超声速气流中的破碎研究,近几年比较突出的是 Theofanous 等[26,40,41]的实验结果,如图 3.13 所示。他们将 PLIF 技术引入到实验研究当中,他们的结论中液滴破碎的模式主要分为三个模态:瑞利-泰勒穿刺(Rayleigh-Taylor piercing,RTP)、剪切剥离(shear induced entrainment,SIE)以及 RTP 到 SIE 的过渡模态。RTP 机制主要包含了以前袋装破碎以及多模态破碎机制的特点,而 SIE 机制主要包括了剪切剥离机制的特点。通过他们观测到的 PLIF 图像,在高速气流作用下,

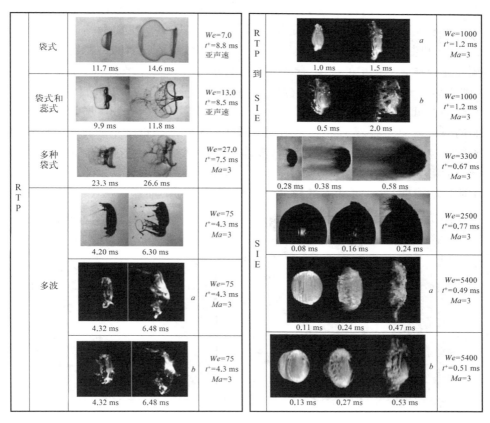

图 3.13　液滴破碎模态[40]

液滴基本保持球形而迎风表面形成许多小尺度的波动,这些小尺度的波动被认为是由 K-H 不稳定造成的而不是 R-T 不稳定造成的。另外,他们认为 SIE 是液滴破碎的终极模式,即使韦伯数更大,这个结论也适用于高黏性液体以及黏弹性液体[26]。液体横向射流发生一次破碎之后会产生大量尺度不一的液块,液块在气流的作用下继续发生破碎,形成更小的液滴。如图 3.13 所示,Theofanous 等[40,41]通过实验观测了液滴在亚声速和超声速流场中的破碎过程,液体在低韦伯数气流中的破碎机制是瑞利-泰勒穿刺(RTP),而在高韦伯数气流中的破碎机制为剪切剥离(SIE)。对于 Oh<0.1 的低黏性液体,这两种模式之间的临界韦伯数约为 100。Liu[42]将超声速气流中液滴破碎的过程大致分为三个阶段,并根据三个阶段不同的形态特点将其命名为表面不稳定、剪切剥离以及破碎。在表面不稳定阶段,由于受到气体强烈的剪切作用,液滴表面上开始出现小尺度不稳定性,这一不稳定性是由于高速气流作用下产生的液体表面不稳定性,主导机制是 K-H 不稳定性[41,43]。与此同时,液体表面的不稳定波动沿着周向还存在着不稳定的结构,周向不稳定性的主导机制一般是 R-T 不稳定性(图 3.14)。在剪切剥离阶段,气流会在液滴迎风面的驻点形成一个高压区,而在液滴背风面形成一个低压区。这一压差在使得液滴不断被压扁的同时让液滴向下游运动,液滴表面不稳定出现的时间要早于液滴被压扁的时间。在破碎阶段,在液滴被压扁为碗状液膜后,液体边缘会开始发生剥离破碎。由于液滴已经变形为液膜,液体的厚度大大减小。液体的中心位置开始发生不同于前两个阶段的形变,这一形变是导致液体主体开始破碎的前提。从图 3.15 可以看

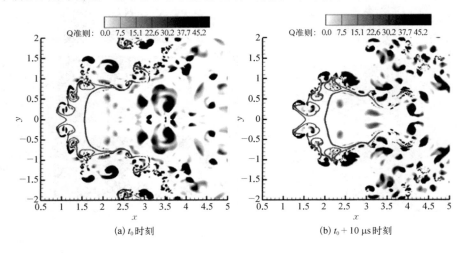

(a) t_0 时刻　　　　　　　　　　　　　(b) $t_0+10\ \mu s$ 时刻

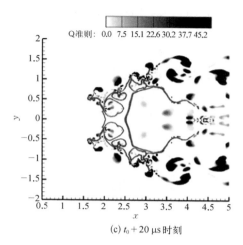

(c) $t_0 + 20\ \mu s$ 时刻

图 3.14　超声速气流中液滴破碎过程的 Q 识别云图 ($\Delta t = 10\ \mu s$) [42]

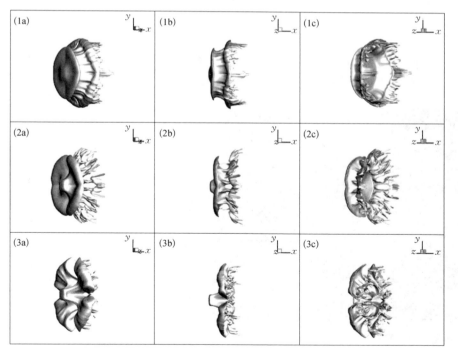

图 3.15　液滴破碎阶段的三维模拟结果 [42]

出,液滴边缘的液体继续被拉伸,液膜破碎成液丝,液丝断裂成更小的液块或液滴。而随着液滴边缘的液体不断剥离,液体中心的液体运动开始落后于边缘的液体,中心液体形成一个向前穿刺的结构,而边缘的液体开始逐渐整块地与向前穿刺的结构分离开。液体破碎成了两个部分,一个是向前穿刺的液体中心部分,另一个是原来液滴边缘液体形成的液膜围绕在中心液块周围。独立出来的穿刺部分的边缘也开始发生液体剥离的过程,并且液体中心的穿刺结构表现出 R - T 不稳定性的特征[42]。

3.2 液体横向射流喷雾场分层

3.2.1 流向分层

液态燃料在横向气流作用下,经历液柱断裂、液块二次破碎、液滴输运混合形成远场喷雾。气液作用的差异导致在不同阶段液体横向射流呈现出不同的特点。综合学者研究可知,沿气流方向,喷雾场可分为表面波主导破碎区、快速雾化区和均匀混合区。

表面波主导破碎区主要为射流的一次破碎过程,主要分布于喷孔出口附近,射流结构如图 3.16 所示。喷孔出口附近射流处于壁面边界层内,气动加速和气动剪切作用均较小。液柱无明显弯曲变形,射流柱表面光滑,无可视的特征结构。随着射流向主流运动,液柱迎风面产生表面波结构,表面波波长和振幅沿纵向不断增长发展,导致连续液柱断裂形成大尺度喷雾团。在射流背风面,强烈的气液剪切作用使射流表面液滴沿流向迅速加速,由射流两侧剥离,产生的液雾相对稀薄。这两个射流破碎的典型过程即为液柱破碎和表面破碎,超声速横向气流中射流气动韦伯数远大于100,射流破碎为典型的剪切破碎模式。

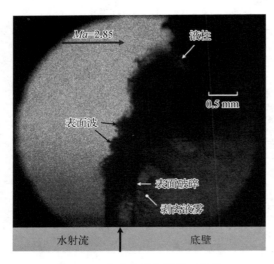

图 3.16 喷嘴出口位置射流结构

　　射流表面破碎先于液柱破碎,随着射流柱的变形和弯曲,射流柱背风面喷雾浓度沿射流方向逐渐增加。表面破碎产生的剪切喷雾沿射流方向逐渐增多,射流的剪切破碎随着射流柱的变形不断增强。射流弯曲位置迎风面产生规则的表面波结构,表面波的发展和演化主导了连续液柱的断裂。液柱断裂成为大尺度液块,液块在气动力作用下进一步破碎成小液滴,形成大尺度喷雾团,喷雾团不断向主流运动并扩散形成喷雾的核心区。

　　连续液柱断裂后形成大尺度喷雾块(图 2.27),喷雾块继续破碎形成间断式分布喷雾团。在该区域,液体喷雾进一步破碎,其主要物理过程与不规则液滴的二次雾化过程相似,由于连续液柱断裂,气流从破碎断裂位置进入喷雾间隙与液块、液滴直接作用,气液作用急剧增强,液滴速度迅速增加,液滴直径迅速减小。射流迎风面特征结构加速特征如图 2.35 所示,图 2.35(a)中彩色云图的颜色等级表征当地流动结构的流向速度分量值(u),从图上直观看出,流动结构在流向上是被持续加速的,流向速度经历了 $x/d<3$ 区域的缓慢加速,到 $3<x/d<10$ 区域的快速加速,再到 $x/d>10$ 区域的加速变化过程。图 2.35(b)中彩色云图的颜色等级表征当地流动结构的纵向速度分量值(v),与流向速度随流动发展的变化趋势不同,纵向速度在流动中经历了先增加后减小的过程,而且纵向速度最大值位置与流向速度加速最快的位置基本重合。

　　图 2.35(c)给出了加速度沿流向的变化趋势。从图中可以看出,在超声速气流中,近喷孔区域液体流动结构的加速度非常大,约在 1×10^6 m/s² 量级。正方形标识代表的流向加速度始终大于零,说明流动结构的流向速度分量始终保持增加,这是气体主流对液体流动的持续加速所致。流向加速度在 $x/d=5$ 附近达到最大,这是因为随着射流表面波尺度的增加以及表面波断裂成喷雾块结构的这一段区域内,液体与超声速气流的接触面积逐渐变大,液体受到超声速气流总的作用力增加,从而表现出加速度值增加,但是随着流动结构被加速,气液间的相对速度逐渐减小,气体对液体的作用力不断减小,导致液体流动结构加速度在到达最大值后又呈下降趋势,但是在一段时间内加速度的绝对值是大于零的,流动结构依然被加速,这与图 2.35(a)中显示的速度分布结果一致。三角形标识代表的纵向加速度整体呈现先减小再增加最后趋于稳定的趋势,在 $0<x/d<3$ 区域内纵向加速度大于零,这是因为射流前弓形激波的存在一方面导致射流迎风区根部位置压力增大,压力沿射流流动方向减小,另一方面导致射流迎风区的部分气流有向上的速度分量,从压差作用和动量交换两个角度上来说,在射流离开喷孔的初始阶段,流动结构在纵向上是被加速的。同时由于射流背风区低压区域的存在,液体流

动结构始终承受一个向下作用的力,迫使射流原有的纵向动量不断被消耗,迫使流动结构的纵向速度不断减小。在 $x/d<3$ 区域内,液体承受向上的作用力占据主导,纵向加速度为正,$3<x/d$ 区域内,向下作用力大于向上的作用力,纵向加速度为负。

经历了快速雾化区的液滴直径、液滴速度的剧烈变化,液滴的流向速度增加、直径变小,液滴具有较好的跟随性,此时液滴的空间分布可直接反映气相流场的部分特征,故采用 PIV 方法观测喷雾场外围液滴时,可观测到与气流剪切层分布相似的涡结构。在该区域内,液滴的流向速度远大于纵向速度,其纵向输运基本达到极限,穿透深度无显著增加。综上所述,液体横向射流沿流向根据其物理过程的主要特点,主要可分为表面波主导破碎区、快速雾化区、均匀混合区。

3.2.2 纵向分层

喷孔出口附近,液体横向射流在经历弯曲,同时由于强烈的气液剪切,液柱表面发生表面破碎。表面破碎剥离的液滴直径、液滴初始速度与连续液柱破碎形成的液滴均存在较大差异。表面破碎、液柱破碎形成液滴在横向气流作用下表现出不同的输运特征。

图 3.17 给出了喷雾场平均速度场分布图(工况如表 3.3 所示)。喷雾沿流向向下游发展($x/d>15$),喷雾速度保持不断增长,但增长速度相对缓慢。喷雾速度场呈现分层现象,靠近气体主流区域一侧的喷雾速度明显高于贴近壁面一侧的喷雾速度,这种速度分层现象随着喷雾向下游的运动而不断弱化。喷雾速度分层现象产生的主要原因:射流离开喷孔的最初阶段,强烈的气液动量交换作用使喷雾主流速度迅速提升到约 350 m/s,喷雾向下游运动,与超声速主流区域直接接触的喷雾部分,由于受到气流的剪切加速,速度进一步增加;同时剪切作用过程中,大量拟序结构形成,涡脱落和涡破碎产生的大量细小液滴更多分布在喷雾最外围,这些小液滴速度接近气体主流速度,所以靠近气体主流区域

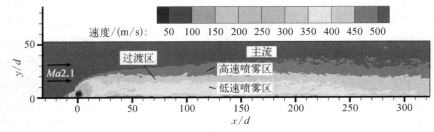

图 3.17 喷雾平均速度场

表 3.3　速度场研究试验的工况参数

超声速气流		水射流	
马赫数	2.10	喷孔直径/mm	0.50
气体流量/(kg/s)	2.71	喷孔长径比	2
总温/K	300	喷注压降/MPa	2
总压/MPa	0.891	液体流量/(g/s)	8.25
速度/(m/s)	531	动量通量/[kg/(m·s^2)]	1.77×10^6
动量通量/[kg/(m·s^2)]	6.65×10^5	液气动量通量比	2.66

一侧的喷雾速度最高,称为高速喷雾区。靠近壁面一侧的喷雾,由于受到周围喷雾的阻挡,与超声速气体主流不直接接触,速度增加缓慢,所以在靠近壁面一侧的喷雾区速度相对较小,称为低速喷雾区。高速喷雾区和低速喷雾区之间存在剪切层区域,该区域速度梯度最大。

在喷雾向下游运动的过程中,由于剪切作用的存在,拟序结构不断发展并带动喷雾场上下部分喷雾的动量交换,导致喷雾内部液滴速度进一步增加,从图中可以看到,喷雾速度场低速区域沿流向不断减少,高速区域不断增加,剪切层区域变宽。

图 3.18 给出了喷雾平均速度场在 x 和 y 方向的分量云图。从图中可以看出,喷雾速度主要表现在流向方向(x 方向)、纵向(y 方向)速度很小。流向速度 u 的分布特性与合速度分布特性相似。与平均速度场中的高速区域对应,喷雾外围流向速度最大;与平均速度场中的低速区域对应,喷雾场靠近壁面的流向速度最小。从速度矢量图中可以看出,在喷雾场区域内,流向速度 u 随 y 的增加而增大,其中高速区域和低速区域的流向速度 u 沿 y 方向增加相对缓慢,剪切层区域的流向速度 u 沿 y 方向增加幅度更大,剪切层区域速度梯度比其他区域的速度梯度更大,气液剪切作用主要发生在剪切层区域内。喷雾向下游运动过程中,除了在离开喷孔的很短一段距离内($x/d<15$)喷雾流向速度 u 快速增加,其余区域流向速度 u 增加幅度相对小很多,但依旧不断增加,这是因为速度剪切层一直存在,超声速气流通过剪切层依次从喷雾外围到喷雾内部不断加速喷雾,在喷孔附近剪切层较薄,剪切层内速度梯度大,剪切作用明显,随着流向距离的增加,剪切层变厚且剪切作用减弱。

纵向速度 v 的分布呈现出速度大的喷雾集中在喷雾外围的分布形式,这是因为射流在离开喷嘴之初本身拥有较大的 y 方向动量,尽管受到气体强烈的冲击和

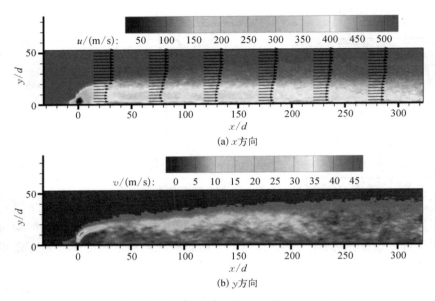

图 3.18　喷雾场平均速度场速度分布图

挤压,但 y 方向动量越大的液滴依然能够进入空气主流越深的位置。图 3.18(b)中颜色较深的区域是射流一次破碎位置附近喷雾速度最大的位置,从图中可以看出,纵向速度最大的喷雾集中在喷雾靠上的位置,最外围喷雾速度有所较小,这是因为最外围喷雾与超声速气流直接接触,强烈的气液作用及动量交换使该区域 y 方向动量逐渐消耗殆尽。在喷雾沿流向向下游运动的过程中,纵向速度最大的区域保持在喷雾相对靠上的位置,随着液体与气体的混合越来越充分,喷雾纵向速度逐渐减小的同时分布更加均匀。同时,从纵向速度场云图上还可以看出,纵向速度基本上全部为正值,正是由于纵向速度的存在使喷雾的穿透深度随着流向的发展有所增加,也正是由于纵向速度沿流向有所减小,所以喷雾穿透深度沿流向的增长越来越缓慢。

3.3　液体横向射流雾化过程建模

由于实体-粒子耦合计算在预测亚声速气流中液体横向射流轨迹、下游液滴雾化特性等方面获得了较好的结果,因此本节尝试将该预测模型,在超声速气流条件下进行合理推广,以期达到预测超声速气流中液体横向射流轨迹、射流柱三维空间形态的目的。本节首先基于微元分析的方法研究了超声速气流中液滴微元的受力情况,建立了连续液柱横截面形变方程,考虑弓形激波的影响对气动力进行了合理修正,提出了可同时预测液体横向射流轨迹与射流柱三维空间形态的连续液柱模型(continuous liquid column, CLC)。同时,开展了连续液柱显微成像实验,对理论推导建立的连续液柱模型进行了实验验证,随后讨论了射流压降、喷嘴直径、长径比、流道收缩角对液体横向射流轨迹的影响。本节的研究结果对下一步实现低成本超声速气流中横向射流喷雾全场数值仿真并预测下游喷雾特性具有重要的指导意义。

3.3.1　连续液柱建模

1. 建模假设

图 3.19 为超声速气流中液体横向射液连续液柱变形分区示意图[31],其主要分为光滑液柱区域、变形液柱区域与稠密液块区域。本节研究的连续液柱是指液体喷嘴出口到液柱断裂之间的连续液体部分,它包含了光滑液柱区域与变形液柱区域。在超声速气流的持续作用下,液体横向射流柱迎风面出现表面波

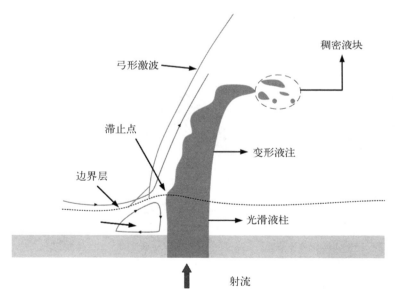

图 3.19　连续液柱变形分区示意图[31]

并伴随出现液滴剥离的现象,表面波不断发展使得射流柱断裂并形成大尺度的液块。其中,射流柱断裂过程是一次破碎过程中最为重要的特征。亚声速气流情况下表面波的发展过程一般较慢,射流柱表面一般较为光滑。由于壁面边界层的存在,近喷嘴区域气流速度较低,液体横向射流依然存在特征明显的连续液柱结构,但由于来流气动力较强,射流柱同时在多个方向上发生剧烈的结构变形,并伴随部分液滴从射流柱两侧直接剥离的现象,这使得射流柱附近的气相流场变得极为混乱,研究难度较大。

为研究射流柱附近复杂的气相流场,Li 等[44]对实验结果和数值计算结果进行了时间平均处理,并从中总结了气相流场中存在的普遍规律,由此发现并证实了射流下游反转旋涡对的存在。本节同样采用基于时间平均的方法,提出直接建立具有表征时均特征的连续液柱(实体),从而实现实体-粒子耦合建模。若要实现超声速条件下实体-粒子耦合的建模,首先需要完成一次破碎"实体"的建立,再通过"粒子"实现下游液滴雾化特性的预测。最终提出建立一种可较好表征气相流场时均特征的连续液柱实体模型,该模型可用于计算一次破碎的"实体",模型建立前提出以下四点假设(图 3.20)。

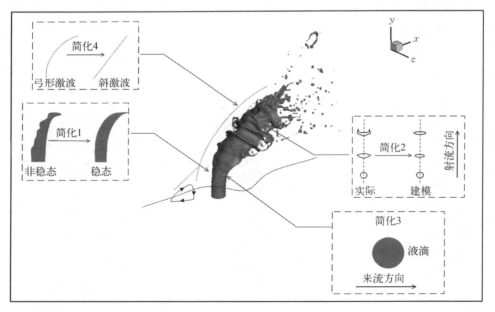

图 3.20　模型假设示意图(灰色为液体横向射流一次破碎大涡模拟结果)[31]

（1）忽略连续液柱表面的非定常特征,着重考虑连续液柱的定常特征,液柱表面光滑,射流轨迹为光滑曲线;

（2）简化实际情况下射流柱在横向气流作用下的非轴对称空间变形过程,认为射流横截面发生轴对称变形且横截面形状由圆连续变为椭圆;

（3）射流横截面气动阻力系数的计算简化为二维椭圆液滴气动阻力系数的计算;

（4）将液柱前方的弓形激波简化为一道激波角已知的斜激波,波后马赫数按照斜激波波后马赫数进行计算,从而获取液柱迎风面上不同高度位置的气流速度。

连续液柱的空间结构可以近似认为是一段不断发生变形的三维"水管",连续液柱在中心截面的投影可以认为是这段"水管"的二维投影,其迎风面的"管壁"表示的是中心截面上的射流上边界,即射流轨迹;其背风面的"管壁"表示的是中心截面上的射流下边界。此外,射流柱在喷注方向的投影可以近似认为是二维椭圆[8],自液体流出喷嘴至射流一次破碎结束,该方向上的投影形状由与喷嘴出口直径等大的圆形连续变形为椭圆形。其中,椭圆长轴为 $2a$,短轴为 $2b$,长短轴之比为 $e(e=b/a)$。随着液体的流出,椭圆的长轴不断变长,短轴不断变短(图 3.21)。

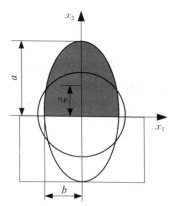

图 3.21　连续液柱横截面变形示意图

2. 受力分析

液体横向射流喷入超声速气流后,受气动力、表面张力和黏性力的共同作用发生雾化破碎。为清晰地描述液体横向射流柱的受力情况,本节提取液体横向射流柱中一段微元薄片进行受力分析,其中微元薄片厚度为 h。类比二维受力弹簧系统[45],对受外界压力作用的二维液滴变形过程进行受力分析,二维液滴的变形主要受黏性力 F_v、表面张力 F_s、外界压力 F_p 的联合作用,通过计算这三种力的线性项,最终在 x_2 方向上建立了力平衡方程:

$$F_p + F_v + F_s = m_{ele}\xi'' \tag{3.1}$$

式中, m_{ele} 为二维液滴微元质量（ $0.5\rho_j\pi abh$ ）; ξ 为二维液滴微元质心到液滴微元中心的距离, ξ 的初值为 $4r_0/3\pi$（圆形）,变形过程中为 $4a/3\pi$（椭圆形）。

采用二维液滴微元的质心运动来间接表示液滴微元的运动,并通过将每单位厚度液滴微元的能量耗散除以 2ξ 以获取黏性力,黏性力的表达式为[46]

$$F_v = -2\pi\mu_j r_{eq}^2 h\left(\frac{d\xi/dt}{\xi^2}\right) \tag{3.2}$$

式中, μ_j 为液体黏性; r_{eq} 为与瞬时椭圆横截面面积相等的等效圆的圆直径, r_{eq} 的值为 $(a+b)^{0.5}$,由于椭圆横截面长轴长度与短轴长度的变化远大于 r_{eq} ,所以认为 r_{eq} 是常数。

二维液滴微元表面张力的表达式[46]为

$$F_s = -\frac{1}{2}\sigma\frac{dA}{d\xi} \tag{3.3}$$

式中, σ 为液体表面张力系数, A 为液滴微元侧面的表面积,液滴微元侧面的表面积为

$$A = h \times [4(a+b) - 2(4-\pi)ab/H] \tag{3.4}$$

式中, H 的表达式为

$$H = [(a^m + b^m)/2]^{1/m} \tag{3.5}$$

式中, m 的值取 0.825,将式(3.4)、式(3.5)代入式(3.3),得到二维液滴微元的表面张力的表达式[10]为

$$F_s = -\sigma \times h\frac{3\pi}{8}\left[4(1 - r^2 a^{-2}) + \frac{c}{d}\right] \tag{3.6}$$

式中, c 、 d 均为常数:

$$c = 2r^2(4-\pi)(a^{m-1} - r^{2m}a^{-m-1}) \tag{3.7}$$

$$d = 2\left(\frac{a^m + r^{2m}a^{-m}}{2}\right)^{(m+1)/m} \tag{3.8}$$

外部压力做的功[46]为

$$dW = -\frac{1}{2}pA_p d\xi \tag{3.9}$$

式中, A_p 为压力作用面积 $(A_p = b \times h)$; p 为来流气体的总压:

$$p = \frac{1}{2}\rho_{\mathrm{g}}u_{\mathrm{rel}}^2 \tag{3.10}$$

式中，u_{rel} 为横流气体相对于液滴微元的相对速度：

$$u_{\mathrm{rel}} = u_{\mathrm{g}}\cos\theta \tag{3.11}$$

式中，u_{g} 为射流柱前方实际来流速度，下面对此速度进行了修正；θ 为偏转角，表示横流方向与液滴微元的夹角。

将式(3.10)、式(3.11)代入式(3.9)，外界压力的表达式如下：

$$F_p = \frac{1}{2}\rho_{\mathrm{g}}bh(u_{\mathrm{g}}\cos\theta)^2 \tag{3.12}$$

将式(3.2)、式(3.6)、式(3.12)代入式(3.1)后，得到了液体横向射流柱横截面形变方程：

$$C_1\left(\frac{\mathrm{d}^2\xi}{\mathrm{d}t^2}\right) + C_2\left(\frac{\mathrm{d}\xi}{\mathrm{d}t}\right) + C_3 = C_4 \tag{3.13}$$

式中，C_1、C_2、C_3、C_4 的表达式如下：

$$C_1 = \frac{1}{2}\rho_{\mathrm{j}}\pi ab \tag{3.14}$$

$$C_2 = \frac{2\pi\mu_{\mathrm{j}}ab}{\xi^2} \tag{3.15}$$

$$C_3 = \sigma \times \frac{3\pi}{8}\left[4(1 - r^2a^{-2}) + \frac{c}{d}\right] \tag{3.16}$$

$$C_4 = \frac{1}{2}\rho_{\mathrm{g}}b(u_{\mathrm{g}}\cos\theta)^2 \tag{3.17}$$

由牛顿第二定律，液滴微元受气动力、剪切力的联合作用(图 3.22)，其中 F_{aero} 为气动力，F_1 为液滴微元与下方微元间的剪切力，F_2 为液滴微元与上方微元间的剪切力。

液滴微元所受气动力 F_{aero} 为

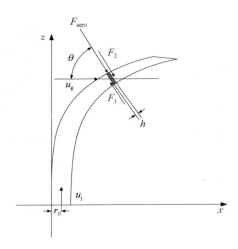

图 3.22　液滴微元的受力分析示意图

$$F_{\text{aero}} = \frac{1}{2} C_D \rho_g u_{\text{rel}}^2 A \qquad (3.18)$$

式中，$A = 2a \times h$，将式(3.11)代入式(3.18)：

$$F_{\text{aero}} = C_D ah \rho_g (u_g \cos \theta)^2 \qquad (3.19)$$

Mashayek 等[46]与 Inamura[47]对液滴微元的运动过程进行了分析，液体横向射流沿射流轨迹方向速度保持恒定不变并且始终等于初始液体横向射流速度，因此，液滴微元在 x 与 y 方向上的运动学方程如下：

$$u_x = u_j \sin \theta \qquad (3.20)$$

$$u_y = u_j \cos \theta \qquad (3.21)$$

对于完整的液滴微元，由牛顿第二定律可知：

$$m_{\text{ele}} x'' = F_{\text{aero}} \cos \theta - (F_1 - F_2) \cos \theta \qquad (3.22)$$

将式(3.20)对时间进行微分后代入式(3.22)后，获得了求解 θ 的一阶微分方程：

$$\frac{\mathrm{d}\theta}{\mathrm{d}t} = \frac{F_{\text{aero}} - F_{\text{shear}}}{\rho_j \pi abh u_j} \qquad (3.23)$$

式中，F_{shear} 表示的是上下相邻液滴微元作用于微元的剪切力合力，其表达式如下：

$$F_{\text{shear}} = F_1 - F_2 = \pi ab\mu_j u_j \kappa \sin(\mathrm{d}\theta)/\mathrm{d}\theta = \pi ab\mu_j u_j \kappa \qquad (3.24)$$

式中，κ 为射流轨迹的当地曲率：

$$\kappa = \frac{|y''|}{[1 + (y')^2]^{\frac{3}{2}}} \qquad (3.25)$$

将式(3.21)对时间进行微分后代入式(3.25)，当地曲率的表达式变为

$$\kappa = \frac{u_j \sin \theta \mathrm{d}\theta}{[1 + (u_j \cos \theta)^2]^{\frac{3}{2}}} \qquad (3.26)$$

射流轨迹是通过计算微元质心运动轨迹后间接获得的,射流轨迹与微元质心运动轨迹的关系为

$$X_{\text{up}} = r_0 + X_{\text{cm}} - b\cos\theta \tag{3.27}$$

$$Z_{\text{up}} = Z_{\text{cm}} + b\sin\theta \tag{3.28}$$

式中,X_{cm}、Z_{cm} 为液滴微元质心运动轨迹对应的 x 方向坐标与 z 方向坐标。

3.3.2　液柱变形计算

1. 气动力修正

由 3.3.1 节液滴微元受力分析可知,气动阻力系数 C_{D} 和射流柱前方实际横流速度 u_{g} 是影响液体横向射流柱横截面变形的两个重要因素。对于气动阻力系数的计算一般分为两种,一种是对于固定的破碎模式,气动阻力系数也是一个定值[47,48],计算时取一个经验常数即可;另一种是忽略液体横向射流的三维效应,将射流柱简化为二维液滴,在 CFD 软件中计算不同长短轴之比液滴的气动阻力系数,之后通过线性插值的方式估计射流柱的气动阻力系数。Mashayek 等[46]采用这一方法计算了二维液滴的气动阻力系数,并以此估计了射流柱的气动阻力系数。

图 3.23 为无量纲速度云图,超声速气流受液滴阻碍在液滴前形成弓形激波,激波的脱体距离为 0.425 mm,这一距离与吴里银[49]实验得到 1 mm 射流弓形激波的脱体距离相近,故本节采用的二维简化方法在一定程度上能够反映射流受到的气动阻力。通过计算液滴附近的压力,可得到多个长短轴之比下液滴的气动阻力系数,从而获得气动阻力系数随长短轴之比的变化关系(图 3.24)。

气流经过弓形激波后,速度、方向均发生改变,如果直接采用超声速来流的速度作为液柱前方的横流速度,那么计算结果就会出现较大的偏差。图 3.25(a)为李春[50]采用激光纹影拍摄得到的液体横向射流一次破碎结果,从图中可以发现,在超声速来流条件下,液体横向射流前方存在一道明显的弓形激波。超声速来流经弓形激波后,方向发生改变,速度明显降低。如图 3.25(c)所示,本节将这道弓形激波简化为一道激波角已知的斜激波,通过计算斜激波后的横流速度等效替代实际弓形激波后方的横流速度,并基于此对气动力进行了修正。如图 3.26 所示,将斜激波前后的速度沿垂直与平行激波方向进行分解,其中下标"n"表示速度的垂直分量,下标"t"表示速度的平行分量。

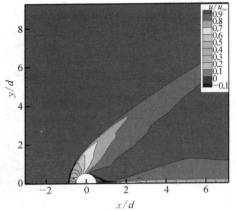

图 **3.23** 二维液滴附近流向速度分布　　图 **3.24** 二维液滴气动阻力系数 C_D

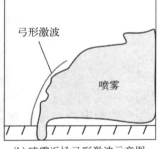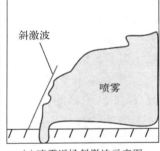

(a) 喷雾近场激光纹影结果　　(b) 喷雾近场弓形激波示意图　　(c) 喷雾近场斜激波示意图

图 **3.25**　斜激波简化示意图

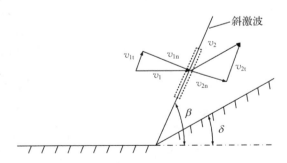

图 **3.26**　斜激波简化示意图

超声速来流转折角 δ 的计算公式为

$$\tan\delta = \frac{Ma_1^2\sin^2\beta - 1}{\left[Ma_1^2\left(\dfrac{k+1}{2} - \sin^2\beta\right) + 1\right]\tan\beta} \tag{3.29}$$

式中，Ma_1 表示斜激波前来流马赫数；β 为激波角。

斜激波波后气流马赫数 Ma_2 为

$$Ma_2^2 = \frac{Ma_1^2 + \dfrac{2}{k-1}}{\dfrac{2k}{k-1}Ma_1^2\sin^2\beta - 1} + \frac{Ma_1^2\cos^2\beta}{\dfrac{k-1}{2}Ma_1^2\sin^2\beta + 1} \tag{3.30}$$

由波后横流马赫数 Ma_2 可计算得到波后气流速度 v_2，将 v_2 沿水平方向（平行于 v_1 方向）进行分解即得到射流柱前方实际气流速度 u_g：

$$u_g = v_2\cos\delta \tag{3.31}$$

2. 质量损失计算

剪切破碎对液体横向射流一次破碎过程影响较大，只有在特定的韦伯数范围，液体横向射流才会发生剪切破碎[48]。超声速来流一般具有较高的韦伯数，在剪切力的作用下，大量的液滴从连续液柱两侧直接剥离，液柱两侧出现明显的"拉丝"现象[51]。Mazallon 等[52]研究了多种工况条件下液体横向射流的剪切破碎过程，并提出了临界韦伯数的概念，当来流气体的当地韦伯数大于临界韦伯数，液体横向射流便发生剪切破碎。

$$We_{\text{local}} \geqslant We_{\text{crit}} \tag{3.32}$$

式中，We_{local} 为当地韦伯数；We_{crit} 为临界韦伯数，本节 We_{crit} 的值取为 100。

$$We_{\text{local}} = \frac{\rho_g u_g^2 2a}{\sigma} \tag{3.33}$$

式中，$2a$ 为椭圆长轴。

液滴微元的质量损失[53]为

$$M_{\text{shed}} = \frac{3}{4}(\pi d)^{\frac{3}{2}}\rho_j\frac{t_{\text{start}}}{t^*}GHu_gR_Mt_{\text{start}} \tag{3.34}$$

式中，t_{start} 为从表面破碎开始所经过的时间；t^* 为气动特征时间。

$$t^* = \frac{d_0\sqrt{\rho_\mathrm{j}/\rho_\mathrm{g}}}{u_\mathrm{g}} \tag{3.35}$$

$$G = \left(\frac{\rho_\mathrm{g}}{\rho_\mathrm{j}}\right)^{\frac{1}{3}}\left(\frac{\mu_\mathrm{g}}{\mu_\mathrm{j}}\right)^{\frac{1}{3}} \tag{3.36}$$

$$H = \sqrt{\frac{8\mu_\mathrm{j}}{3Gu_\mathrm{g}}} \tag{3.37}$$

$$R_\mathrm{M} = \frac{3h}{4r_\mathrm{eq}} \tag{3.38}$$

Nicholls 等[25] 和 Chryssaki 等[53] 对式(3.34)进行了两次修正。第一次修正加入了 t_s/t^* 用于控制液体剥离速率,使剥离速率与离开剥离起点的距离基本呈线性关系;第二次修正定义了质量比 R_M,R_M 为液滴微元的质量与质量损失的液体质量的比值。其中,下标 j 表示液体变量;下标 g 表示气体变量。本节采用 Chryssaki 等[53] 修正后的质量比表达式,通过液滴微元质量间接获得了沿流向不同位置处剥离液滴的质量,并将剥离液滴的质量计入横截面形变方程,获得了更为准确的射流轨迹。

基于前面的推导,利用 MATLAB 软件计算了液体横向射流轨迹和横截面变形。采用四阶龙格-库塔方法求解式(3.13)、式(3.20)、式(3.21)、式(3.23),时间步长为 10^{-6} s。其中,式(3.13)用于求解连续液柱横截面形状(a,b);式(3.20)、式(3.21)用于求解液滴微元质心运动轨迹;式(3.23)用于求解偏转角。计算中横流气体和液体的工况参数见表3.4。

表3.4　理论计算参数

编　号	超声速气流($T_0 = 300$ K)			液体横向射流(密度:998 kg/m³)			
	Ma	总压 p_0/kPa	密度 ρ_g/(kg/m³)	速度 u_j/(m/s)	喷嘴直径 d/mm	压降 Δp/MPa	液气动量 比 q
Case1	2.85	1 410	1.47	44.7	0.5/1.0	1.0	3.323
Case2	2.85	1 410	1.47	54.8	0.5/1.0	1.5	4.985
Case3	2.85	1 410	1.47	63.2	0.5/1.0	2.0	6.647
Case4	2.0	440	1.17	44.7	0.5/1.0	1.0	3.637
Case5	2.0	440	1.17	54.8	0.5/1.0	1.5	5.456
Case6	2.0	440	1.17	63.2	0.5/1.0	2.0	7.274

3. 横截面变形

图 3.27 为不同喷嘴直径下射流横截面椭圆长短轴之比的计算结果。从图中可以看出,当超声速来流马赫数与喷注压降保持不变时,喷嘴直径越小,射流横截面长短轴之比变化越快。这是因为喷嘴直径减小,所以射流流量减小导致射流的惯性越小,射流更易受气动力的影响,故横截面的变形速度较快。由于本节计算的横截面假设为椭圆,半短轴的长度会在计算过程中不停地减小,当减小到一定值(绝对值极小)时便已不符合实际液柱断裂的客观事实,依照本节实验结果截取流向 $x/d=2.0$ 位置作为基准工况下连续液柱横截面变形终点,认为超过该位置处的射流开始发生液柱破碎,同时,定义液柱有效变形时间 t_{valid}($t_{valid}=t/t^{*}$),其中 t 为通过实验测量得到的液柱破碎时间,t^{*} 为气动特征时间,通过计算,本节工况均在 $t_{valid}=0.7$ 附近发生液柱破碎,由此认定 $t_{valid}=0.7$ 为连续液柱结构计算的终点。

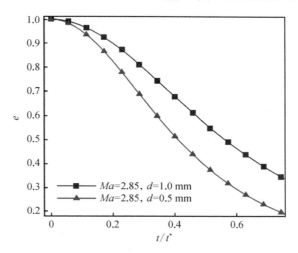

图 3.27　液滴微元横截面椭圆长短轴之比计算结果

为了充分考虑剪切破碎对于连续液柱结构建模的影响,图 3.28 为液滴微元附近当地韦伯数的变化情况。由式(3.31)可知,虽然气体在经过弓形激波后速度有了一定减小,但其水平分速度仍然较大,这导致当地韦伯数较高,液滴微元的原始质量因剪切破碎持续减小。图 3.29 为质量比(剥离液滴质量与液滴微元原始质量的比值)随液柱有效变形时间的变化情况,从图中可以看出,横流马赫数越大,液滴的剥离量和剥离速度就越大,基准工况下,液滴微元的剥离质量占比在 32%(质量流率 2.8 mg/s)左右。

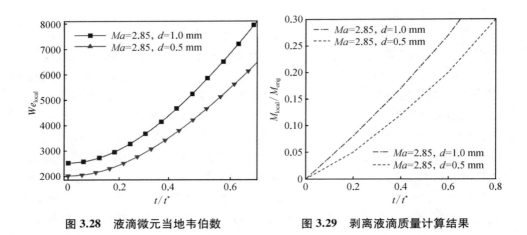

图 3.28 液滴微元当地韦伯数　　　图 3.29 剥离液滴质量计算结果

3.3.3 实验验证

图 3.30 为采用 CLC 模型对基准工况预测得到的连续液柱结构,其三维空间上的分布见表 3.5。从宏观上看,计算得到的连续液柱实体基本符合研究者通过实验观测或数值仿真方式得到的射流柱形态;此外,计算得到的连续液柱在近喷嘴位置处基本保持完好的圆柱形态,且随着流向距离的增加,连续液柱沿喷射方向的横截面变得愈发狭窄,这一点与李春[50]的实验结果吻合较好。由

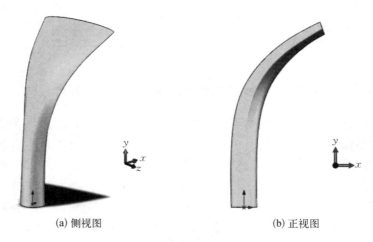

(a) 侧视图　　　　　　　　(b) 正视图

图 3.30 CLC 模型预测得到的连续液柱结构

表 3.5　三维连续液柱模型参数

类　别	x/d	y/d	z/d
考虑质量损失	$0\sim1.92$	$0\sim4.17$	$-1.03\sim1.03$

于建模过程中忽略了射流柱迎风面的非定常特征,计算得到的连续液柱的迎风面较为光滑,这一点与实际破碎过程中连续液柱迎风面特征存在差异,不过这一差异对气相流场的时均特性影响较小。

1. 连续液柱宏观结构特征

图 3.31 所示为超声速气流中液体横向射流近喷嘴区显微成像结果,在近喷嘴区域,由于壁面边界层的存在,超声速气流对于液体横向射流的气动力影响较小,液体横向射流保持圆柱形,放大观察后发现,液柱表面存在部分呈"沟壑"状的凹陷结构,随着喷注方向高度的增加,液柱迎风面开始出现小尺度表面波结构,小尺度表面波波长逐渐增大,同时液柱两侧开始出现液丝剥离的现象,即剪切破碎,将剪切破碎液丝的形状假设为球形,依照前面标定的空间分辨率($3.08~\mu m/pixel$),球形液滴直径范围 $16\sim50~\mu m$。当迎风面表面波波长增长率达到临界表面波波长增长率时,液柱发生断裂并形成由大液块/带、液滴等组成的稠密喷雾,即液柱破碎,所对应的空间位置一般称为液柱破碎位置或液柱破碎长度,由于超声速流场本身就具有强烈的非定常性,因此,液柱破碎位置会在一定范围内小幅度振荡。

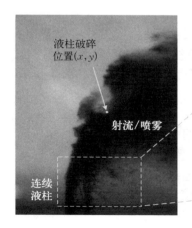
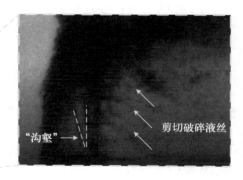

图 3.31　显微成像实验结果

2. 连续液柱射流轨迹验证

本节采用 MATLAB 软件中的图像边缘检测函数获取近场射流轨迹,每个工况下提取 60 幅瞬态图像的射流轨迹并进行叠加处理,结果如图 3.32 所示。从图中可以看到,在喷嘴出口,射流轨迹的脉动范围很小,定义连续液柱光滑段高度 H_s,在 H_s 高度以内,忽略射流迎风面微小尺度扰动,射流轨迹认为是直线且与壁面垂直。随着射流逐渐弯曲,射流轨迹的脉动范围迅速增大。定义表面波振幅:取平均射流边界为基准,以当地射流轨迹的法向方向取射流振荡宽度 $2A_s$ 作为射流边界振荡的幅值,表面波的振幅即为 A_s。为方便计算射流轨迹的法线向量,具体计算时取平均射流轨迹(图中红色曲线)作为样本,采用最小二乘法拟合的边界线(图中蓝色曲线)作为基准计算当地的法向向量,其中蓝色曲线与平均射流边界拟合的相关系数为 0.99。

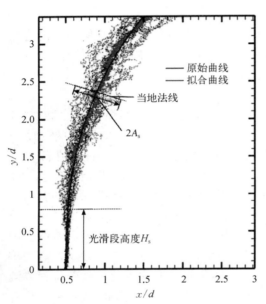

图 3.32 射流轨迹叠加结果

图 3.33 为不同喷注压降的连续液柱显微成像结果。从图中可以看出,射流背风区存在明显的稀薄喷雾区域,且随着喷注压降的升高,稀薄喷雾区域面积逐渐增大,与此同时,液体横向射流 H_s 的振荡区间变大,液柱破碎位置的振荡区间变大且距喷嘴出口越远。图 3.34 给出了带误差棒的散点图,对比了不同喷注压降对 H_s 的影响。保持喷嘴直径 0.5 mm 不变,比较了三个不同的喷注压降(0.66 MPa、0.99 MPa、1.94 MPa),从图中可以看出,随着喷注压降的升高,射流轨迹逐渐增高,H_s 逐渐增大,H_s 的误差逐渐增大,三个压降下 H_s 的误差均小于 2%。图 3.35 为显微实验结果和连续液柱模型计算结果的对照,从图中可以看出,当 $x < 1.2$ mm 时,连续液柱模型计算结果与实验结果吻合较好;当 $x > 1.2$ mm 时,计算结果较实验结果偏小,且随着 x 的增大,偏离程度越大。

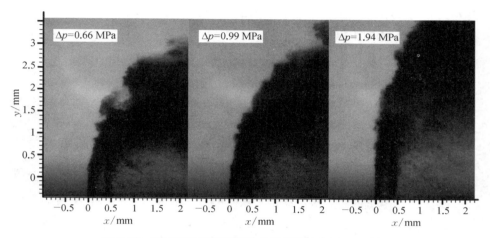

图 3.33　不同喷注压降下的连续液柱形态($d=0.5\ \text{mm}$)

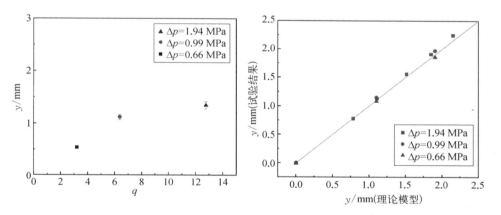

图 3.34　喷注压降对连续液柱
光滑段高度 H_s 的影响

图 3.35　理论模型与试验结果比较

　　图 3.36 为不同喷嘴直径的连续液柱显微成像结果。从图中可以看出,随着喷注直径的增大,连续液柱体积明显增大,射流背风区稀薄喷雾面积逐渐变小,喷雾浓度大幅增加,与此同时,液体横向射流 H_s 的振荡区间变大。图 3.37 给出了带误差棒的散点图,对比了不同喷嘴直径对 H_s 的影响。保持喷注压降不变。比较了三个不同的喷嘴直径(0.5 mm、0.7 mm、1.0 mm),从图中可以看出,随着喷嘴直径的增大,射流轨迹逐渐增高,H_s 逐渐增大,其中,1 mm 喷嘴 H_s 的误差最

大为 10%,明显高于其余两个喷嘴。图 3.38 为显微实验结果和连续液柱模型计算结果的对照,从图中可以看出,当 $x>0.75$ mm 时,计算结果较实验结果偏小,且随着 x 的增大,偏离程度越大。

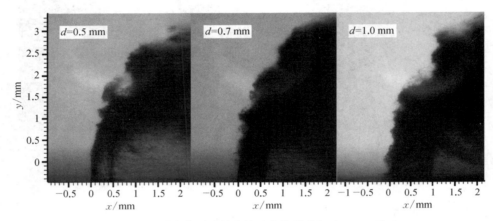

图 3.36　喷嘴直径对连续液柱形态的影响($\Delta p=0.5$ MPa)

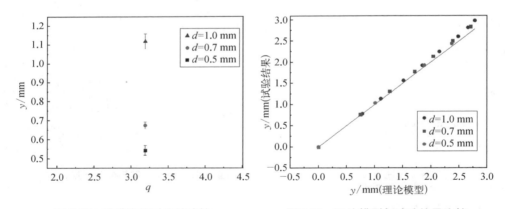

图 3.37　喷嘴直径对连续液柱　　　图 3.38　理论模型与试验结果比较
　　　　　光滑段高度 H_s 的影响

　　图 3.39 为不同喷嘴长径比的连续液柱显微成像结果。从图中可以看出,随着喷嘴长径比的增大,连续液柱形态没有明显区别。图 3.40 给出了带误差棒的散点图,对比了不同喷嘴长径比对 H_s 的影响,保持喷嘴直径 0.5 mm、喷注压降 0.5 MPa 不变,比较了两个不同的喷嘴长径比(4 和 8),从图中可以看出,随着喷

嘴长径比的增大,两种长径比下 H_s 的平均值相差较小,且误差区间存在重合,射流轨迹逐渐增高。图 3.41 为液体横向射流轨迹试验结果,从图中可以看出,本节研究工况下喷嘴长径比对于射流轨迹的影响较小。

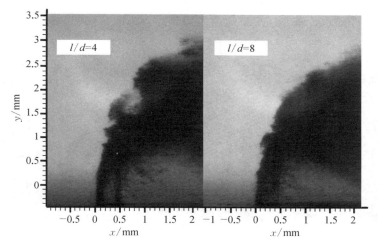

图 3.39　喷嘴长径比对连续液柱形态的影响($d=0.5$ mm,$\Delta p=0.5$ MPa)

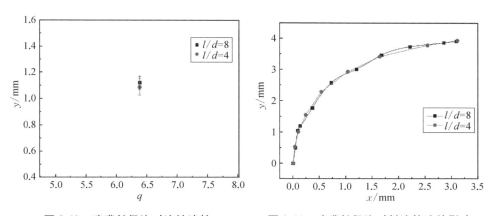

图 3.40　喷嘴长径比对连续液柱
光滑段高度 H_s 的影响

图 3.41　喷嘴长径比对射流轨迹的影响

图 3.42 为不同喷嘴流道收缩角的连续液柱显微成像结果。从图中可以看出,随着流道收缩角的增大,连续液柱形态没有明显区别。图 3.43 给出了带误

差棒的散点图,对比了不同流道收缩角比对 H_s 的影响,保持喷嘴直径 0.5 mm、喷注压降 0.5 MPa 不变,比较了三个不同的流道收缩角(60°、90°、120°),从图中可以看出,随着流道收缩角的增大,H_s 逐渐增大,但三种流道收缩角下 H_s 的平均值相差较小,且误差区间存在重合。图 3.44 为试验获得的液体横向射流轨迹,从图中可以看出,本节研究工况下流道收缩角对射流轨迹的影响较小。

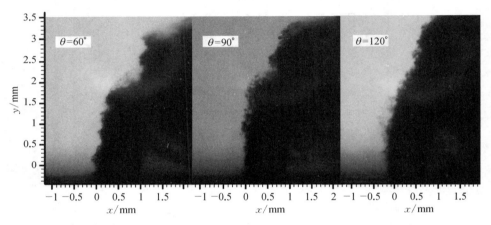

图 3.42 喷嘴流道收缩角对连续液柱形态的影响($d=1.0$ mm,$\Delta p=0.5$ MPa)

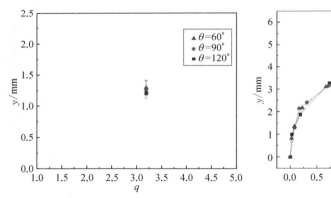

图 3.43 喷嘴流道收缩角对连续液注光滑段高度的 H_s 的影响

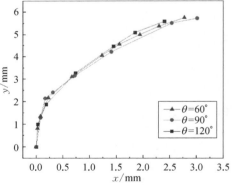

图 3.44 喷嘴流道收缩角对射流轨迹的影响

3.4　小结

本章针对超声速气流中液体横向射流雾化过程和雾化机理开展了深入研究,首先分析了液体横向射流的雾化机理,随后根据试验结果建立了液体横向射流喷雾纵向分区模型和流向分区模型,最后建立了可预测液体横向射流轨迹与射流柱三维空间形态的连续液柱模型。

(1)沿气流方向,喷雾场可分为表面波主导破碎区、快速雾化区和均匀混合区。表面波主导破碎区内射流表面波为主要结构特征,表面波不断发展并最终导致射流断裂。快速雾化区液滴速度在强气动加速下迅速增加,液滴直径迅速减小,气液相对速度不断减小直至液滴直径趋于稳定。均匀混合区内液滴直径、速度不再显著变化,液滴具有较好的跟随性。液滴的空间分布一定程度表征了气相流场结构,在喷雾场外围出现涡结构。

(2)射流迎风面表面波的增长和发展是液柱破碎的主要原因。R-T不稳定性是超声速气流中迎风面表面波产生的主要原因,并最终导致液柱断裂。表面破碎是液体横向射流一次破碎过程的另一种表现形式。液柱迎风面的液体受来流"推挤"作用,移动到液柱两侧位置并随之发生剥离。表面破碎同时受到来流气体流动和纵向液体流动的共同影响,其中来流气体流动是影响表面破碎的主要因素。

(3)超声速气流中液体横向射流的二次破碎过程主要为大液块/液滴的破碎。建立了超声速气流中连续液柱横截面形变方程,考虑弓形激波的影响对气动力进行了合理修正,构建可同时预测液体横向射流轨迹与射流柱三维空间形态的CLC连续液柱模型。

参考文献

[1] Gopalan S, Abraham B M, Katz J. The structure of a jet in crossflow at low velocity ratios [J]. Physics of Fluids, 2004, 16(6): 2067 - 2087.

[2] Schetz J A, Padhye A. Penetration and breakup of liquids in subsonic airstreams [J]. AIAA Journal, 1977, 15(10): 1385 - 1390.

[3] Sherman A, Schetz J. Breakup of liquid sheets and jets in a supersonic gas stream[J]. AIAA Journal, 1971, 9(4): 666 - 673.

[4] Reinecke W G. Drop breakup and liquid jet penetration[J]. AIAA Journal, 1978, 16(6): 618 - 619.

[5] Schetz J A, Kush E A, Joshi P B. Wave phenomena in liquid jet breakup in a supersonic crossflow[J]. AIAA Journal, 1980,18(7): 774 - 778.

[6] Ganesh T K, Sujith R I, Shreenivasan O J, et al. Effect of liquid injection on acoustic field induced from supersonic flow past cavities[J]. Journal of Propulsion and Power, 2008, 24(4): 681 - 687.

[7] Zhou Y, Li C, Li C, et al. Prediction of liquid jet trajectory in supersonic crossflow and continuous liquid column model[J]. Acta Physics Sinica, 2020, 69(23): 234702.

[8] Dickmann D A, Lu F K. Shock/boundary-layer interaction effects on transverse jets in crossflow over a flat plate[J]. Journal of Spacecraft and Rockets, 2009, 46(6): 1132 - 1141.

[9] Gerdroodbary M B, Takami M R, Heidari H R, et al. Comparison of the single/multi transverse jets under the influence of shock wave in supersonic crossflow [J]. Acta Astronauticaica, 2016, 123: 283 - 291.

[10] Lin K C, Lai M C, Ombrello T, et al. Structures and temporal evolution of liquid jets in supersonic crossflow[R]. AIAA - 2017 - 1958, 2017.

[11] Lin K C, Carter C D, Smith S, et al. Exploration of near-field plume properties for aerated-liquid jets using X-ray radiography[C]. Reston: 55th AIAA Aerospace Sciences Meeting, 2014.

[12] Lin K C, Kastengren A, Donbar J M, et al. Confocal X-ray fluorescence for the exploration of near-field structures of aerated-liquid jets in subsonic crossflow[C]. San Diego: AIAA SciTech forum and exposition, 2019.

[13] Lin K C, Kastengren A, Carter C D, et al. Exploration of near-field cross-sectional structures of aerated-liquid jets using confocal X-ray fluorescence[C]. San Diego: AIAA SciTech forum and exposition, 2019.

[14] Lin K C, Kastengren A L, Hammack S, et al. Exploration of water jets in supersonic crossflow using X-ray diagnostics[J]. Atomization and Sprays, 2020, 30(5): 331 - 50.

[15] Nejad A S, Schetz J A. Effects of viscosity and surface tension on a jet plume in supersonic crossflow[J]. AIAA Journal, 1984, 22(4): 458 - 459.

[16] Pai M, Pitsch H, Desjardins O. Detailed numerical simulations of primary atomization of liquid jets in crossflow[C]. Orlando: American Institute of Aeronautics and Astronautics Aerospace Sciences Meeting Including The New Horizons Forum and Aerospace Exposition, 2009.

[17] Herrmann M, Arienti M, Soteriou M. The impact of density ratio on the liquid core dynamics of a turbulent liquid jet injected into a crossflow[J]. Journal of Engineering for Gas Turbines and Power, 2011, 133(6): 061501.

[18] Meillot E, Vincent S, Caruyer C, et al. Modelling the interactions between a thermal plasma flow and a continuous liquid jet in a suspension spraying process[J]. Journal of Physics: D Applied Physics, 2013, 46(22): 224017.

[19] Xiao F, Dianat M, McGuirk J J. Large eddy simulation of liquid-jet primary breakup in air crossflow[J]. AIAA Journal, 2013, 51(12): 2878 – 2893.

[20] Xiao F, Li S, Chen C G. Revisit to the THINC scheme: A simple algebraic VOF algorithm [J]. Journal of Computational Physics, 2011, 230(19): 7086 – 7092.

[21] Xiao F, Dianat M, McGuirk J J. Large eddy simulation of single droplet and liquid jet primary breakup using a coupled level set/volume of fluid method[J]. Atomization and Sprays, 2014, 24(4): 281 – 302.

[22] Xiao F, Wang Z, Sun M, et al. Large eddy simulation of liquid jet primary breakup in supersonic air crossflow[J]. International Journal of Multiphase Flow, 2016, 87: 229 – 240.

[23] Zhao J, Lin W, Li P, et al. Simulation of a liquid jet in supersonic crossflow by a hybrid CLSVOF – LPT method[J]. Acta Astronautica, 2021, 183: 23 – 28.

[24] Thomas R H, Schetz J A. Distributions across the plume of transverse liquid and slurry jets in supersonic airflow[J]. AIAA Journal, 1985, 23(12): 1892 – 1901.

[25] Nicholls J A, Ranger A A. Aerodynamic shattering of liquid drops[J]. AIAA Journal, 1969, 7(2): 285 – 290.

[26] Theofanous T G. Aerobreakup of newtonian and viscoelastic liquids[J]. Annual Review of Fluid Mechanics, 2011, 43: 661 – 690.

[27] Hwang S S, Liu Z, Reitz R D. Breakup mechanisms and drag coefficients of high-speed vaporizing liquid drops[J]. Atomization and Sprays, 1996, 6(3): 353 – 376.

[28] Li P, Wang H, Sun M, et al. Numerical study on the mixing and evaporation process of a liquid kerosene jet in a scramjet combustor[J]. Aerospace Science and Technology, 2021, 119: 107095.

[29] Liu N, Wang Z G, Sun M B, et al. Simulation of liquid jet primary breakup in a supersonic crossflow under Adaptive Mesh Refinement framework [J]. Aerospace Science and Technology, 2019, 91: 456 – 473.

[30] Zhu Y, Xiao F, Li Q, et al. LES of primary breakup of pulsed liquid jet in supersonic crossflow[J]. Acta Astronautica, 2019, 154: 119 – 132.

[31] Zhou Y, Xiao F, Li Q, et al. Simulation of elliptical liquid jet primary breakup in supersonic crossflow[J]. International Journal of Aerospace Engineering, 2020, 2020: 1 – 12.

［32］ Hsiang L P, Faeth G M. Drop deformation and breakup due to shock wave and steady disturbances［J］. International Journal of Multiphase Flow, 1995, 21(4): 545 – 460.

［33］ Pilch M, Erdman C A. Use of breakup time data and velocity history data to predict the maximum size of stable fragments for acceleration – induced breakup of a liquid drop［J］. International Journal of Multiphase Flow, 1987,13(6): 741 – 757.

［34］ Guildenbecher D R, López-Rivera C, Sojka P E. Secondary atomization［J］. Experiments in Fluids, 2009, 46(3): 371 – 402.

［35］ Chou W H, Hsiang L P, Faeth G M. Temporal properties of drop breakup in the shear breakup regime［J］. International Journal of Multiphase Flow, 1997, 23(4): 651 – 669.

［36］ Igra D, Ogawa T, Takayama K. A parametric study of water column deformation resulting from shock wave loading［J］. Atomization and Sprays, 2002, 12(5 – 6): 577 – 592.

［37］ Liu Z, Reitz R D. An analysis of the distortion and breakup mechanisms of high speed liquid drops［J］. International Journal of Multiphase Flow, 1997, 23(4): 631 – 650.

［38］ Fishburn B D. Boundary layer stripping of liquid drops fragmented by Taylor instability［J］. Acta Astronautica, 1974, 1(9 – 10): 1267 – 1284.

［39］ Joseph D D, Belanger J, Beavers G S. Breakup of a liquid drop suddenly exposed to a high-speed airstream［J］. International Journal of Multiphase Flow, 1999, 25(6 – 7): 1263 – 1303.

［40］ Theofanous T G, Li G J, Dinh T N, et al. Aerobreakup in disturbed subsonic and supersonic flow fields［J］. Journal of fluid mechanics, 2007, 593: 131 – 70.

［41］ Theofanous T G, Mitkin V V, Ng C L, et al. The physics of aerobreakup. Ⅱ. Viscous liquids［J］. Physics of Fluids, 2012, 24(2): 022104.

［42］ 刘楠.基于自适应网格界面捕捉的超声速气流中气液两相流数值模拟［D］.长沙:国防科技大学,2019.

［43］ Jalaal M, Mehravaran K. Transient growth of droplet instabilities in a stream［J］. Physics of Fluids, 2014, 26(1): 012101.

［44］ Li P, Wang Z, Bai X, et al. Three-dimensional flow structures and droplet-gas mixing process of a liquid jet in supersonic crossflow［J］. Aerospace Science and Technology, 2019, 90: 140 – 156.

［45］ Clark M M. Drop breakup in a turbulent flow, Ⅰ: Conceptual and modeling considerations ［J］. Chemical Engineering Science, 1988, 43(3): 671 – 679.

［46］ Mashayek A, Jafari A, Ashgriz N. Improved model for the penetration of liquid jets in subsonic crossflows［J］. AIAA Journal, 2008, 46(11): 2674 – 2686.

［47］ Inamura T. Trajectory of a liquid jet traversing subsonic airstreams［J］. Journal of Propulsion and Power, 2000, 16(1): 155 – 157.

［48］ Wu P K, Kirkendall K A, Fuller R P, et al. Breakup processes of liquid jets in subsonic crossflows[J]. Journal of Propulsion and Power, 1997, 13(1): 64 - 73.

[49] 吴里银.超声速气流中液体横向射流破碎与雾化机理研究[D].长沙：国防科学技术大学,2016.

[50] 李春.超声速横向气流中液体横向射流表面波及射流破碎机理研究[D].长沙：国防科技大学,2019.

[51] Wu L, Wang Z, Li Q, et al. Study on transient structure characteristics of round liquid jet in supersonic crossflows[J]. Journal of Visualization, 2016, 19(3): 337 - 341.

[52] Mazallon J, Dai Z, Faeth G M. Primary breakup of nonturbulent round liquid jets in gas crossflows[J]. Atomization and Sprays,1999, 9(3): 291 - 312.

[53] Chryssakis C A, Assanis, D N. A secondary atomization model for liquid droplet deformation and breakup under high weber number conditions[C]. Irvine：18th Annual Conference on Liquid Atomization and Spray Systems, 2005.

第 4 章 超声速气流中液体横向射流喷雾穿透深度特性

伴随着强烈的气液相互作用,液体横向射流在超声速气流中的破碎是一个微观和动态的过程。在一定的气流条件下,喷雾在三维空间形成特定的宏观分布,不同尺寸、速度的液滴分别分布在不同的空间位置,并且受到多种因素的影响,体现出不同的特征,即喷雾特性。喷雾特性包括分布特性、雾化特性和混合特性。喷雾的分布特性是指液体燃料进入横向气流后所形成喷雾在燃烧室中占据的空间位置和外在形态。其中,雾化后液滴在空间的散布,对后续蒸发、混合和点火过程有着重要影响。超声速气流中液体横向射流的分布特性按照空间方向一般可以分为纵向方向(即沿液体喷射方向)上的穿透深度特性和流向方向(即下游展向方向)的横截面分布特征,学者们一般通过经验关系式重构喷雾的分布特性,这也是目前描述液体横向射流喷雾分布特性最常用的方法。

4.1 穿透深度的数学模型

4.1.1 基准穿透深度

图 4.1 所示为基准试验条件下采用脉冲激光背景成像方法获得的喷雾瞬态图像。以 t_1 时刻为例,采用 Otsu 方法对图 4.1(a)进行最佳阈值计算,以图 4.1(b)所示最佳阈值 88 为基准对原始图像进行二值化处理,得到如图 4.1(c)所示的结果。从图中可以看出,不同时刻的喷雾分布区域稍有变化。以单幅瞬态喷雾二值图像为样本点建立样本空间,根据穿透深度的定义可知,当样本数足够大时,对所有瞬态喷雾二值图像进行灰度叠加处理可以得到无限接近真实的穿透深度。灰度叠加处理的流程如下:

(1)对样本空间中的每幅瞬态喷雾二值图像进行反色处理,使液体部分对

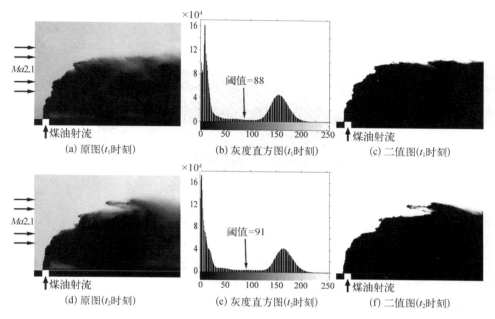

图 4.1　不同时刻喷雾分布的瞬态结构

应图像灰度值为饱和灰度,背景部分对应图像灰度值为 0;

（2）将反色后的所有图像对应灰度值直接相加,相加结果作为该点新的灰度值,并定义超过图像饱和灰度值的点全部设置为饱和灰度值;

（3）对灰度叠加后的图像进行反色处理,并基于 Sobel 算子提取液体区域的边界线,即为穿透深度曲线。

为了获得流场的时均特征,采用上述灰度叠加处理方法对 300 幅随机瞬态图像进行图像平均,结果如图 4.2 所示。其中 d 为喷孔直径,横坐标为无量纲化的流向距离,纵坐标为无量纲化的纵向距离。

图 4.2 中超声速气流从左向右流动,黑色部分代表采用灰度叠加处理方法得到的液体横向喷雾区域,正方形标识的曲线是基于试验数据并采用 $y/d = a(x/d)^b$ 关系式拟合得到的穿透深度曲线,菱形标识和正三角形标识的曲线分别代表李春等对于该工况下穿透深度的预测结果。从图中可以看出,在相同的试验工况下,本节采用脉冲激光背景成像方法捕捉到的液体横向喷雾边界比李春[1]采用马尔文和阴影成像方法得到的边界更高,说明本节方法比传统阴影成像方法对低浓度的液雾捕捉能力更强,获得的结果更接近真实。

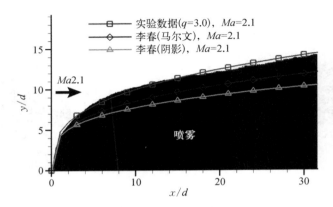

图 4.2 基准试验条件下射流穿透深度

4.1.2 半经验模型

基于以上试验方法和图像处理方法对比研究了不同喷孔直径 d、射流出口平均速度 V_1 的影响。喷孔出口射流平均速度是超声速气流中液体横向射流雾化研究的最重要参数,也是实际应用和研究中变化幅度较大的参数,一般通过改变喷注压降改变射流速度。如图 4.3 所示,针对喷孔直径为 1.52 mm 的喷孔,保持总压为 920 kPa 不变,射流速度从 23 m/s 到 69 m/s 变化时,射流穿透深度逐渐增加。对于喷孔直径 1.25 mm,在来流总压保持 923 kPa 不变的条件下,射流速度从 22 m/s 到 61 m/s 变化时,射流穿透深度变化趋势与喷孔直径为 1.52 mm 时的变化趋势相同。

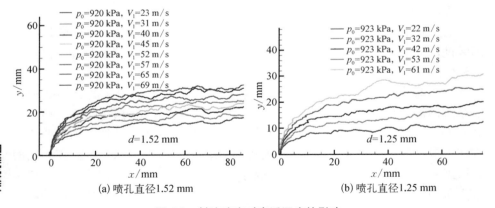

图 4.3 射流速度对穿透深度的影响

喷孔直径在实验室研究和实际应用中都会频繁改变,本节对比了 0.48 mm、1.25 mm 和 1.52 mm 喷孔直径对穿透深度的影响,来流总压固定为 920 kPa,射流速度固定为 23 m/s。从图 4.4 中可以发现,其他参数相同时,喷孔直径越大,射流穿透深度越大,而且随着喷孔直径的增加,穿透深度增加幅度越加明显。

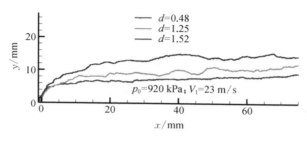

图 4.4　喷孔直径对穿透深度的影响

图 4.5 显示的是穿透深度与液气动量通量比和流向距离对应关系的试验数据,每条黑色线条代表一种工况参数下的穿透深度曲线,其中 y/d 是基于喷孔直径无量纲化的纵向高度,x/d 是基于喷孔直径无量纲化的流向距离。为了定量化穿透深度和试验参数之间的关系,基于传统幂函数形式[公式(4.1)]的穿透深度经验公式度对本节试验数据进行最优化拟合,以样本方差最小为目标函数,对模型中的常数项 a、b、c 进行优化,得到穿透深度的半经验模型[公式(4.2)]。其中,公式(4.1)和公式(4.2)中的 h 代表穿透深度。

$$h/d = aq^b(x/d)^c \tag{4.1}$$

$$h/d = 3.36q^{0.32}(x/d)^{0.32} \tag{4.2}$$

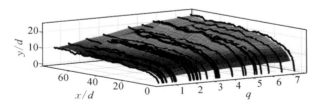

图 4.5　全部工况下穿透深度曲线汇总

4.1.3　穿透深度敏感性分析

在穿透深度半经验模型中,无量纲化后的参数共有三个,分别为 h/d、q 和

x/d，但是液气动量通量比 q 不属于直接测量量，它与气体参数和液体横向射流参数存在联系。为了将穿透深度 h 表示成为各直接测量参数的函数关系，并研究直接测量参数变化对穿透深度的影响程度，对穿透深度公式做进一步推导。

基于式（4.2）所示的穿透深度经验公式，进行以下推导。

液气动量通量比 q 表达式为

$$q = \frac{\rho_1 V_1^2}{\rho_g V_g^2} \qquad (4.3)$$

式中，ρ_1 为液体介质密度；V_1 为液体横向射流出口平均速度；ρ_g 为超声速来流密度；V_g 为超声速来流速度。

对于超声速来流，有

$$\rho_g V_g^2 = \frac{\rho_g V_g^2}{k p_g} k p_g = \frac{V_g^2}{a^2} k p_g = k p_g Ma^2 \qquad (4.4)$$

式中，k 为来流气体的比热比；p_g 为超声速来流静压；Ma 为来流马赫数；$a = \sqrt{k p_g / \rho_g}$ 为当地声速。

根据一维等熵关系式可知超声速来流总压 p_0 和静压 p_g 满足以下关系：

$$\frac{p_g}{p_0} = \left(1 + \frac{k-1}{2} Ma^2\right)^{-\frac{k}{k-1}} \qquad (4.5)$$

将式（4.5）代入式（4.4），可得

$$\rho_g V_g^2 = k Ma^2 p_0 \left(1 + \frac{k-1}{2} Ma^2\right)^{-\frac{k}{k-1}} \qquad (4.6)$$

对于液体横向射流，根据伯努利方程可知，在喷注压降 Δp_1 下，喷孔出口射流平均速度 V_{th} 可以表达为

$$V_{th} = \sqrt{2\Delta p_1 / \rho_1} \qquad (4.7)$$

根据喷嘴流量系数定义，喷嘴的流量系数 μ 等于喷嘴的实际流量与理论流量的比值：

$$\mu = \frac{\rho_1 V_1 A}{\rho_1 V_{th} A} = \frac{V_1}{V_{th}} \qquad (4.8)$$

所以喷孔出口射流平均速度可以表达为

$$V_1 = \mu V_{th} = \mu \sqrt{2\Delta p_1 / \rho_1} \qquad (4.9)$$

将式(4.9)代入液体动量通量公式可得

$$\rho_1 V_1^2 = 2\rho_1 \mu^2 \frac{\Delta p_1}{\rho_1} = 2\mu^2 \Delta p_1 \qquad (4.10)$$

将式(4.6)和式(4.10)代入式(4.3),可得液气动量通量比 q 的最终表达式为

$$q = \frac{\rho_1 V_1^2}{\rho_g V_g^2} = \frac{2\mu^2}{kMa^2}\left(1 + \frac{k-1}{2}Ma^2\right)^{\frac{k}{k-1}} \frac{\Delta p_1}{p_0} \qquad (4.11)$$

进而式(4.2)所示的穿透深度经验公式可化为

$$h = 3.36 q^{0.32} x^{0.32} d^{0.68}$$

$$= 3.36\left[\frac{2}{kMa^2}\left(1 + \frac{k-1}{2}Ma^2\right)^{\frac{k}{k-1}}\right]^{0.32} \mu^{0.64} \Delta p_1^{0.32} p_0^{-0.32} x^{0.32} d^{0.68} \quad (4.12)$$

式(4.12)即为穿透深度最终的表达形式,其中穿透深度 h 为因变量,式(4.12)右边的自变量参数全部已知或者可以直接测量获得,因为式(4.12)是通过无量纲方程式(4.6)推导得到,所以式(4.12)的左右两边是量纲守恒的。

在一般情况下,来流气体的比热比 k 和马赫数 Ma 是不变的,从式(4.12)中可知,影响穿透深度的可测自变量参数包括喷嘴流量系数 μ、喷注压降 Δp_1、来流总压 p_0、流向距离 x 和喷孔直径 d。 在本节研究的试验条件下,超声速来流为空气,比热比为1.4,来流马赫数为2.1,以下游 $x = 50$ mm 为例,对射流穿透深度的参数敏感性开展分析研究。

将 $k = 1.4$、$Ma = 2.1$、$x = 50$ 代入式(4.12)并化简得

$$h = 16.6\mu^{0.64} \Delta p_1^{0.32} p_0^{-0.32} d^{0.68} \qquad (4.13)$$

假设式(4.13)中右边的自变量均存在测量误差,分别表示为 $\delta\mu$、δp_1、δp_0 和 δd,由自变量测量误差导致穿透深度可能的最大误差记为 δh,则有最大相对误差传递关系式:

$$\frac{\delta h}{h} = 0.64\left|\frac{\delta\mu}{\mu}\right| + 0.32\left|\frac{\delta p_1}{p_1}\right| + 0.32\left|\frac{\delta p_0}{p_0}\right| + 0.68\left|\frac{\delta d}{d}\right| \qquad (4.14)$$

　　从式(4.14)中等式右边可测量参数相对误差前的系数分布可以看出,各可测量参数相对误差项前的系数在同一量级,其中流量系数和喷孔直径相对误差项前的系数稍大,约为另外两项的两倍,所以流量系数和喷孔直径测量的相对误差对最终穿透深度的准确度影响更大。也可以说,穿透深度对喷孔直径和流量系数的相对值变化更加敏感。例如,单独改变喷孔直径,将其增加 1 倍,与单独改变喷注压降并将其增加到原来的 4 倍,对最终的穿透深度造成的增加幅度是一样的。

　　从可测量参数数值的绝对大小分析,流量系数和喷孔直径也是对穿透深度影响最大的。流量系数 μ 值分布在 0~1,喷孔直径 d 一般分布在 0.3~1.5,喷注压降一般分布在 $5 \times 10^5 \sim 4 \times 10^6$,本节研究中来流总压约为 9×10^5。因为流量系数和喷孔直径的数值低很多,所以一个小幅度的变化就会造成相对值的剧烈变化,进而造成测量结果偏离原始值较多。

　　综上分析说明,穿透深度对喷孔直径和流量系数的敏感度更高,对喷注压降和来流总压的敏感度相对较小,所以在研究中,为了保证穿透深度的测量精度,必须对喷孔直径和流量系数做精细测量和校核。此外,因为喷孔直径和流量系数的数值基数小,对于提高射流穿透深度,提高流量系数和增加喷孔直径是两个最为有效的手段。特别是流量系数对于提高穿透深度的作用很大,目前液体喷嘴流量系数普遍为 0.7 左右,直径 0.3 mm 以下的小孔因为加工问题,流量系数可能更低,甚至小于 0.5,如果通过提高加工质量,设计合理的喷孔长径比,将流量系数从 0.5 升至 0.9,可以实现穿透深度提高约 50% 的目标。

4.2　工作参数对穿透深度的影响

4.2.1　喷注压降的影响

　　为研究射流速度对超声速气流中射流的喷注特性的影响,本节通过改变射流的喷注压降,基于喷孔直径为 $d=1$ mm 的喷孔在相同的超声速流场条件下进行研究,通过改变射流的喷注压降来改变射流的初始动量通量,进而研究液气动量通量比 q 对射流喷注特性的影响,射流喷注压降变化范围为 0.5~4 MPa,液气动量通量比范围为 2.5~20,试验工况如表 4.1 所示,仿真研究的边界条件设置如表 4.2 所示。

表 4.1　超声速气流中喷注压降对喷注特性影响试验工况表

工　　况	压降 Δp_1/MPa	质量流量 $\dot{m}_1$/(g/s)	速度 u_1/(m/s)	液气动量比 q
Gk－P0.5	0.5	14.3	31.6	2.5
Gk－P1	1	21.6	44.7	5
Gk－JZ	2	30.0	63.2	10
Gk－P3	3	36.1	77.5	15
Gk－P4	4	42.0	89.4	20

表 4.2　喷注压降影响仿真研究离散相边界条件

算　　例	压降 Δp_1/MPa	质量流量 $\dot{m}_1$/(g/s)	速度 u_1/(m/s)	液滴平均直径 D_{mean}/μm
S－P0.5	0.5	14.3	31.6	12.5
S－P1	1	21.6	44.7	12.5
S－JZ	2	30.0	63.2	12.5
S－P3	3	36.1	77.5	12.5
S－P4	4	42.0	89.4	12.5

对表 4.2 所示每种工况条件下的试验结果获得的 500 幅图像结果进行叠加平均,获得不同工况下时均的图像结果,如图 4.6 所示。

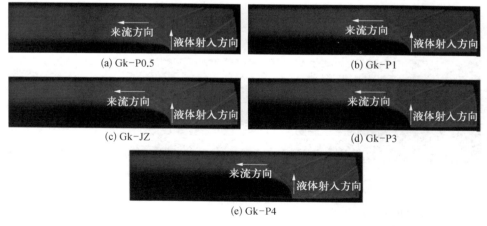

(a) Gk-P0.5　　　　　　　　　　　　(b) Gk-P1

(c) Gk-JZ　　　　　　　　　　　　(d) Gk-P3

(e) Gk-P4

图 4.6　不同喷注压降试验图像叠加平均结果

为了更加明显、直观、快速地观测叠加平均后的结果中射流穿透深度特性，采用二值处理方法对叠加后的结果进行处理，得到如图 4.7 的图像结果。

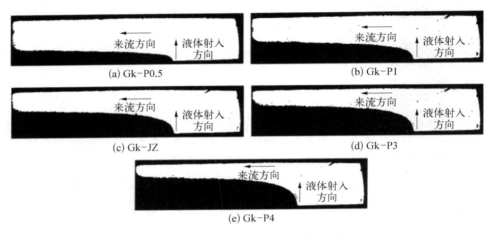

(a) Gk-P0.5　　　　　　　　　　　(b) Gk-P1

(c) Gk-JZ　　　　　　　　　　　(d) Gk-P3

(e) Gk-P4

图 4.7　不同喷注压降试验图像二值处理结果

从图 4.7 中可以直观地观测到射流的穿透深度随着射流喷注压降的增大而逐渐增加。同时从试验结果的瞬时图像中发现当射流速度较低时，如 Gk - P0.5 的试验中，射流一直处于贴壁流动状态，但是当射流喷注压降增大后，如试验工况为 Gk - P4 时，试验段下壁面由于射流的振荡有时会出现空流现象，如图 4.8 所示的瞬时结果图像所示。出现以上现象的原因是射流由喷孔喷出后初始动量不同，当受到相同的气动阻力和横向的气动力后，初始动量越大射流的惯性越大所以出现了空流的现象[2,3]。

图 4.8　Gk - P4 试验段下壁面空流现象

在超燃冲压发动机的燃烧室中若喷注的燃料出现贴壁的流动时，射流的雾化和射流与超声速气流的混合效果减弱，对燃料的点火和燃烧效果有较大影响,甚至会导致无法点火或者火焰无法稳定的现象,所以应尽量避免出现贴壁流动的情况;同时,若是射流喷注用在进行对壁面的冷却中时,这种贴壁流动的状况能较好地提高壁面处冷却剂的含量,增强壁面处的隔热效果,所以在喷注用于壁面冷却的情况下,应尽量减小喷注压降,并保持射流贴壁流动状况。

　　为了获取更精确的射流穿透深度以及射流边界点位置,采用概率极值法对所得的试验结果原始图像进行统计处理,获得的各工况下射流边界点以及射流的穿透深度如图 4.9 所示。

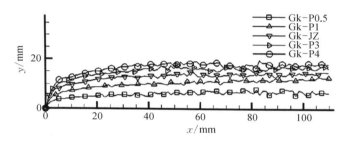

图 4.9　不同喷注压降射流边界曲线图

　　图 4.9 显示随着射流喷注压降的增加,射流的穿透深度增加,射流在喷口处形成的边界线的斜率逐渐增加,这是由于不同的喷注压降下射流的初始速度和初始动量不同,初始动量越大射流的穿透深度和初始边界线的斜率越大。同时由图 4.9 可以看到,在射流的初始发展阶段,射流边界光滑,在射流的下游位置其边界不规则、不光滑,这说明在射流的上游位置射流的振荡较小,且与周围的流场的灰度区别较大,较易区分且较易提取;在射流的下游位置,由于射流震动增强其边界处灰度出现较大范围内的灰度值变化,所以出现了这种边界的不规则现象。

　　从表 4.3 中可以看到,射流的穿透深度为 7~18.5 mm,且随着喷注压降增大而逐渐增大,最大的喷注压降下射流穿透深度接近试验段高度的一半。在进行超燃冲压发动机燃烧室设计时,应考虑实际燃料的喷注压降以及所需气体流量等条件,尽量使射流能均匀地分布在整个燃烧室流场,避免出现贴壁流动等现象。

　　从图 4.10 的液滴轨迹和速度图像中也可以明显看到射流的穿透深度随着喷注压降的增大而增加,射流液滴在流场中分布范围逐渐增大;且在喷注压降

表 4.3 不同喷注压降射流穿透深度

工　况	压降/MPa	穿透深度/mm
Gk – P0.5	0.5	7.0
Gk – P1	1	12.0
Gk – JZ	2	14.4
Gk – P3	3	17.1
Gk – P4	4	18.5

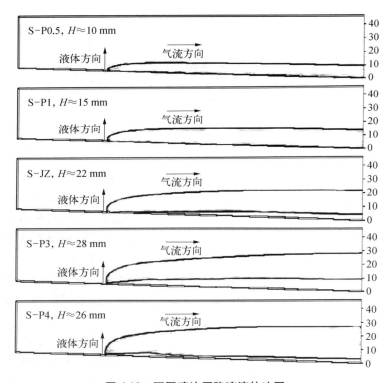

图 4.10 不同喷注压降液滴轨迹图

小于 3 MPa 时随着喷注压降的增大射流底部的空流区域逐渐增大,但是当喷注压降大于 3 MPa 时,如 Gk – P4 中空流区域减小,这是由于在增大射流喷注压降的同时也增大了射流的流量,当流道面积减小到一定程度时,射流受到的喷注方向的气动作用力会逐渐增大,射流难以再向初始喷注方向扩展,所以只能被压向射流底部,故此时的空流区域有所减小,射流在试验段出口处的流动区域增大。

4.2.2　液气动量比的影响

图 4.11 给出了在气流总温 900 K 的条件下,不同动量通量比对应的射流瞬态图像,从试验图像上看,随着液气动量比的升高,射流的穿透深度增大。图 4.12 给出了同样气流条件下凹腔上游喷注,不同动量通量比对应的射流瞬态图像。从瞬态图像上看,射流在经过凹腔上方后,会有一部分喷雾进入凹腔,动量通量比越大,穿透深度越大,进入凹腔的喷雾也就越少。根据边界提取方法,获得射流的边界信息,得到不同动量通量比条件下的射流穿透深度对比曲线,如图 4.13所示。以 $x/d=100$ 位置作为参考,对于平板燃烧室喷雾,三种动量通量比对应的穿透深度分别为:11.31、15.77 和 19.29,穿透深度增长幅度分别为 39.43% 和

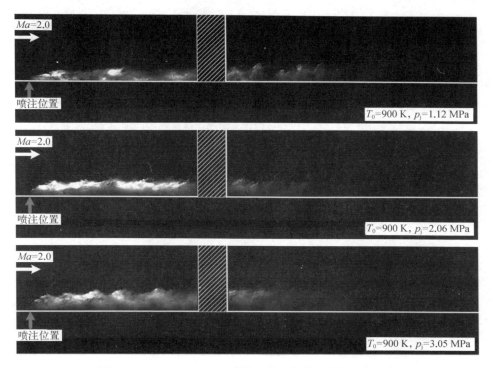

图 4.11　$T_0=900\,K$,不同动量通量比条件下喷雾瞬态图像

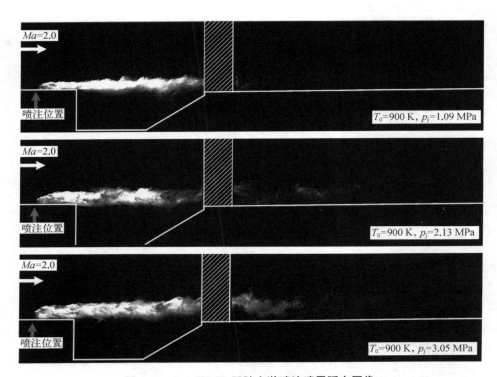

图 4.12 $T_0 = 900$ K,凹腔上游喷注喷雾瞬态图像

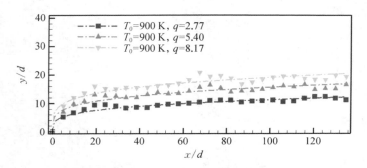

图 4.13 平板喷注,射流穿透深度曲线对比

22.32%。通过图 4.14 可知,对凹腔上游喷注,三种动量通量比对应的穿透深度分别为:11.93、15.53 和 18.04,穿透深度增长幅度分别为 30.18% 和 16.16%,可以看出,随着动量通量比的增加,射流穿透深度增长减缓,而对于凹腔上游喷注,由于一部分喷雾进入凹腔,导致穿透深度增加幅度进一步减小[4]。

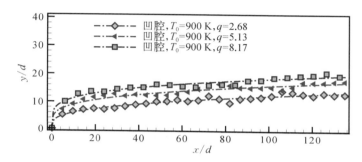

图 4.14　凹腔上游喷注,射流穿透深度曲线对比

4.2.3　来流温度的影响

　　早期的研究结果显示,高总温条件既可能造成穿透深度提高也可能相反,高总温条件对射流穿透深度的影响并没有统一的认识,一种观点认为高温气流条件下,燃气密度比增大,导致穿透深度提高[5],然而也有观点认为气流温度增加会加速液滴蒸发速率,导致液滴尺寸减小,这对射流穿透深度是削弱的,穿透深度在高温气流中应当降低[6]。上述观点均有部分实验结果支撑,但由于高总温条件造成了气流条件的改变,实际上能够造成穿透深度改变的变量较多,主要因素很难被证实。

　　针对凹腔燃烧室中进行液体横向射流,凹腔结构如图 4.15 所示,设计试验工况如表 4.4 所示。在试验中,加热后的气流在凹腔燃烧室内形成的压力分布与常温气流存在显著差异,试验中通过控制液气动量通量比,比较不同气流总温对射流穿透深度的影响。图 4.16 给出了在气流总温 300 K 和 900 K 的条件下的射流的瞬态图像,液气动量通量分别为 5.13 和 5.40,总温 300 K 对应的液气动量比略低。从瞬态图像看出,不同总温条件下的射流形态类似,高总温条件下的射流存在较为明显的灰度变化。为了定量描述这种灰度变化,图 4.17(a)、(b)分别给出了射流在距离喷孔位置 $x/d = 100$ 位置上的灰度分布和灰度一阶导数的分布图,其中 $y/d = 0$ 为凹腔与气流交界面所在位置。当 $T_0 = 900$ K 时,射流的

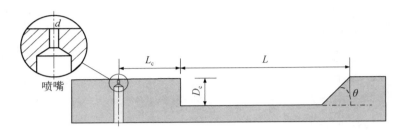

图 4.15　凹腔结构剖面示意图

表 4.4　试验设计工况

气流总温 T_0/K	气流总压 p_0/MPa	喷前压力 p_j/MPa	喷注速度 u_j/(m/s)	喷注距离 L_c/mm	液气动量通量比 q
900	1.00	2.06	47.49	35	5.40
300	0.55	1.08	33.84	35	5.13

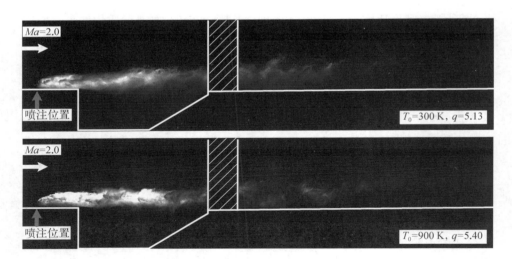

图 4.16　气流总温 300 K 和 900 K 的条件下的射流的瞬态图像

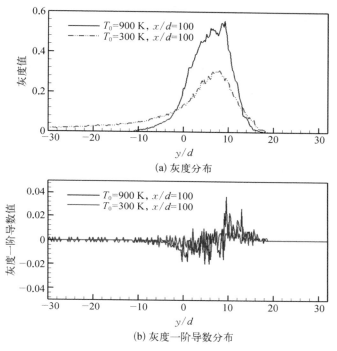

(a) 灰度分布

(b) 灰度一阶导数分布

图 4.17 $x/d=100$ 位置上的灰度分布和灰度一阶导数的分布图

灰度值更高,而灰度的一阶导数值振荡幅度更大,说明高总温条件下,很可能由于喷雾的蒸发效应,使得小液滴快速相变,体现在图像上则是更显著的灰度值的一阶导数变化。当 $T_0=300\ \mathrm{K}$ 时,图像的灰度值较低,在凹腔内部灰度值始终大于零,说明低总温条件下的喷雾能够以液滴的形式进入凹腔。在凹腔内部,$T_0=300\ \mathrm{K}$ 时,灰度的一阶导数值振荡幅度更大,而 $T_0=900\ \mathrm{K}$ 条件下,灰度的一阶导数几乎没有振荡,进一步说明由于高总温带来的蒸发作用,喷雾很难以液滴的形式进入凹腔[4]。

　　基于时均图像,图 4.18 给出了射流的穿透深度曲线,对比了文献中形成射流穿透深度经验公式。总体上看,气流总温升高会降低穿透深度,其中可能存在两种主导因素,一方面随着气流总温升高,在保证马赫数不变的条件下,根据总静温关系式,气流静温升高,气流的当地速度也增加,导致了气动作用增强,促进了液滴的二次雾化,液滴将以更小的直径参与到蒸发过程中。由前面的研究可知,穿透深度和动量通量比呈正相关,当总温条件从 300 K 增加到 900 K

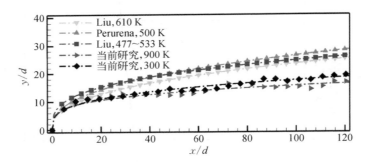

图 4.18　不同气流总温条件下的穿透深度曲线

时,穿透深度减低,在 $x/d=100$ 的位置上,穿透深度从 18.12 减小到 15.54,下降幅度为 14.24%。

　　另一方面,蒸发过程对射流穿透深度的影响并不明确,尽管整个喷雾的发展均伴随着蒸发过程,但由于喷雾在燃烧室内驻留时间短,蒸发时间也相对较短,液滴能否在短暂的驻留时间内蒸发,需要进行进一步评估。Miller 等[7]对多个蒸发模型进行了研究对比,并进行了液滴蒸发的试验,认为 Langmuir-Knudsen 模型对液滴蒸发过程具有较好的模拟能力,该模型也成功应用在超声速来流液滴蒸发过程中[8]。根据该模型的模拟结果给出了煤油液滴的蒸发特性,如图 4.19 所示,其中部分结果通过插值得到。结果显示,直径 20~50 μm 的液滴在 900 K 气流中完全蒸发的时间为 $10^{-3}~5\times10^{-3}$ s,而直径 0~10 μm 的液滴在 900 K 气流

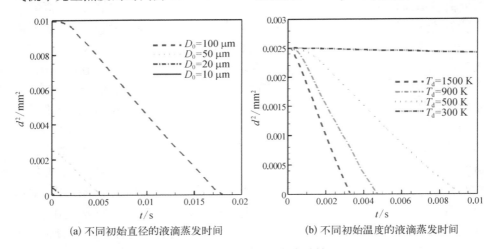

(a) 不同初始直径的液滴蒸发时间　　　　　(b) 不同初始温度的液滴蒸发时间

图 4.19　煤油液滴的蒸发特性

中完全蒸发的时间在 10^{-4} s 以内。在燃烧室内的驻留时间大于 2.5×10^{-4} s,对于直径在 10 μm 以下的液滴,完全可以在燃烧室内蒸发完毕,显然蒸发作用造成液滴数量的大量减少,宏观上呈现出射流穿透深度降低的效果。

4.2.4　来流总压的影响

本节试验在 $Ma2.1$ 超声速风洞中开展,采用脉冲激光背景成像方法对喷雾的纵向瞬态空间分布进行捕捉,开展喷雾纵向空间分布的规律性研究,试验工况参数列于表 4.5。主要参数包括马赫数 $Ma2.1$,总温 300 K,来流总压范围 $642 \sim 1\,010$ kPa;液体喷射介质为煤油,喷孔直径范围 $0.48 \sim 1.52$ mm,喷注压降范围 $0.36 \sim 4.61$ MPa,液气动量通量比范围 $0.11 \sim 7.49$。

表 4.5　喷雾纵向空间分布试验研究工况参数

工　况	超声速气流		煤油横向射流(密度: 800 kg/m³)				
	马赫数 Ma 及总温 T_0	总压 p_0/kPa	喷孔直径 d/mm	喷孔长度 l/mm	喷注压降 Δp_1/MPa	出口速度 V_1/(m/s)	液气动量通量比 q
ZXFB01			1.52		0.48	23	0.68
ZXFB02			1.52		0.84	31	1.26
ZXFB03			1.52		1.40	40	2.09
ZXFB04		920	1.52		1.71	45	2.61
ZXFB05			1.52		2.28	52	3.51
ZXFB06			1.52		2.75	57	4.26
ZXFB07	$Ma = 2.1$; $T_0 = 300$ K		1.52	1.5	3.48	65	5.43
ZXFB08			1.52		3.93	69	6.16
ZXFB09		714	1.52		0.43	22	0.84
ZXFB10			1.52		1.24	38	2.46
ZXFB11		792	1.52		1.35	40	2.41
ZXFB12			1.52		0.48	23	0.82
ZXFB13		923	1.25		4.10	61	4.85
ZXFB14			1.25		3.03	53	3.59

续　表

工　况	超声速气流		煤油横向射流（密度：800 kg/m³）				
	马赫数 Ma 及总温 T_0	总压 p_0/kPa	喷孔直径 d/mm	喷孔长度 l/mm	喷注压降 Δp_1/MPa	出口速度 V_1/(m/s)	液气动量通量比 q
ZXFB15			1.25		1.96	42	2.28
ZXFB16		923	1.25		1.94	42	2.24
ZXFB17			1.25		1.16	32	1.34
ZXFB18			1.25		0.58	22	0.62
ZXFB19		1 010	1.25		1.92	41	2.04
ZXFB20		820	1.25		1.87	41	2.47
ZXFB21		719	1.25		2.26	45	3.44
ZXFB22		645	1.25		2.00	43	3.40
ZXFB23			1.00	1.5	0.36	18	0.42
ZXFB24			1.00		0.82	29	1.15
ZXFB25			1.00		1.41	40	2.05
ZXFB26	$Ma=2.1$; $T_0=300$ K	920	1.00		2.02	48	2.95
ZXFB27			1.00		2.88	57	4.26
ZXFB28			1.00		3.73	65	5.54
ZXFB29			1.00		4.61	72	6.84
ZXFB30			1.00		4.39	71	7.49
ZXFB31		797	1.00		3.37	62	5.78
ZXFB32			1.00		2.81	57	4.97
ZXFB33			0.48		0.63	—	0.11
ZXFB34		795	0.48		1.11	—	0.19
ZXFB35			0.48		2.87	15	0.49
ZXFB36			0.48	1.0	4.55	23	0.78
ZXFB37		642	0.48		4.33	22	0.92
ZXFB38		742	0.48		4.37	23	0.80
ZXFB39		947	0.48		4.37	23	0.63

研究了来流总压 p_0 对穿透深度的影响,如图 4.20 所示,对于 1.0 mm、1.25 mm 和 1.52 mm 的圆喷孔,保持射流出口速度 V_1 不变,尽管来流总压 p_0 变化较大,但穿透深度曲线基本没有产生变化,不同总压条件下的穿透深度曲线基本重合。说明射流穿透深度对来流总压的变化不敏感,在本节的研究工况内,总压变化在 ±13% 范围内,可以认为总压变化对射流穿透深度不产生影响。

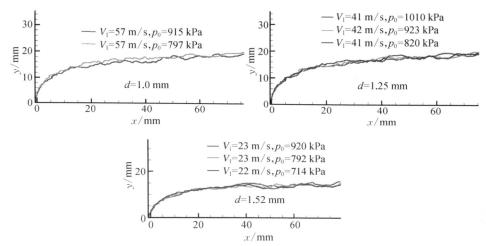

图 4.20 来流总压对穿透深度的影响

4.3 结构参数对穿透深度的影响

4.3.1 喷嘴直径的影响

在试验工况设计中,喷孔直径是一个主要的变量。液气动量通量比通过公式 (4.15) 计算得到,其中 Δp_1 为喷注压降,p_0 为气流总压,液相和气相动量通量之比转化为与喷前压力相关的表达式,即通过控制喷前压力调节液气动量通量比,在保持液气动量比一致的条件下,忽略喷空流量系数的影响,研究喷孔直径的影响。

$$q = \frac{\rho_1 u_1^2}{\rho_g u_g^2} = \frac{2\Delta p_1}{\gamma Ma^2 p_0}\left(1 + \frac{\gamma - 1}{2}Ma^2\right)^{\frac{\gamma}{\gamma-1}} \tag{4.15}$$

图 4.21 给出了在气流马赫数 2.0 条件下,水射流和酒精射流的穿透深度对

比。数据点均为 PDA 测得的射流的边界点,虚线为采用幂函数形式拟合得到的射流穿透深度曲线,横纵坐标对应了距离喷孔中心的实际距离。可以看出,随着喷孔直径的增大,射流的穿透深度显著增大,由于射流的液气动量通量比保持不变,所以这里的穿透深度的增长完全是由喷孔直径增加造成的。

穿透深度和距离喷孔的距离均采用喷孔直径进行无量纲化,图中的横纵坐标采用对数形式进行表示。由图 4.22 可以看出,无量纲化之后的穿透深度曲线几乎一致,穿透深度和喷孔直径是等比增大的。计算得到最大相对差为 2.88%,可以认为穿透深度随着喷孔尺寸的等比放大而近似成比例增大。

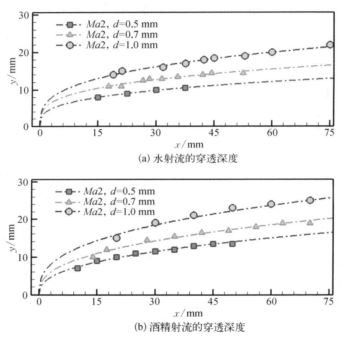

(a) 水射流的穿透深度

(b) 酒精射流的穿透深度

图 4.21　不同孔径条件下的射流穿透深度曲线

采用幂函数形式对射流穿透深度采用最小二乘法进行拟合,将该公式与试验结果进行对比,如图 4.23 所示,不同喷孔直径下的穿透深度均分布在直线附近,说明试验获得的数据点与拟合曲线吻合较好,其中酒精喷注的拟合公式为

$$\frac{y}{d} = 5.85\left(\frac{x}{d}\right)^{0.30} \tag{4.16}$$

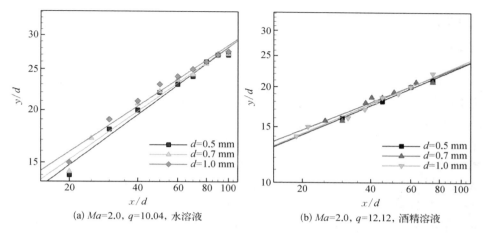

(a) Ma=2.0, q=10.04, 水溶液　　　　(b) Ma=2.0, q=12.12, 酒精溶液

图 4.22　无量纲的射流穿透深度对比

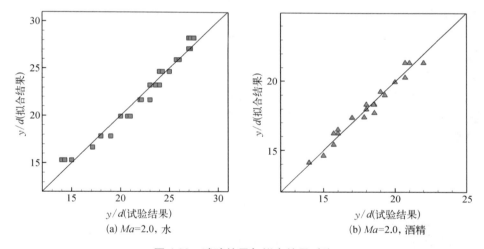

(a) Ma=2.0, 水　　　　　　　(b) Ma=2.0, 酒精

图 4.23　试验结果与拟合结果对比

水喷注的拟合公式为

$$\frac{y}{d} = 4.89\left(\frac{x}{d}\right)^{0.38} \tag{4.17}$$

此外,尽管气流条件和喷注条件完全相同,但喷注工质物性参数的不同导致了射流穿透深度的不同,酒精和水喷注的主要差距在于韦伯数上,同等气流条件下,酒精的韦伯数大于水,气动力作用相比于惯性力更强,因此射流穿透能

力减弱,射流的穿透深度减小。

4.3.2 喷嘴形状的影响

近年来,众多学者研究了喷嘴形状对静止空气中液体横向射流破碎机理的影响[9-12]。研究结果表明,非圆形孔射流可能比圆形孔射流更早发生破碎。在各种非圆形喷孔形状中,椭圆孔引起了人们的广泛关注。椭圆孔液体横向射流在表面张力的影响下,始终存在具有最小表面能的趋势。因此,一些液体不稳定性,如轴切换现象,会导致这些射流以更少的能量更快地发生一次破碎[13,14]。Amini[11]利用流体体积法对椭圆射流在横向气流中的一次破碎过程进行了数值研究。其研究结果表明,在不同的椭圆形喷嘴长短轴之比下,断裂前的液柱横截面存在显著的不同,椭圆形喷嘴长短轴之比对液体横向射流穿透深度和液滴粒径分布规律影响较大。本节基于 Xiao 等[15]使用 Fortran 语言开发的 CLSVOF 两相流求解器,开展了超声气流中液体横向射流一次破碎大涡模拟计算,着重研究不同椭圆形喷嘴长短轴之比下液体横向射流的破碎过程(横截面变形过程)、空间分布(穿透深度、展向扩展角)和气流场特征,本章的研究结果对于下文建立连续液柱模型具有重要的指导意义。

为了研究椭圆形喷嘴长短轴之比[纵横比(aspect ratio,AR)]对液体横向射流在横向气流中穿透深度的影响,将连续 22 个瞬时时刻 LS①=0 等值面进行叠加处理(图 4.24)。图 4.25 为不同 AR 值下液体横向射流在气体横流中的穿透

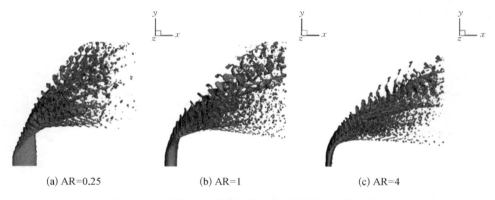

(a) AR=0.25   (b) AR=1   (c) AR=4

图 4.24 椭圆形喷嘴长短轴之比对喷雾形态的影响

---

① LS(level set)表示水平集,LS=0 表示气液界面。

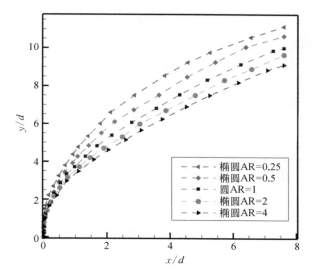

图 4.25　椭圆形喷嘴长短轴之比对射流穿透深度的影响

高度(提取液体横向射流穿透深度时,忽略了部分的孤立液滴)。在近喷嘴区域,AR 越小,穿透深度越高,这是由于随着长短轴之比的增大,垂直于横流方向液体长度变长,射流的迎风面积变大,横流对于液体横向射流的阻力变大,液体横向射流变得更加弯曲,因此穿透深度更小,其中,AR = 0.25 的椭圆孔穿透深度高出圆孔 20%,这一结论与 Dolatabadi[16] 在亚声速横流下的仿真结果一致。

4.3.3　喷注位置的影响

在凹腔燃烧室中,喷孔与凹腔的前缘的位置关系也影响着射流的空间分布,因此,试验还对液体燃料的喷注位置进行了研究,图 4.26 给出了高总温气流中的不同喷注位置条件下的射流瞬态图像。可以看出,当喷注位置距离凹腔前缘非常接近时($L_c = 7$ mm),液体燃料在离开喷孔后即刻进入燃烧室的突扩段,在射流背风面形成更低的压力,导致射流一次破碎过程中更早地发生弯曲,喷雾更容易进入凹腔。

图 4.27、图 4.28 和图 4.29 给出了不同喷注距离下,射流穿透深度曲线的对比图,两种工况均以喷注位置作为原点,其中,图 4.27 表示了 $T_0 = 300$ K 条件下的穿透深度曲线,可以看出,在常温气流条件下,由于液气动量比较大,穿透深度几乎不受影响。图 4.28 显示,当 $T_0 = 900$ K 时,在高动量通量比条件下,尽管

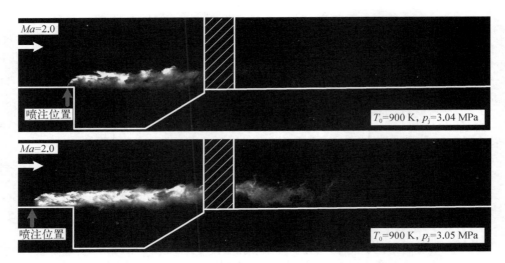

图4.26 高总温气流中不同喷注位置条件下的射流瞬态图像

在喷孔附近射流的穿透深度有所不同，但当射流达到下游时，穿透深度几乎不受影响。在低动量通量比条件下，如图4.29所示，射流的穿透深度随着流向距离增加趋于一致，当$x/d>80$，近距离喷注的射流穿透深度增幅变大，射流的穿透深度在下游存在抬升情况，原因在于对于$L_c=7$ mm的工况，射流在$x/d=80$的位置达到凹腔后缘区域，凹腔与气流之间的剪切层在凹腔后缘再附，并沿着倾斜的后缘流动，形成对射流抬升的气流，因此射流的穿透深度在凹腔后缘增加，但是这种抬升效应影响有限，当动量通量比增大时，射流穿透深度较大，本身受到凹腔后缘气流影响较小，因此在高动量通量比条件下没有出现抬升现象。

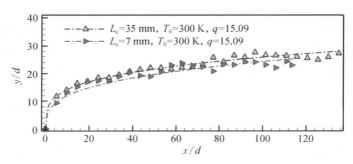

图4.27 凹腔上游喷注，$T_0=300$ K条件下的穿透深度曲线

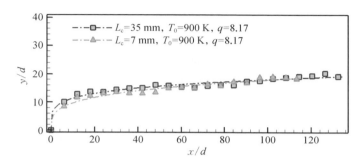

图 4.28　凹腔上游喷注，$T_0 = 900$ K 条件下的穿透深度曲线

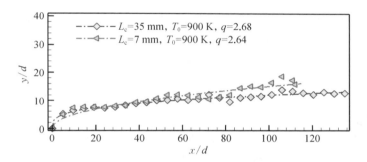

图 4.29　凹腔上游喷注，$T_0 = 900$ K 条件下的穿透深度曲线

4.4　喷雾分数与边界带

4.4.1　概念

在超声速气体湍流边界层研究中，湍流边界层边缘的形状和位置随时间剧烈变化，为了定量描述湍流边界层的位置和大小信息，提出间歇因子概念。在超声速气流中的液体横向射流雾化研究中，液体横向射流本身湍流度、气体来流脉动以及强剪切作用等因素使射流分布随着时间和空间发生不规则变化，与湍流边界层问题极为类似，为了描述这一射流振荡分布现象，借鉴气体湍流边界层研究成果[13]引入无量纲参数喷雾分数 γ，定义为空间某一点被液体喷雾包围或者占据的时间占总试验测量时间的比值，其数学表达式为

$$\gamma = \lim_{t \to \infty} \left(\frac{t_{\mathrm{spray}}}{t} \right) \tag{4.18}$$

式中，t_{spray} 为空间点被液体喷雾包围或者占据的时间；t 为试验测量总时间。由定义可知，始终被喷雾包围或者占据的空间点上喷雾分数为 1，气体主流区域喷雾分数恒为 0。

喷雾在空间中的分布是实时变化的，基于喷雾分数的定义可知，存在一个区域，对应的喷雾分数值的范围为 $\gamma \in (0, 1)$，喷雾边界始终在该区域内振荡分布，称该区域为边界带。

4.4.2 喷雾分数的计算

由于无法直接获得一段试验测量时间内某一空间点被液体喷雾包围或者占据的时长，所以在计算喷雾分数过程中采用了极限逼近的方法。在一次试验中，获取 n 个随机时刻的瞬态喷雾分布图像并构成样本空间，基于数学表达式 (4.18) 计算任意空间点被液体喷雾包围或者占据的概率值，由极限的原理可知，当样本空间足够大即样本数 n 趋于无穷大时，由样本空间计算得到的概率值即无限接近由公式 (4.19) 定义的时间比值（喷雾分数）。

具体计算过程中，对 n 幅随机的喷雾瞬态分布图像进行二值化处理，并定义被液体喷雾包围或者占据的区域灰度值为 255，气体主流区域灰度值为 0。针对样本中 n 幅图像进行统计，基于公式 (4.20) 每次计算一个固定空间点（以 1 像素为最小计算单位）被液体包围或者占据的概率值，当样本数 n 趋近于无穷大时，此概率值即为该空间点处的喷雾分数。

$$\gamma = \frac{1}{255} \lim_{n \to \infty} \left(\sum_n^1 \frac{g_i}{n} \right) \tag{4.19}$$

式中，g_i 代表样本中第 i 幅二值化的喷雾瞬态分布图像中待计算空间点处的灰度值（该空间点被液体喷雾包围或者占据时 $g_i = 255$，否则 $g_i = 0$）；n 为样本数。

图 4.30 所示为分别采用 40 幅、80 幅和 120 幅随机图像分析获得的整场喷雾分数分布。比较发现，样本数为 40 时的 γ 云图颜色变化不连续且等值线分布不整齐，与样本数为 80 时的 γ 分布区别较大；当样本数从 80 增加到 120 时 γ 分布的云图和等值线图整体上变化不大，这说明样本数 80 足够大，由此统计获得的喷雾分数分布可以反映实际的喷雾分数分布情况。因为样本数越大，计

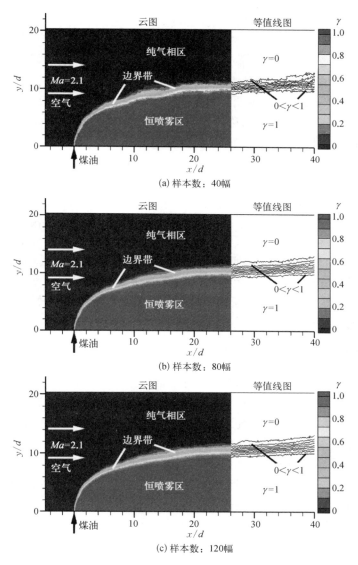

图 4.30 样本数 *n* 对喷雾分数分布云图影响

算获得的概率值越接近喷雾分数真实值,后续数据分析全部基于样本数 *n* = 120 进行。

如图 4.30 所示,喷雾分数分布云图由三部分特征组成,分别为喷雾分数 *γ* =

1 的纯红色部分、喷雾分数 $\gamma = 0$ 的纯蓝色部分和喷雾分数为 0~1 的颜色渐变部分,其中喷雾分数 $\gamma > 0$ 的区域为液雾可能到达的区域。喷雾分数能直观反映出液体横向喷雾的分布及振荡特性。喷雾分数恒为 1 说明喷雾能够始终包围或覆盖该区域,任意时刻的喷雾边界均位于该区域以上的位置,不妨称为"恒喷雾区";喷雾分数恒为 0 说明液体不会到达该区域,该区域只存在单气相,不会发生任何的气液混合,不妨称为"纯气相区";喷雾分数为 0~1 说明喷雾边界处于该区域内,且喷雾边界在该区域范围内振荡,该区域即为"边界带"区域。边界带由多条 γ 等值线组成,任意一条 γ 等值线均可认为是喷雾的时均边界,其中 $\gamma \to 0$ 代表的边界即为传统意义上的穿透深度。

从图中喷雾分数 $\gamma \in (0, 1)$ 区域分布随流向(x+方向)的变化可以发现,在喷孔出口位置附近($x/d<2$),喷雾分数 $\gamma \in (0, 1)$ 区域薄,说明喷雾边界在喷孔附近的振荡幅度小,该区域内的边界振荡是因为表面波的发展和运动造成的,因为在表面波产生和发展的初始阶段,表面波振幅非常小,约为 $0.1d$,所以对应区域的喷雾分数会在更短的空间距离上完成从 0 到 1 的增加。随着流向距离(x/d)的增加,边界带不断增厚,喷雾边界振荡幅度不断增大,且喷雾边界振荡幅度的增长速度逐渐减缓。

4.4.3 多参数协同作用规律

图 4.31 所示为工况"ZXFB28"条件下液体流场喷雾分数的分布情况。喷雾边界始终处于图中彩色区域所代表的边界带区域内振荡,边界带内的喷雾分数在 0~1 分布,喷雾分数的数值代表当地能被喷雾覆盖到的概率,喷雾分数越小,代表当地存在液体的概率越小。

从图 4.31 中可以看出,边界带的宽度沿流向逐渐增加,变化趋势与穿透深度相似,在 x/d 较小时,边界带宽度增加较快,随着 x/d 的增加,边界带宽度增加速度逐渐变缓。图中针对 5 个流向位置,对边界带内喷雾分数沿纵向的分布进行研究,固定 x/d 位置,将喷雾分数随纵向高度的变化以图表形式给出,从图中可以看出,在 $x/d = 10$、$x/d = 20$、$x/d = 30$、$x/d = 40$ 和 $x/d = 50$ 五个位置上,喷雾分数 γ 在边界带内沿纵向上几乎呈线性变化。从图中还发现,$\gamma = 0.5$ 始终处于边界带中心位置上,以 $\gamma = 0.5$ 为中心,不同 γ 值对应的空间位置偏离 $\gamma = 0.5$ 对应位置的幅度几乎完全对称。

图 4.32 所示为工况"ZXFB07"条件下液体流场喷雾分数的分布情况。从图中可以看出,边界带宽度沿流向先快速增加,然后增加速度变缓。在 $x/d = 10$、

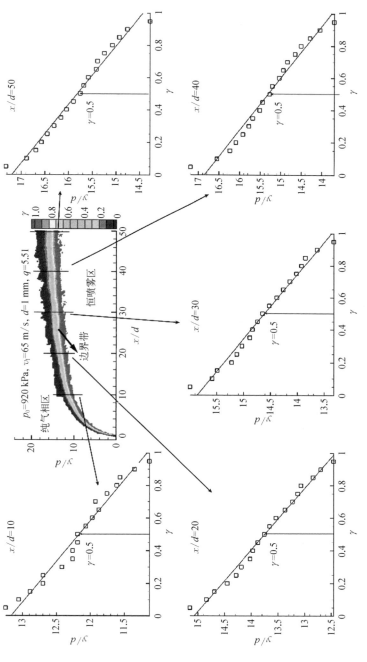

图 4.31　工况"ZXFB28"条件下液体流场喷雾分数的分布

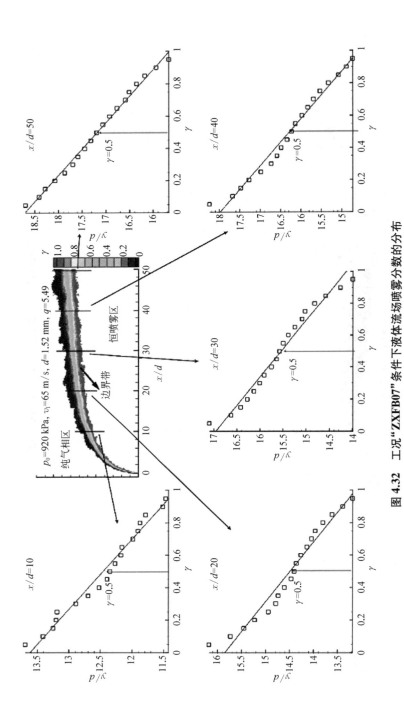

图 4.32 工况"ZXFB07"条件下液体流场喷雾分数的分布

$x/d = 20$、$x/d = 30$、$x/d = 40$ 和 $x/d = 50$ 五个位置上, 喷雾分数 γ 在边界带内沿纵向的线性变化规律几乎与工况"ZXFB28"条件下表现相同。

图 4.33 显示的是具有不同来流总压(p_0)/射流速度(v_1)/喷嘴流道直径(d) 的几个工况条件下边界带喷雾分数的分布情况。通过所列全部工况进行喷雾分数分布规律研究发现, 不同工况参数条件下, 射流边界带宽度沿流向的变化趋势相同, 均表现出随着流向距离(x/d)的增加, 边界带宽度不断增加。并且边界带可以以 $\gamma = 0.5$ 为界分为上下两个部分, γ 越大或越小, 对应的边界位置距离 $\gamma = 0.5$ 等值线越远, 且距离与 $\gamma - 0.5$ 的绝对值呈线性关系。

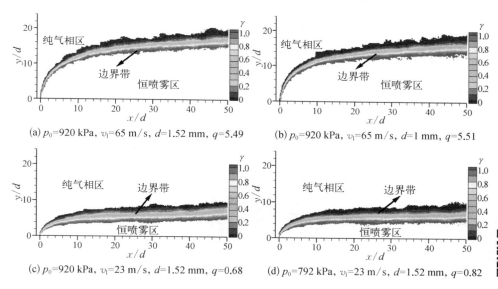

(a) p_0=920 kPa, v_1=65 m/s, d=1.52 mm, q=5.49　　(b) p_0=920 kPa, v_1=65 m/s, d=1 mm, q=5.51

(c) p_0=920 kPa, v_1=23 m/s, d=1.52 mm, q=0.68　　(d) p_0=792 kPa, v_1=23 m/s, d=1.52 mm, q=0.82

图 4.33　多参数协同作用对边界带的影响

4.4.4　纵向边界带模型

由 4.4.3 节讨论可知, 喷雾分数 γ 能够定量描述射流的振荡分布, 边界带宽度沿 $x+$ 方向的变化趋势与射流穿透深度变化规律一致。以 $\gamma = 0.5$ 等值线为界, 在同一 x/d 位置上, γ 沿纵向向上减小和向下增加的速度基本一致, 且近似呈线性变化, $\gamma = 0.5$ 等值线在边界带内的相对位置也比较稳定。基于以上研究结论, 借鉴射流穿透深度公式的幂函数形式, 构造包含喷雾分数 γ 的射流边界带经验模型如式(4.20)所示:

$$h/d = a_1 q^{b_1}(x/d)^{c_1} - a_2 q^{b_2}(x/d)^{c_2}(\gamma - 0.5) \tag{4.20}$$

式中,等式右边第一项为 $\gamma = 0.5$ 对应的边界;第二项为不同 γ 值对应边界距离 $\gamma = 0.5$ 边界线的纵向距离;a_1、b_1、c_1、a_2、b_2、c_2 为待定的常系数。当 $\gamma = 0$ 时,式(4.20)退化为传统的穿透深度经验公式。

假设不同工况下边界带宽度与 $\gamma = 0.5$ 代表的射流纵向高度存在正比关系,则公式(4.20)可以进一步简化,如式(4.21)所示:

$$h/d = [a - e(\gamma - 0.5)]q^{b_1}(x/d)^c \tag{4.21}$$

因为 $\gamma = 0.5$ 对应边界在边界带内的相对位置比较稳定,在对公式(4.21)中常系数进行优选时,首先令 $\gamma = 0.5$,基于图4.34全部工况下 $\gamma = 0.5$ 对应边界曲线的拟合所示工况下 $\gamma = 0.5$ 的全部试验数据,通过数据处理,得到最优结果如式(4.22)所示,其中,拟合结果与试验数据的相关系数为0.9595,拟合标准差为0.7673。图4.34全部工况下 $\gamma = 0.5$ 对应边界曲线的拟合显示的是公式(4.22)对全部工况下 $\gamma = 0.5$ 对应边界曲线的拟合效果:

$$h/d = 2.95q^{0.44}(x/d)^{0.26} \tag{4.22}$$

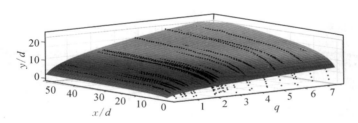

图4.34　全部工况下 $\gamma = 0.5$ 对应边界曲线的拟合

另外,在确定了常系数 $b = 0.44$、$c = 0.26$ 后,本节还对 $\gamma = 0.1$、0.3、0.7、0.9 等几条对应边界单独进行了数据拟合,得到的拟合结果分别对应公式(4.23)~公式(4.26),且拟合公式与试验数据吻合良好,两者之间的相关系数均大于0.95,拟合标准差分别为0.8915、0.7958、0.7608和0.7908。

$$h/d = 3.286q^{0.44}(x/d)^{0.26}, \ \gamma = 0.1 \tag{4.23}$$

$$h/d = 3.082q^{0.44}(x/d)^{0.26}, \ \gamma = 0.3 \tag{4.24}$$

$$h/d = 2.836q^{0.44}(x/d)^{0.26}, \ \gamma = 0.7 \tag{4.25}$$

$$h/d = 2.689q^{0.44}(x/d)^{0.26}, \ \gamma = 0.9 \qquad (4.26)$$

从公式(4.23)~公式(4.26)中可以看出,随着 γ 的增加,对应边界的拟合公式中常系数项 a 的值均匀递减,通过对 $\gamma = 0.1$ 到 $\gamma = 0.9$ 之间以 0.05 为步进长度的所有边界数据进行提取,基于所得数据对纵向边界带模型进行最终的拟合,公式(4.27)即为纵向边界带模型的经验公式,对应的拟合标准差为 0.982 5:

$$h/d = [\,2.95 - 0.85(\gamma - 0.5)\,]q^{0.44}(x/d)^{0.26} \qquad (4.27)$$

当 $\gamma \to 0$ 时,纵向边界带模型退化为传统穿透深度模型;当 $\gamma \to 1$ 时,纵向边界带模型代表射流振荡区域的最内边沿;当 $\gamma \in (0, 1)$ 时,根据 γ 取值不同,纵向边界带模型按射流边界活跃频率对边界带进行分区,定量描述射流的振荡分布。

图 4.35 所示为采用纵向边界带模型对圆柱水射流垂直喷入 $Ma2.1$ 气流中的射流振荡分布进行预测的效果,验证试验为图 4.35 所述的基准试验,喷孔直径为 1.0 mm,液气动量通量比为 3.8。从图中可以看出,纵向边界带模型预测得到的射流边界带区域（$0 < \gamma < 1$）与试验结果（云图及等值线图）吻合较好。通过计算,在 $0<x/d<34$ 区域内,边界带模型对边界带内 $\gamma = 0.5$ 边界的预测误差平方和均值为 0.04,对射流穿透深度（$\gamma = 0$）的预测误差平方和均值为 0.08,对边界带内液核区边界（$\gamma = 1.0$）的预测误差平方和均值为 0.08。

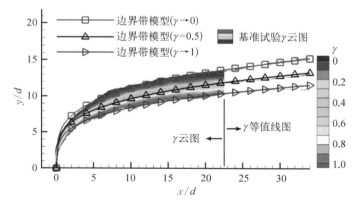

图 4.35　边界带模型预测效果

用于检验的基准试验工况参数: 喷射介质为水;喷孔直径 $d = 1.0$ mm;
喷注压降 $p_{\mathrm{l}} = 1.49$ MPa;马赫数 $Ma = 2.1$;液气动量通量比 $q = 3.8$

4.5　小结

　　本章针对超声速气流中液体横向射流喷雾的穿透深度特性进行了深入研究,建立了穿透深度的数学模型,研究了工作参数和结构参数对喷雾穿透深度的影响,提出了喷雾分数和边界带的概念。

　　(1)针对光学成像方法在穿透深度研究中的不足,利用脉冲激光背景成像方法成功解决了这一问题。分析了穿透深度在表征射流纵向分布时的不足,即穿透深度不能描述纵向边界的振荡特性;穿透深度无法定量描述喷雾边缘的喷雾浓度变化;喷雾边缘的喷雾非常稀薄。

　　(2)提出无量纲参数喷雾分数 γ 代替穿透深度表征液体射流在纵向的空间分布特征,对喷雾分数计算方法做了详细介绍,并基于喷雾场喷雾分数分布进一步提出边界带概念和边界带模型。特别地,当喷雾分数 $\gamma \rightarrow 0$ 时,边界带模型退化成传统的穿透深度经验公式。

参考文献

[1]　李春.超声速气流中液体横向射流结构特性试验研究[D].长沙:国防科技大学,2013.

[2]　仝毅恒.横向气流中液体射流喷注特性和破碎过程研究[D].长沙:国防科学技术大学,2012.

[3]　仝毅恒,李清廉,吴里银,等.超声速气流中液体横向射流组合喷注特性实验[J].国防科技大学学报,2014,36(2):73-80.

[4]　李晨阳.超声速来流凹腔燃烧室中液体射流喷雾特性研究[D].长沙:国防科技大学,2021.

[5]　Bellofiore A, Cavaliere A, Ragucci R. Air dendity effect on the atomization of liquid jets in crossflow[J]. Combustion science and technology, 2007, 179: 319-342.

[6]　Yoon H J, Hong J G, Lee C W. Correlations for penetration height of single and double liquid jets in cross flow under high-temperature conditions[J]. Atomization and Sprays, 2011, 21(8): 673-686.

[7]　Miller R S, Harstad K, Bellan J. Evaluation of equilibrium and non-equilibrium evaporation models for many-droplet gas-liquid flow simulations[J]. International Journal of Multiphase

Flow, 1998, 24(6): 1025 - 1055.

[8]　李佩波.超声速气流中横向喷雾的混合及燃烧过程数值模拟[D].长沙：国防科技大学,2019.

[9]　Bechtel S E, Cooper J A, Forest M G, et al. A new model to determine dynamic surface tension and elongational viscosity using oscillating jet measurements[J]. Journal of Fluid Mechanics, 1995, 293: 379 - 403.

[10]　Kasyap T V, Sivakumar D, Raghunandan B N. Flow and breakup characteristics of elliptical liquid jets[J]. International Journal of Multiphase Flow, 2009, 35(1): 8 - 19.

[11]　Amini G D A. Axis-switching and breakup of low-speed elliptic liquid jets[J]. International Journal of Multiphase Flow, 2012, 42: 96 - 103.

[12]　Wang F J, Fang T G. Liquid jet breakup for non-circular orifices under low pressures[J]. International Journal of Multiphase Flow, 2015, 72: 248 - 262.

[13]　Marzbali M. Penetration of circular and elliptical liquid jets into gaseous crossflow [D]. Montreal: Concordia University, 2011.

[14]　Jadidi M S, Dolatabadi A. Breakup of elliptical liquid jets in gaseous crossflows at low Weber numbers[J]. Journal of Visualization, 2018, 22(2): 259 - 271.

[15]　Xiao F, Dianat M, McGuirk J J. LES of turbulent liquid jet primary breakup in turbulent coaxial air flow[J]. International Journal of Multiphase Flow, 2014, 60: 103 - 118.

[16]　Dolatabadi E F A. Breakup simulation of elliptical liquid jet in gaseous crossflow[J]. AIAA Journal, 2012, 12(6): 605 - 609.

第5章　超声速气流中液体横向射流喷雾分布特性

在超声速气流中,液体圆柱横向射流垂直进入气体,在气动力的作用下向下游弯曲,并伴随射流柱三维空间内的变形和破碎,最终形成三维的喷雾空间分布状态。早期研究中[1-4],射流穿透深度、展向扩展宽度以及横截面形态分布是描述喷雾空间分布的常用特征参数,但对于超声速气流中液体横向射流的三维空间分布的整体描述目前仍缺少系统性的研究,三维空间分布模型的缺乏妨碍了人们对超声速气流中液体横向射流问题的认识。

本章基于 PIV 系统和气液两相大涡模拟程序,对沿流向不同横截面上的喷雾分布开展了瞬态和时均两种状态的研究,分析了横截面喷雾的分布规律,采用喷雾分数概念定量化描述喷雾在三维空间内的振荡分布特性,分析了"Ω"形喷雾分布横截面形成机理,研究了影响横向射流喷雾展向宽度的主要因素,建立超声速气流中液体横向射流喷雾的三维分布数学模型。结合前面几章对液体横向射流在超声速气流中的破碎、雾化研究结果,进一步提出超声速气流中液体横向射流喷雾的拓扑结构模型。

5.1　横截面喷雾分布特性

5.1.1　瞬态结构

图 5.1 给出了相同工况下四个随机时刻的横截面液雾瞬态分布,图中显示的是中心对称截面一侧的分布结果。从图中可以发现,不同时刻的横截面液雾分布形状完全不同,纵向高度、展向宽度以及液体所占的区域面积等都随时间发生剧烈变化,呈现强烈的非定常特性[5]。

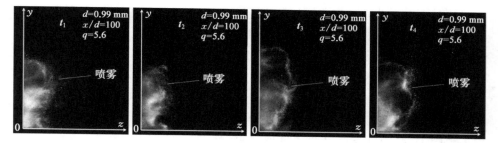

图 5.1　横截面分布的瞬态特性

5.1.2　喷雾分数的分布规律

图 5.2 所示为某一横截面上喷雾分数 γ 的计算过程和结果。在计算过程中,首先采用 Otsu[6] 方法对横截面上的瞬态喷雾图像的前景和背景进行区分,利用最佳阈值对图像进行二值化处理,然后基于同一工况下的瞬态图像构建样本空间,进而根据喷雾分数的计算式(5.1)逐点对喷雾分数数值进行计算:

$$\gamma = \frac{1}{255} \lim_{n \to \infty}\left(\sum_n^1 \frac{g_i}{n}\right) \tag{5.1}$$

最终得到如图 5.2 所示的喷雾分数分布云图和等值线图。图中的对称分布结果由镜像方法得到,其中左半部分为 γ 分布云图,右半部分为 γ 分布的等值线图,对应 γ 值分别为 0.1、0.3、0.5、0.7 和 0.9。

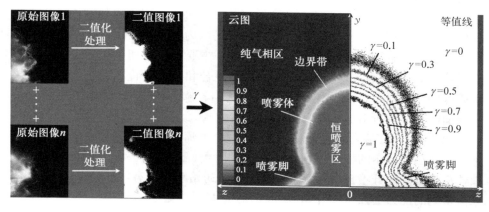

图 5.2　横截面喷雾分数分布

横截面上 γ 分布云图由三部分特征组成,分别是 $\gamma=1$ 的纯红色部分、$\gamma=0$ 的纯蓝色部分和 γ 为 0~1 的颜色渐变部分,其中 $\gamma>0$ 的区域为液雾可能到达的区域。γ 能直观反映出液雾的分布及振荡特性。γ 恒为 1 说明喷雾能够始终包围或覆盖该区域,称为"恒喷雾区";γ 恒为 0 说明液体不会到达该区域,该区域只存在单气相,称为"纯气相区";喷雾分数为 0~1 说明喷雾边界处于该区域内,且喷雾边界在该区域范围内振荡,称为"边界带"区域。

从图中可以看出,横截面 γ 等值线呈"Ω"形分布,可以分为喷雾体(spray body)和喷雾脚(spray foot)两部分,其中贴近喷注壁面并沿展向向外延伸的喷雾部分称之为喷雾脚。根据前期的研究[7],液体圆柱射流进入超声速气流中后,在气液剪切作用下有大量小液滴从射流柱上剥离,这一剥离过程在射流根部的亚声速区、表面波主导破碎区的表面波发展区以及射流柱断裂位置附近均有发生,其中边界层内的小液滴因为边界剪切层的存在不易再进入主流区域;同时大量小液滴在产生之初分布在壁面附近,在向下游的运动过程中,一部分小液滴通过壁面剪切层进入边界层内,边界层内小液滴的存在和运动是喷雾脚产生和发展的根本原因。喷雾脚内液体占据总液体体积很小一部分,大部分液体集中分布在喷雾体部分,喷雾在空间的扩散及其与气体的混合决定了横截面分布中喷雾体的形状。

5.1.3　喷雾分数的参数影响规律

图 5.3 显示了在喷孔直径和液气动量通量比不变的条件下喷雾横截面分布随流向距离 x 的变化过程。从图中可以看出,随着 x 的增加,横截面上喷雾逐渐向周围扩展,使喷雾横截面面积不断增加。$x<50$ mm 时喷雾横截面面积沿流向的增加速度相对于 $x>50$ mm 时更大。这是因为在 $x=50$ mm 位置处,射流的雾化和混合基本完成,喷雾继续向下游发展,主要是在剪切作用下进一步完成与气体的混合,喷雾向外围缓慢扩散,这种混合和扩散过程相对于表面波主导破碎区的气液混合过程要温和很多。另外,当 x 越大,喷雾脚沿展向扩张,且距离壁面的距离有所增加。

图 5.4 显示了在相同流向位置上,同一个喷嘴在不同液气动量通量比条件下喷雾横截面分布的变化过程。对于同一喷嘴,随着液气动量通量比的增加,液体流量以及离开喷孔后射流轴向和周向的初始动量均有增加,液体克服气体来流影响的能力更强,在纵向和展向上的能够到达更远的位置,所以喷雾横截面的面积随 q 的增加而增加。从图中还可以发现,随着液气动量通量比的增

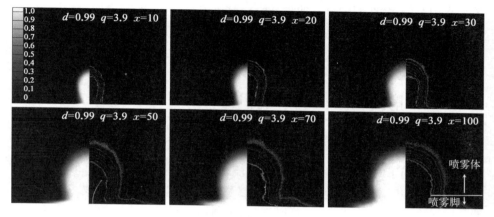

图 5.3　喷雾横截面分布沿流向的发展

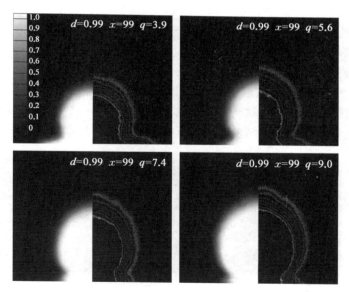

图 5.4　液气动量比对喷雾横截面分布的影响

加,喷雾脚在展向上的相对位置有向内收缩的趋势,但不同液气动量通量比下喷雾脚的绝对位置几乎相同。这是因为喷雾脚部分在边界层内的扩散相对独立,尽管 q 不同,但是在相同的下游位置上,喷雾脚在展向上能够达到的距离基本相同。当 q 较小时,喷雾的整体分布位置较低,进入边界层形成喷雾脚部分的喷雾相对较多，在图中显示的喷雾脚相对更清晰，随着 q 的增加，喷雾分布总体向上提升，进入边界层形成喷雾脚的液体量相对减少，随着在展向的扩展，距离中心越远的位置液体越少，直至不可见。

5.2 "Ω"形喷雾横截面形成机理

5.2.1 喷雾的气相流场研究

首先采用了时间平均的结果对气相流场进行讨论，图 5.5 给出了喷雾中心对称面的气相流场流线和马赫云图，可以看出，气流以 $Ma2.85$ 进入试验段，在遇到射流之后，形成弓形激波，将射流"包裹"住，经过弓形激波的非喷雾区的气流大部分为超声速，马赫数在 2.5 左右。在喷雾区，气流受到阻碍，马赫数减小，在射流的背风面，气流变为亚声速。需要注意的是，由于数值方法采用的是离散相模型，因此，不存在射流的一次破碎过程，所以流线会在中心对称面穿过喷孔出口的区域，在实际物理过程中，这里应当被连续的液柱所阻挡。尽管采用了离散的液滴代替射流喷注初始阶段的破碎过程，但一些典型的流场结构能够捕捉到，图 5.6 给出了射流近场的局部放大图像，可以看到在喷孔出口前方形成的分离区，高度为 $y/d=1$，这与吴里银的试验结果取得一致[5]，比较准确地反映了超声速气流中在液体横向射流影响下的气相流场的基本特征。

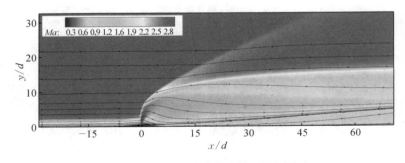

图 5.5 气相流场流线和马赫云图（全场）

气流和喷雾的相互作用必然引起压力场的重新平衡，图 5.7 展示了中心对称面的气相流场流线和压力云图，其中 p 为静压，采用总压 p_0 无量纲化。可以看出，超声速气流经过射流之后，伴随着速度的减小，气流动压减小，而静压升

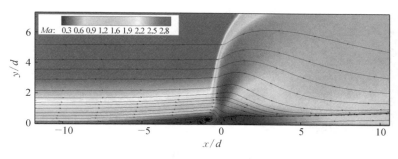

图 5.6　气相流场流线和马赫云图(局部)

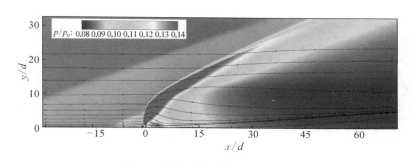

图 5.7　气相流场流线和压力云图

高,在弓形激波之后形成了高压区。当流向距离 $x/d>20$ 之后,静压才开始恢复,这种压力分布体现在横截面上特征尤为明显。

图 5.8 给出了不同流向位置横截面气相压力云图和流线,其中,红色区域是弓形激波后产生的高压区。随着流向距离的增加,高压区位置上移,在 $x/d=75$ 处基本消失。通过横截面的变化,可以看出反转旋涡对(counter-rotating vortex pair,CVP)的产生和发展。在 $x/d=20$ 的横截面上,有两对已经形成的 CVP,一对是在横截面两侧,由射流迎风面的分离区诱导而产生,称作马蹄涡。另一对在横截面中心底部,是主流绕过连续的射流柱朝背风低压区运动而导致的,称作壁面 CVP。随着流向距离的增加,马蹄涡和壁面 CVP 都在增长扩大,在横截面喷雾的中部,由于气流的相对运动,也产生了一对旋涡结构,称为中部 CVP。中部 CVP 虽然出现稍晚,但由于占据喷雾中部较大空间,因此发展迅速,当 $x/d=75$ 时,壁面 CVP 和上部 CVP 扩张至相互接触,增强了喷雾与气流的掺混效果[8]。

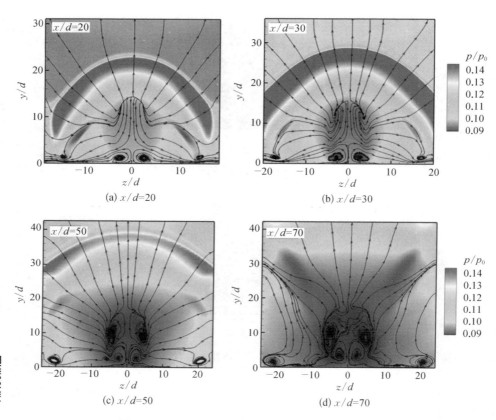

图 5.8　不同流向位置横截面气相压力云图和流线

　　为了揭示气相压力对液滴的作用方向,图 5.9 给出了气相的压力梯度云图。蓝色表示负方向的压力梯度,红色表示正方向的压力梯度。在图 5.9(a)的纵向方向上,正压力梯度在横截面的上半部分形成,使液滴向外扩展。然而,弓形激波后形成的负压梯度包围了红色区域,阻碍了喷雾的扩展。在近壁面区,负压梯度与壁面 CVP 相结合,促进液滴向壁面扩散。在图 5.9(b)的展向方向,压力梯度呈现对称分布,最外层的高压梯度阻止液滴向侧面扩展,而内部的压力梯度促使液滴向相反方向扩展。此外,在横截面上还存在一对相反的压力梯度。该压力区域具有与最外层压力梯度相似的压缩效应,使得横截面喷雾在靠近壁面的位置向内收缩。

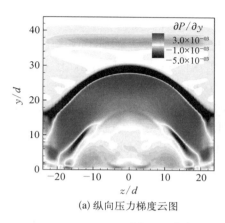
(a) 纵向压力梯度云图

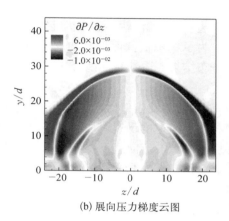
(b) 展向压力梯度云图

图 5.9　气相压力梯度云图$(x/d=30)$

5.2.2　"Ω"形分布形成机理

　　根据研究结果,吴里银等[8]认为,横截面形状与射流的穿透深度密切有关,研究发现只有在适中的液气动量比条件下才会形成"Ω"形状,采用蛋圆曲线和抛物线函数来分别描述"Ω"横截面的喷雾体和喷雾脚部分。根据李春[3]的研究,试验工况下的边界层厚有 2~3 mm 的尺度,而试验中横截面在展向上突变的高度 $4d$~$6d$,恰好对应边界层的厚度。研究进一步认为进入边界层的小液滴是形成喷雾脚的根本原因,但是液滴如何进入边界层,又如何跟随气流运动,尚未完全讨论清楚。图 5.10 为横截面形状转化的示意图,假定射流穿透深度足够大的工况下,横截面完全脱离壁面边界层,此工况下横截面近似看成一个圆形,当射流穿透深度没有达到脱离的程度,横截面的下半圆与壁面边界层发生质量输运,则会形成"Ω"形状的分布,当射流穿透深度非常小,横截面大部分都在与

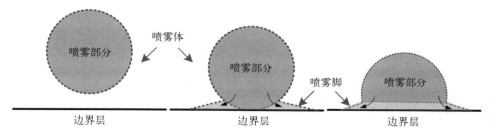

图 5.10　横截面形状转化示意图

壁面边界层接触,就会形成标准"Ω"形甚至圆弧状的分布。

为了揭示横截面形状的形成机理,借助数值模拟结果,可以获得液相的速度分布结果。图 5.11 和图 5.12 分别给出了流向和纵向速度云图,其中,u 为流向速度,u_∞ 为来流速度,v 为纵向速度,u_j 为射流出口速度。从流向速度云图来看,液相从喷孔出口射入气流后,平均流向速度几乎为 0,随着流向距离的增加,液相的流向速度迅速增加,喷雾外缘的羽流区域首先达到气流速度的 90%,喷雾中心区域的流向速度仅能达到气流速度的 50%。从纵向速度云图来看,液滴在进入横向气流之后,就出现了明显的分化,一部分液滴在气流作用下向上扩散,另一部分液滴向壁面扩散,中间白色部分即为纵向速度为 0 的部分,这种现象是气液相互作用的结果,图 5.13 给出了气相流场的纵向速度云图,可以看到大部分区域的纵向速度接近 0 值,在射流的迎风面形成了向上的纵向速度,在射流的背风面形成了负向的纵向速度,在这种气相流场的影响下,液滴的运动发生了图 5.12 中的分化,这种液滴的运动趋势的不同,体现在横截面喷雾上就是特定横截面喷雾形状形成。

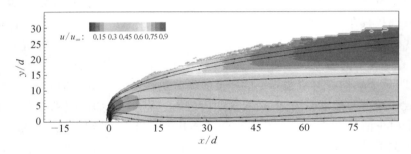

图 5.11 液相流线和流向速度云图

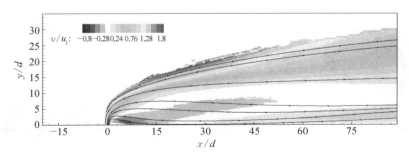

图 5.12 液相流线和纵向速度云图

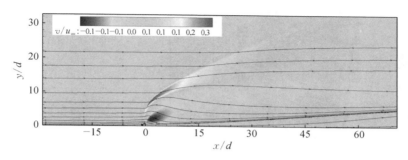

图 5.13　气相流场流线和纵向速度云图

图 5.14、图 5.15、图 5.16 分别给出了三个横截面的实验和仿真结果对比。以图 5.14(a)所示为例,展示了 $x/d=20$ 横截面平均纵向速度分布,左半边是数值模拟结果,显示了液滴纵向速度云图和流线,右半边是实验结果,为了区分明显,这里将速度为 0 的部分用白色显示,以白色条带划分了正向速度和负向速度。仿真和试验结果显示,仿真结果在横截面形状上与试验结果有所差异,主要体现在近壁面的喷雾脚上,但喷雾主要区域的高度宽度都与试验结果取得了很好的一致性,特别在速度分布规律上,仿真结果很好地模拟了实际横截面喷雾的速度分布特征,为进一步分析液滴运动规律奠定了基础。为了方便比较不同流向距离的速度分布差异,图 5.14~图 5.16 实验和仿真数值结果对

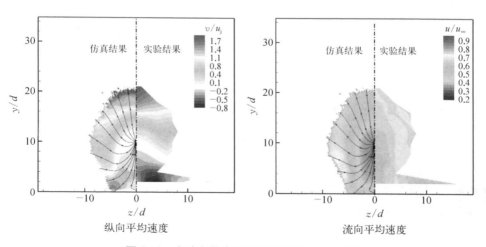

纵向平均速度　　　　　　　　流向平均速度

图 5.14　实验和仿真数值结果对比($x/d=20$)

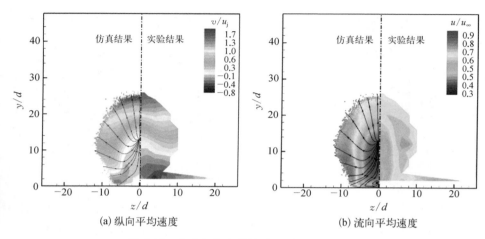

(a) 纵向平均速度　　　　　　　　　　(b) 流向平均速度

图 5.15　实验和仿真数值结果对比($x/d=30$)

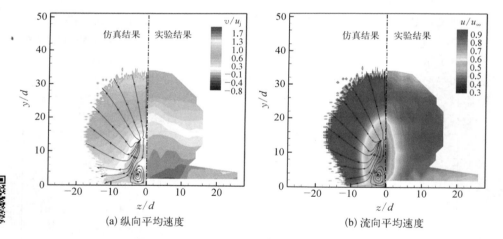

(a) 纵向平均速度　　　　　　　　　　(b) 流向平均速度

图 5.16　实验和仿真数值结果对比($x/d=75$)

比($x/d=75$)都采用了相同的图例。此外,对于仿真结果,纵向速度采用射流在喷孔出口的理论速度无量纲化,而纵向速度则采用$Ma=2.85$对应的超声速气流的速度进行无量纲化。如图 5.14 所示,在$x/d=20$的横截面上,平均纵向速度分布从横截面顶端到底部存在明显差异,颜色从深红到深蓝色不等,由于位置靠近喷孔,横截面的平均流向速度总体都维持在较低值。随着流向距离加到

$x/d=75$,如图 5.15(a)所示,平均纵向速度减小,速度值分布在绿色和蓝色区域,而图 5.15(b)则显示除了中心区和近壁区,横截面总体速度均超过了气流速度的 80%。

图 5.14(a)中的流线分布表明,液滴的运动方向均是从横截面中心向四周扩散,0 值速度带由横截面中心 $y/d=10$ 的高度向外延伸至 $y/d=3$ 的高度,而流线在 $y/d<10$ 的区域内也呈现先下降后上升的变化趋势,这主要是受到气相流场的旋涡对的影响,对比可以看出,流线的方向与当地的 CVP 的方向是一致的,由于液相流向速度远大于纵向速度,液滴流向的动量占主导,因此气相流场中存在的 CVP 不足以带动液相形成同样的旋涡对结构,只能使得部分液滴具有运动趋势,形成图中的流线分布。

根据图 5.16(a)所示,在 $x/d=75$ 的横截面底部形成了与气场 CVP 相同的结构,液滴在近壁面处中心处形成旋涡对。事实上,液相壁面 CVP 的出现和喷雾脚的产生都表明边界层与喷雾区之间存在着复杂的相互作用和输运过程。喷雾中心的液滴在气流的作用下向壁面运动,在接近壁面的时候,一部分较小的液滴以较低的动量流入气流的旋涡,向下游发展。另外一些动量较大的液滴不受壁面 CVP 的影响,沿壁面向外移动,远离中心区,发展出"喷雾脚"的结构。

5.3　横向射流喷雾展向宽度影响规律

5.3.1　喷嘴形状的影响

研究喷雾的展向扩展角是另一个评价液体横向射流空间分布的重要指标[9,10]。图 5.17 右上角对于展向扩展角进行了定义,在二维俯视视角下,自喷孔中心到喷雾两侧最外缘的液滴做直线,所夹角度即为展向扩展角。图 5.17 表示的是不同 AR 值下射流的展向扩展角,相较于椭圆孔射流,圆孔射流拥有最大的展向扩展角 50.2°,且无论增加或减少 AR 值,喷雾的展向扩展角均在变小。通过横截面的变形情况(图 5.17)可以更好地理解出现这种现象的原因,由于圆孔射流的表面破碎发生较晚,横截面较宽,且液滴破碎后向展向飞溅,因此,扩展角度就会增大。而对于椭圆孔射流,液滴从侧面剥离后,更多地沿轴向飞溅,因此,扩展角度较大。

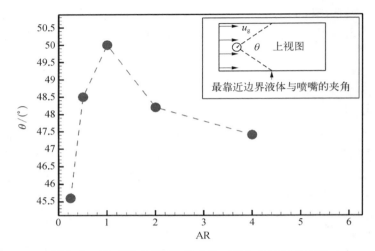

图 5.17 椭圆形喷嘴长短轴之比对展向扩展角的影响

5.3.2 喷注压力的影响

进行 PIV 试验时激光平面位于射流上方 15 mm 位置处，Gk－0.5 中的射流穿透深度小于 10 mm，其主流未到达激光所在平面，所以对射流展向特性的研究只对 Gk－P1、Gk－JZ 和 Gk－P4 的结果进行对比讨论。工况参数见表 4.1。

对比图 5.18 中不同工况射流展向发展结果发现，当射流的喷注压降增大时，射流在距离喷注面板同一高度的平面内展向扩展变大，试验中 Gk－P0.5 的射流只有小部分离散的液滴进入激光平面内，而 Gk－P4 中在激光平面内的液雾大部分较浓密，或是较大的喷雾团，在射流的较下游位置才有较好的雾化效果，形成较离散的液滴[11]；对比 Gk－JZ 和 Gk－P4 的结果发现，两工况下射流主流都在激光平面内，但是 Gk－P4 的液雾浓度大于 Gk－JZ 的液雾浓度，这是由于增大喷注压降时，增大了液体横向射流的流量，射流由喷孔喷出至同一平面位置后，质量流量大的喷注方式产生的液雾更加稠密。同时对比三幅图像中射流到达激光平面的位置发现，增大射流喷注压降，射流主流达到激光平面的位置提前，这是由于射流初始动量增加，其在受到气体的横向作用力后射流初始方向动量保持的时间更久，作用的距离更大，这也是射流穿透深度随射流喷注压降增大而增加的原因。射流在展向的最大扩展范围的二值图如图 5.19 所示。

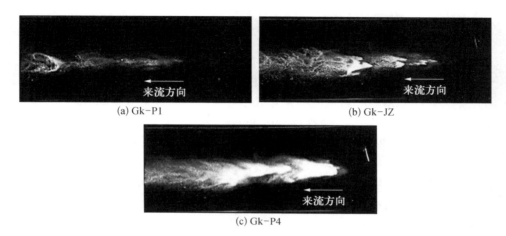

(a) Gk-P1　　　　　　　　　　　　　　　　(b) Gk-JZ

(c) Gk-P4

图 5.18　不同喷注压降射流展向分布 PIV 试验原始图像

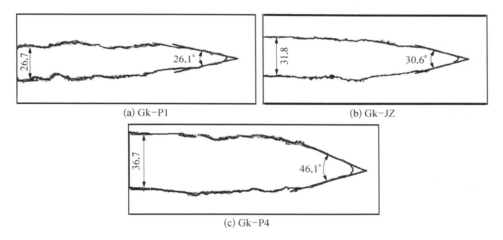

(a) Gk-P1　　　　　　　　　　　　　　　　(b) Gk-JZ

(c) Gk-P4

图 5.19　不同喷注压降射流展向扩展特性(单位: mm)

由图 5.19 中可见,在同一高度平面上,液体射流的展向扩展角随着射流喷注压降的增大而逐渐增大,这种现象类似于喷嘴的雾化锥角随着喷注压降的变化规律。同时射流的同一位置的展向扩展范围随着射流喷注压降增大而逐渐增加,这是与射流的展向扩展角变化相一致的,展向扩展角越大,射流稳定阶段展向扩展范围越大。造成射流展向扩展角增大的原因还与射流喷注压降变大,射流的流量增大有关;射流流量增加后在整个试验段空间内的分布范围都会变大。

5.3.3 喷嘴直径的影响

由于在喷孔直径减小为 $d=0.4$ mm 时射流的穿透深度降低,射流的主流降至距离喷孔垂直位置 $y=15$ mm 的平面以下,主要集中在 $y=5$ mm 左右的平面上,故在本节的试验中,将激光片光降低至射流喷注面板上方 5 mm 处,采用射流展向边界图像处理方法,对 Gk‐JZ 和 Gk‐P2‐D0.4 进行研究,以分析喷孔直径不同时射流的展向扩展特性变化,得到的图像结果如图 5.20 所示。由图 5.20 可见,随着喷孔直径增大射流的展向扩展范围更宽,喷孔直径为 $d=1$ mm 时,射流的展向最大扩展范围为在试验段对称面两侧约 32 mm,而喷孔直径减小为 $d=0.4$ mm 时射流的展向扩展约为 20 mm,这是由于射流的流量变化造成的,流量减小导致射流展向扩展范围减小;相应的射流展向扩展角也随着喷孔直径减小而减小;同时,从图 5.20 中可见射流的振荡使得射流在展向扩展的瞬时结果不一定均匀分布在对称面两侧,其射流整体存在一定的展向振荡。

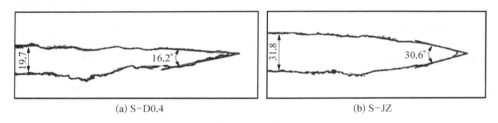

(a) S‐D0.4　　　　　　　　　　　　　　(b) S‐JZ

图 5.20　不同喷孔直径射流展向扩展特性(单位:mm)

5.3.4 喷注角度的影响

对射流在距离喷注底面垂直距离为 15 mm 平面上的展向扩展特性进行研究,得到如图 5.21 所示的射流的展向扩展特性随喷注角度的变化情况。

通过图 5.21 中不同喷注角度时射流的扩展角和展向扩张范围的对比发现,射流的展向扩展角随着喷注角度的增大而增大,这是由于不同的角度喷注时,射流与气流间的相对速度不同,相对速度随着喷注角度的增大而增大,气流的剪切作用不同,剪切破碎而脱落的液滴分布范围也就不相同,且随着相对速度增大液滴分布范围增大;同时对比发现当采用小于 90°的顺流喷注方式时,射流的展向扩展范围小于垂直喷注的情况,这也是相对速度不同造成的;图 5.21 中 120°逆向喷注情况下射流试验段在出口位置展向扩展小于垂直喷注的 Gk‐JZ,

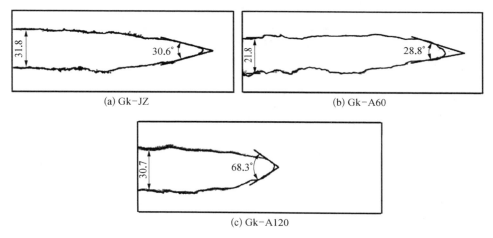

图 5.21　不同喷注角度射流展向拓展特性(单位：mm)

这是由于两种图像结果中对比的位置与喷孔的距离不同,Gk - A120 在展向上还未达到稳定最大扩展状态,最终展向扩展范围将超过基准工况的展向扩展范围。

5.4　喷雾三维结构

　　基于 PIV 系统[12-14],采用倾斜成像的方法对流向不同横截面上的液体分布进行了瞬态和时均两种状态的测量研究,分析了横截面喷雾的分布规律,采用喷雾分数概念定量化描述喷雾在三维空间内的振荡分布特性,建立超声速气流中液体横向射流的三维分布数学模型。结合前面几章对液体横向射流在超声速气流中的破碎、雾化研究结果,进一步提出超声速气流中液体横向射流的拓扑结构模型。

　　试验共涉及 27 组工况,详细信息列于表 5.1。气体主流的马赫数、总温、总压保持不变,通过改变液体横向射流的喷注压降实现液气动量通量比 q 的变化。研究涉及的喷孔直径包括五种：0.68 mm、0.99 mm、1.25 mm、1.51 mm、2.07 mm。q 的变化范围为 1.1 ~ 10,涉及的无量纲的横截面位置 x/d 范围为 10 ~ 100。

表 5.1   试验研究工况参数

	No.	喷嘴直径 d/mm	流向无量纲位置 x/d	液气动量比 q
超声速气流	1~4	0.68	100	1.6/3.4/6.1/10
$Ma = 2.1$	5~6	0.99	10	3.7/5.5
$T_0 = 300$ K	7~8	0.99	30	3.9/5.7
$P_0 = 891$ kPa	9	0.99	50	3.9
	10~11	0.99	70	3.9/5.6
	12	0.99	100	3.9
横向射流	13~16	0.99	100	3.9/5.6/7.4/9
$\rho = 1\,000$ kg/m³	17~20	1.25	100	1.1/2.4/3.7/4.9
$T_w = 300$ K	21~24	1.51	66	1.4/2.7/4.1/5.5
	25	2.07	10	2.3
	26	2.07	30	1.1
	27	2.07	45	2.3

5.4.1   横截面分布的数学描述

基于喷雾分数建立横截面分布的数学模型,采用分段函数描述横截面上 γ 等值线的分布。如图 5.22 所示,分段点 S 在数学上对应 γ 等值线上的极小值点,其坐标表示为 (z_s, y_s)。以分段点为界,分段点以上部分为喷雾体,以下为喷雾脚。

从图中可以看出,在同一横截面上,不同 γ 等值线对应的分段点纵坐标 y_s 变化不大,为了简化模型,取不同 γ 等值线对应纵坐标的平均值作为最终的分段点纵向坐标。基于表 5.1 所示的不同工况下、多个横截面位置处分段点纵向坐标 y_s 的统计分析,发现 y_s 主要由液气动量通量比 q 和无量纲

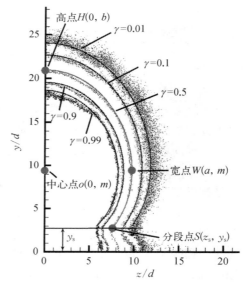

图 5.22   横截面上喷雾分数分布

流向距离 x/d 决定，y_s 随 x/d 的增加而增加，随 q 的增加有所减小。y_s 可以近似由公式 (5.2) 预测得到：

$$y_s/d = 0.32q^{-0.2}(x/d)^{0.5} \tag{5.2}$$

以分段点为界，采用蛋圆曲线描述等值线的喷雾体部分，如公式 (5.2) 所示。采用抛物线曲线描述喷雾脚部分，如公式 (5.4) 所示。分段点坐标 (z_s, y_s) 分别满足公式 (5.5) 和公式 (5.4)。因为横截面内液体喷雾主要集中在喷雾体部分，本节基于试验数据对公式 (5.3) 中的常系数进行拟合确定。

$$\frac{(z/d)^2}{a^2} + \frac{(y/d - m)^2}{[c(y/d - b) + b - m]^2} = 1 \tag{5.3}$$

$$z/d = k(y/d - y_s/d)^2 + z_s/d \tag{5.4}$$

由蛋圆曲线的几何性质可知，公式 (5.3) 代表的曲线以 y 轴为中心左右对称，如图 5.22 所示，分别采用公式 (5.3) 所示的蛋圆曲线对 $\gamma = 0.01$、0.1、0.5、0.9、0.99 对应的五个等值线进行拟合，蛋圆曲线的拟合结果与试验数据吻合较好。

以 $\gamma = 0.5$ 为例，蛋圆曲线中心点 o 的坐标为 $(0, m)$，宽点 W 的坐标为 (a, m)，高点 H 的坐标为 $(0, b)$。系数 a 代表 $\gamma = 0.5$ 等值线在展向上能够到达的最远距离，系数 b 代表 $\gamma = 0.5$ 等值线在纵向上能够到达的最高点，c 是曲线的变形系数。对于 $\gamma = 0$ 的特殊情况，a 即为流向位置 x/d 处喷雾的展向宽度，b 即为流向位置 x/d 处喷雾的穿透深度。

对于任意一条 γ 等值线，均对应一组最佳的 a、b、c、m 值使得公式 (5.3) 对其空间分布的拟合结果最优。在优选拟合系数过程中，目标函数如公式 (5.5) 所示，以目标函数最小为优化目标。其中 (y_i, z_i) 是基于试验结果计算得到的 γ 等值线上的点，N 代表点的总数。

$$t(x, d, q, \gamma) = \frac{1}{N} \sum \left\{ \sqrt{\frac{(z_i/d)^2}{a^2} + \frac{(y_i/d - m)^2}{[c(y_i/d - b) + b - m]^2}} - 1 \right\}^2 \tag{5.5}$$

从图 5.22 中可以看出，不同的 γ 值对应的模型常系数明显不同，这说明常系数 a、b、c、m 分别是 γ 的函数，从前面的分布规律还可以清晰得到，a、b、c、m 是 x/d 和 q 的函数。

综上所述,采用蛋圆曲线描述横截面上 γ 等值线的分布时,存在 5 个特征参数需要根据试验数据拟合确定,分别是变形系数 c、宽度 a、高度 b、中心点的纵向坐标 m 和分段点的纵坐标 y_s。其中 y_s 主要受 x/d 和 q 的影响,a、b、c、m 均与 γ、x/d 和 q 相关。

5.4.2 喷雾的三维分布模型

为了重构喷雾在超声速气流中的三维分布,需要准确确定横截面分布模型中 a、b、c、m 等常系数随各工况参数的变化规律,建立系数模型。

基于 γ 的物理意义以及前面的分析可知,$\gamma=0$ 等值线对应的最佳拟合参数 a 和 b 分别代表传统意义上的穿透深度和展向宽度。已有的大量研究表明,穿透深度和展向宽度主要由 x/d 和 q 决定,且满足幂函数关系式。从图 5.22 中 γ 等值线的分布还可以看出,以 $\gamma=0.5$ 为中心,随着 $\gamma-0.5$ 绝对值的增大,a 值和 b 值变化的幅度越来越大,基于幂函数关系式提出带有 γ 的系数模型如公式(5.6)所示,用以确定 a、b、c、m 等常系数与工况参数的定量关系,其中 α_1、α_2、β_1、β_2、δ_1、δ_2 和 ε 等为待确定的七个新的常系数。

$$a、b、c、m = \begin{cases} \alpha_1 q^{\beta_1}(x/d)^{\delta_1} - \alpha_2 q^{\beta_2}(x/d)^{\delta_2} \dfrac{|\gamma-0.5|}{\gamma-0.5}|\gamma-0.5|^{\varepsilon} & \gamma \neq 0.5 \\ \alpha_1 q^{\beta_1}(x/d)^{\delta_1} & \gamma = 0.5 \end{cases}$$

$$(5.6)$$

因为常系数 a 和 b 的实际物理含义是喷雾不同 γ 值对应的展向宽度和穿透深度,所以采用幂函数形式关系式对其进行拟合可以得到较好的拟合效果,基于表 5.1 中工况对应的试验结果,首先对 $a(x/d, q, 0.5)$ 和 $b(x/d, q, 0.5)$ 进行拟合,得到对应常系数值,再根据剩余试验数据对公式中的其余常系数进行拟合确定,最终得到的 a 和 b 系数模型如式(5.7)和式(5.8)所示,拟合过程是在 Matlab 环境下利用 nlinfit 函数进行,式(5.7)和式(5.8)所代表模型与试验数据的相似度达到 0.902 5,拟合标准差为 0.937 6。采用同样方法对系数 c 和 m 表达式中的常系数进行确认,发现采用幂函数关系式对中心点纵向坐标 m 能够实现较好的拟合,得到 m 系数模型如式(5.9)所示,其中,模型与试验数据的相关系数为 0.886 9,拟合标准差为 0.928 8。变形率 c 基于不受 γ 影响,最终的拟合结果如式(5.10)所示,c 系数模型与试验数据的相关系数达到 0.912 5。

$$a(x/d,\,q,\,\gamma) = \begin{cases} 1.33q^{0.21}(x/d)^{0.33} - 0.76q^{0.33}(x/d)^{0.23} \\ \quad \cdot \dfrac{|\gamma - 0.5|}{\gamma - 0.5}|\gamma - 0.5|^{1.1} & \gamma \neq 0.5 \quad (5.7) \\ 1.33q^{0.21}(x/d)^{0.33} & \gamma = 0.5 \end{cases}$$

$$b(x/d,\,q,\,\gamma) = \begin{cases} 3.34q^{0.36}(x/d)^{0.25} - 0.83q^{0.2}(x/d)^{0.32} \\ \quad \cdot \dfrac{|\gamma - 0.5|}{\gamma - 0.5}|\gamma - 0.5|^{1.1} & \gamma \neq 0.5 \quad (5.8) \\ 3.34q^{0.36}(x/d)^{0.25} & \gamma = 0.5 \end{cases}$$

$$m(x/d,\,q,\,\gamma) = \begin{cases} 1.93q^{0.48}(x/d)^{0.15} - 0.24q^{0.25}(x/d)^{0.35} \\ \quad \cdot \dfrac{|\gamma - 0.5|}{\gamma - 0.5}|\gamma - 0.5|^{1.1} & \gamma \neq 0.5 \quad (5.9) \\ 1.93q^{0.48}(x/d)^{0.15} & \gamma = 0.5 \end{cases}$$

$$c = [0.25(x/d) - 1.7q - 5] \times 10^{-2} \qquad (5.10)$$

综上研究,式(5.2)~式(5.3)和式(5.7)~式(5.10)共同构成喷雾体三维空间分布模型。

5.4.3　喷雾的三维拓扑结构

基于超声速气流中液体横向射流破碎过程及雾化特性的研究结果,提出流场的拓扑结构。图 5.23 显示的是液体横向射流垂直进入超声速气流后气体流场和液体流场的三维拓扑结构。对于气体流场,超声速气流受到液体横向射流的阻挡,在射流前形成一道脱体弓形激波(如图中结构Ⅱ所示)。射流根部的阻碍作用最强,对应的弓形激波强度最大,几乎呈正激波,超声速气流经过激波减速增压后在射流根部迎风面发生滞止和转向,形成圆柱绕流流动,而射流前局部静压升高产生的逆压梯度通过边界层亚声速区向上游传递,进一步引起边界层分离,产生如图中结构Ⅲ所示的分离区结构。分离区的存在对上游超声速来流产生一定压缩作用,在分离区前缘点附近一系列压缩波汇聚最终形成分离激波(如图中结构Ⅰ所示),分离激波与弓形激波相交形成气流场中最主要的"λ"形波系结构[15]。

通过对弓形激波和分离区的细观研究,发现分离区分布在射流前约 5 mm 的区域内,分离激波与弓形激波相交点表征的分离区高度约为 3.5 mm,且喷孔

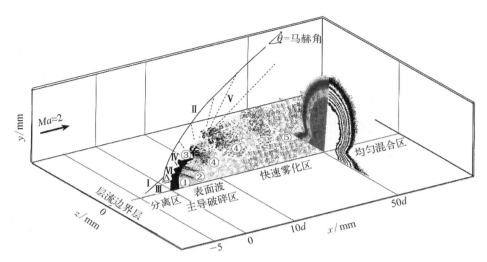

图 5.23　超声速气体中液体横向射流三维拓扑结构

①. 小液滴剥离；②. 拉丝现象；③. 一次破碎（$3d\sim10d$）；④. 喷雾块；⑤. 二次雾化完成（$\approx5d$）；
Ⅰ. 分离激波；Ⅱ. 弓形激波；Ⅲ. 分离区；Ⅳ. 小激波；Ⅴ. 膨胀波；Ⅵ. 表面波（振幅 $0.1d\sim1.4d$）；
Δ. 脱体距离，$\Delta/d=0.94\times(\rho_\infty/\rho_2)$

直径和液体喷注压降的改变对分离区的分布几乎不产生影响。因为分离区内靠近壁面处的亚声速环境，弓形激波不能到达下壁面，弓形激波起始点距离壁面的平均高度约为 1.3 mm，在 $0.5\sim2.1$ mm 振荡。射流根部区域的弓形激波几乎紧贴射流柱，弓形激波脱体距离与喷孔直径和超声速来流密度呈线性关系，在本实验研究条件下，弓形激波的脱体距离分布在 $0.1\sim0.8$ mm。

　　弓形激波后的液体横向射流在气动力作用下逐渐向下游弯曲，并不断加速，导致单位面积的液体横向射流对超声速气流的阻碍作用减弱，弓形激波与超声速气体流动方向的夹角不断减小。主流气体在经过弓形激波后，运动大小和方向发生改变，除了射流根部部分区域因为弓形激波强度大而导致波后为亚声速流动外，其余位置处的波后流动均为超声速，而且因为斜激波作用，波后气流速度方向沿着射流迎风面向上。从图 5.23 中可以看出，弓形激波波后的超声速气流倾斜向上运动过程中，射流部分的弯曲转向导致超声速气流沿程不断膨胀加速，在一系列膨胀波（如图 5.23 中结构 Ⅴ 所示）的作用下，沿程压力不断升高，气流速度逐渐增大，气流运动方向逐渐转于与超声速主流方向一致，在气流的运动加速过程中，局部的射流表面结构凸起往往会导致小激波的产生（如

图 5.23 中结构Ⅳ所示）。

　　膨胀波与弓形激波发生相交,因为局部的膨胀波强度较弱,相交后对波后气体运动速度方向改变不大,但依然是气流向水平方向转向的一个驱动力。膨胀波对弓形激波的削弱作用最终导致弓形激波角度趋近于马赫角度。但是在实际的风洞试验研究中,因为流道尺寸的限制,液体横向射流对流道产生一定程度的堵塞,使得当地静压略有升高,进而导致弓形激波最终角度会比当地马赫角偏大,在本节研究的 $Ma2.1$ 气流中,对应马赫角为 28.5°,实际测量弓形激波角度为 30.0°~33.2°,相当于倾斜角为 3°的斜劈在 $Ma2.1$ 气流中产生的斜激波角度。

　　对于液体流场,射流离开喷孔后经历一段亚声速区,射流柱迎风面相对光滑。随着射流向下游运动,气液剪切作用增强,绕射流柱流动的气流迫使部分液体从射流柱表面剥离,因为射流初始流向速度小,气液速度差大,在高韦伯数下剥离的液滴粒径普遍较小,小液滴脱离液柱后迅速被加速并转向向下游运动,如图中①所示。射流柱迎风面在本身的湍流度影响和气液相互作用下,产生变形,开始出现一些波动结构,一部分波动结构在运动过程中因被剥离或被相邻结构同化而消失,一部分则在气动力作用下不断增长,形成最终的表面波结构（如图中结构Ⅵ所示）。表面波波谷位置往往容易成为驻点,液体受到的气体冲击力更大,局部静压也更大,两方面因素导致表面波沿程不断增长,也导致连续射流在波谷位置更容易发生断裂（如图中③所示）。经研究,表面波结构尺寸较小,表面波振幅初始时约 $0.1d$,沿程不断增长,在本节研究工况下,表面波断裂前振幅约增长至 $1.4d$,表面波发展导致的射流一次破碎位置不是固定不变的,分布在 $3d$~$10d$。射流一次破碎后,超声速气流从断裂处切入液体内部,进一步促进断裂后的液体结构远离连续射流,如果连续射流柱在每个波谷位置处均发生断裂,则每次均有半个波长的液体脱离,脱落的液体相对集中,在流场中能够形成明显的斜向后的液体结构,本节称为"喷雾块"（如图中④所示）。喷雾块脱离连续射流的初始阶段,内部存在大量速度相对较低、体积相对较大的液块和液丝,在气体作用下,喷雾块结构整体运动速度不断增加,其中大液块不断破碎形成体积更小的液块和液滴,破碎产生的小液滴和之前存在的小液滴更容易被加速,而体积较大的液滴或液块的速度增加则相对较慢,内部的速度差异导致在向下游运动的过程中喷雾块沿流向分布范围不断增加,同时喷雾块中的小液滴部分由于速度较大可能追上前一个喷雾块中速度较慢的大液滴,进而导致喷雾块之间的分割特征逐渐模糊。喷雾块的运动过程也是二次雾化进行的过程,大液滴不断破碎成小液滴,最终实现喷雾场 SMD 的基本稳定,经过 PDA 对粒径分布的测量研究,本节研究工况下喷雾二次雾化完成位置约位于下游 $50d$ 位置处,如图中⑤所示。另外,在近喷孔区域,存在如图中②所示的拉丝现象。

液体横向射流进入超声速气流后,喷雾在空间的分布呈三维结构,如图 5.23 所示。喷雾在横截面上的分布呈"Ω"形,且瞬态的喷雾边界是不断振荡变化的,基于喷雾分数计算得到的横截面喷雾边界带能够利用蛋圆曲线进行准确描述。

另外,根据喷雾结构特征的不同,可以将液体区域分成表面波主导破碎区、快速雾化区和均匀混合区三部分。表面波主导破碎区分布范围是 $0 \sim 10d$,该区域内的主要特征是表面波发展导致一次破碎。在表面波主导破碎区,液体受到的气动冲击作用最强,除了表面波的产生和增长外,还存在小液滴的现象和拉丝现象。快速雾化区分布范围是 $10d \sim 50d$,该区域内的主要结构特征是喷雾块结构,随着喷雾块结构的变形消失,喷雾在快速雾化区逐渐完成二次雾化过程。均匀混合区分布范围是下游 $50d$ 以后,该区域的主要特征结构为气液同向流动剪切产生拟序结构,超声速气流通过剪切层缓慢加速喷雾内部液体。

在射流表面波主导破碎区,因为气液相对速度大,从射流柱、大液块、液丝等结构上剥离产生大量的小液滴,这些小液滴很快被加速到接近气体主流的速度,在向下游运动的过程中,部分小液滴之间发生碰撞,在表面波张力和黏性力的作用下聚合,形成体积较大的液滴。小液滴的聚合现象贯穿整个雾化过程,与液滴的破碎过程相互竞争,共同决定了喷雾场 SMD 沿流向的变化规律。

5.5 小结

本章针对超声速气流中液体横向射流喷雾分布特性进行了研究,采用倾斜成像的方法获得了液体横向射流横截面上喷雾的瞬态分布,讨论了"Ω"形喷雾横截面的形成机理,引入喷雾分数对喷雾场三维结构进行了系统阐述。

(1)喷雾横截面沿流向整体形状近似于希腊字母"Ω",并随着流向距离的增加,"Ω"横截面不断扩大,喷雾发展过程中形成气相的三对反转旋涡对结构,喷雾的壁面旋涡对与气流边界层的相互作用,造成液滴沿底壁面向两侧运动,是形成"Ω"横截面的主要原因,横截面形状的变化是由喷雾主体和边界层的位置关系决定的,随着射流穿透深度减小,横截面喷雾形状从标准的"Ω"形变为近似的"Ω"形。

（2）随着喷注压降、喷孔直径、喷注角度的增大,展向扩展角和扩展范围增大,射流前形成的激波角度增大,超声速流场气体总压损失增加。提出用蛋圆曲线定量描述喷雾体的空间分布形状,结合大量试验数据对曲线中的常系数进行拟合,最终得到描述喷雾三维空间分布的数学模型。

参考文献

[1]　仝毅恒.横向气流中液体射流喷注特性和破碎过程研究[D].长沙：国防科学技术大学,2012.

[2]　仝毅恒,李清廉,吴里银,等.超声速气流中液体横向射流组合喷注特性实验[J].国防科技大学学报,2014,36(2)：73 - 80.

[3]　李春.超声速气流中液体横向射流结构特性试验研究[D].长沙：国防科技大学,2013.

[4]　曾夜明.*Ma*2.1 来流条件下液体横向射流喷雾特性试验研究[D].长沙：国防科学技术大学,2015.

[5]　吴里银.超声速气流中液体横向射流破碎与雾化机理研究[D].长沙：国防科学技术大学,2016.

[6]　Otsu N. A threshold selection method from gray-level histograms[J]. IEEE Transactions on Systems, Man, and Cybernetics, 1979, 9(1)：62 - 66.

[7]　Xiao F, Wang Z, Sun M, et al. Large eddy simulation of liquid jet primary breakup in supersonic air crossflow[J]. International Journal of Multiphase Flow, 2016, 87(12)：229 - 240.

[8]　Wu L, Chang Y, Zhang K, et al. Model for three-dimensional distribution of liquid fuel in supersonic crossflows[C]. Xiamen：21st AIAA International Space Planes and Hypersonics Technologies Conference, 2017.

[9]　Zhou Y, Xiao F, Li Q, et al. Simulation of elliptical liquid jet primary breakup in supersonic crossflow[J]. International journal of aerospace engineering, 2020, 2020：1 - 12.

[10]　周曜智.超声速气流中连续液柱建模及喷雾特性预测应用[D].长沙：国防科技大学,2021.

[11]　李晨阳.超声速来流凹腔燃烧室中液体射流喷雾特性研究[D].长沙：国防科技大学,2021.

[12] 吴里银,王振国,李清廉,等.一种超声速运动流体的瞬态结构成像方法及装置[P].
201410798658.1,2014.

[13] 吴里银,王振国,李清廉,等.一种纳秒级脉宽脉冲平面光源装置[P].201410800056.5,
2014.

[14] Wu L, Wang Z, Li Q,et al. Study on transient structure characteristics of round liquid jet in supersonic crossflow[J]. Journal of Visualization, 2016, 19(2): 337 – 341.

[15] Zhou Y, Cai Z, Li Q, et al. Review of atomization mechanism and spray characteristics of a liquid jet in supersonic crossflow[J]. Chinese Journal of Aeronautics, 2023.

第 6 章　超声速气流中液体横向
射流喷雾的雾化特性

超声速气流中液体横向射流从发动机平板壁面垂直喷射是最简单常用的喷射方式,其雾化特性主要包括液滴的尺寸、速度以及分布规律。本章采用激光片光成像方法[1,2]和 PDA 测量系统[3-8],获得喷雾图像和液滴动态信息,研究喷雾在中心对称面和展向平面上的分布规律,并分析这种分布规律形成机理,深化对雾化特性的理解,在此基础上研究了喷孔直径变化对喷雾空间分布和雾化特性的影响规律。

6.1　平均直径计算方法

在超声速气流中液体横向射流雾化过程中,液体从喷孔喷出后破碎为粒径 10 μm 量级的液滴,并在气液相互作用下逐渐混合均匀。结合 PDA 采集到的喷雾空间测控点的液滴粒径,提出了有限采集样本中存在的特征直径计算不稳定问题,分析了引起不稳定的原因,并在此基础上提出了基于液滴粒径累积概率阈值的处理方法,有效排除了少量大液滴对不稳定的影响,明晰了特征直径的分布规律。

6.1.1　有限样本 SMD 计算

喷雾场液滴粒径分布范围很广,为了方便起见,很多关于喷雾的研究都采用液滴的平均直径,其基本思路是:设想一个液滴尺寸完全均匀一致的喷雾场代替实际不均匀的喷雾场[1]。

在喷雾燃烧领域研究中,多采用索特平均直径 SMD 作为特征直径,来研究喷雾液滴尺寸的分布特征,基本假设是实际喷雾场的液滴总质量和总表面积与特征直径下的喷雾场的液滴总质量和总表面积相等,推导过程如下[1]。

设雾化后液滴直径为 D_i 的液滴数为 N_i，则实际喷雾质量为

$$M = \sum N_i \frac{\pi}{6} \rho D_i^3 \qquad (6.1)$$

假设液滴平均尺寸为 SMD，液滴数目为 N_s，则喷雾质量亦可表示为

$$M = N_s \frac{\pi}{6} \rho \text{SMD}^3 \qquad (6.2)$$

由此可以得到：

$$\sum N_i D_i^3 = N_s \text{SMD}^3 \qquad (6.3)$$

同理，可以得到总表面积相等的条件下的表达式：

$$\sum N_i D_i^2 = N_s \text{SMD}^2 \qquad (6.4)$$

从而得到 SMD 的表达式为

$$\text{SMD} = \frac{\sum N_i D_i^3}{\sum N_i D_i^2} \qquad (6.5)$$

液滴的索特平均直径可以用来预估喷雾燃烧性能，是燃烧流场中常用的雾化特性性能评价指标。

研究表明，超声速横向射流雾化具有一定的随机性，这种随机性在一定程度上影响了采用 PDA 系统采集到的通过喷雾空间固定位置的液滴粒径，进而影响特征直径的结果，不同的采集样本数得到的特征直径可能不同。

研究主要针对基准工况进行，基准工况如表 6.1 所示。

表 6.1 射流喷雾特性研究与分析试验工况

工　况	d/mm	$\Delta p/\text{MPa}$	$m/(\text{g/s})$	$u/(\text{m/s})$	q
Gk - JZ	1	2	34.9	63.2	6.6

受试验条件的影响以及客观因素等的限制，在本节的试验中，PDA 对单个喷雾空间测控点的采集数为 2 000，尚未达到稳定特征直径需要的采集量。

为了分析这种影响,对基准工况下喷雾远场得到的特征直径进行分析,其分布如图 6.1 所示。

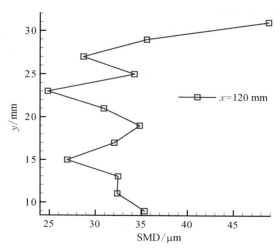

图 6.1　基准工况下 $x=120\ mm$ 喷雾远场的 SMD 沿纵向分布

根据前人对超声速横向射流雾化的研究,在喷雾远场,雾化过程已经基本完成,SMD 分布渐趋均匀。然而如图 6.1 所示,$x=120$ mm 位置的 SMD 分布还存在很大的上下波动,并没有达到预想的均匀分布。

其原因主要有两点:第一,雾化形成的液滴粒径具有一定的随机性,导致通过空间固定位置的液滴粒径也具有一定的随机性,在采集样本数不足的情况下,特征直径的计算具有一定的误差,表现为波动现象明显;第二,在喷空间上,存在达到稳定不破碎状态的大液滴,且大液滴对 SMD 计算有很大的影响。下面对大液滴对 SMD 计算的影响进行分析。

假设有 N 个粒径为 αD 的液滴和 βN 个粒径为 D 的液滴,根据 SMD 计算公式,其对应的 SMD 为

$$\text{SMD} = \frac{\sum N_i D_i^3}{\sum N_i D_i^2} = \frac{N(\alpha D)^3 + \beta N D^3}{N(\alpha D)^2 + \beta N D^2} = \frac{\alpha^3 + \beta}{\alpha^2 + \beta} D \quad (6.6)$$

进一步简化为

$$\frac{\text{SMD}}{D} = \frac{\alpha^3 + \beta}{\alpha^2 + \beta} \quad (6.7)$$

式中,α、β 皆为整数。

图 6.2 给出了在给定 β 条件下,计算得到的 SMD/D 随参数 α 的变化关系,可以明显看出,随着 α 的增大,特征直径的计算值增大,且增大趋势逐渐明显,当 $\alpha=10$ 时,对应的增大倍数分别为 5.5、4 和 1.43。这意味着少量大液滴对计算得到的特征直径的大小有很大的影响,即使测控点采集到的大液滴占采集样本的 1%、0.5% 甚至 0.05%,也会成倍数扩大得到的特征直径的计算结果。

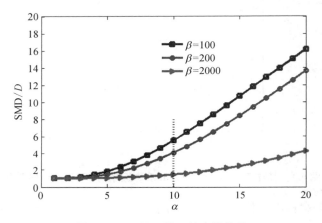

图 6.2　SMD/D 随 α 的变化曲线

与亚声速来流条件下的横向射流雾化不同,在超声速横向射流雾化中,雾化形成的液滴粒径整体较小,大部分液滴粒径在 10 μm 左右,但是也存在少量大液滴,这些大液滴不反映雾化的正常水平且对 SMD 的计算有很大的影响;且由于湍流以及涡结构等的影响,液滴的分布在具有统计规律的同时也具有一定的随机性,且大液滴在随流向的流动并逐渐扩散再分布到喷雾空间的过程中也存在局部随机性,而这种随机性在很大程度上影响了喷雾液滴尺寸分布规律的研究。

6.1.2　概率阈值法

为了消除这种影响,通过对 PDA 采集到的液滴粒径进行分析,分析其统计共性与特性,并在此基础上提出基于液滴粒径累积概率的大液滴过滤方法——概率阈值法,用来消除少量大液滴对特征直径计算的影响,使喷雾规律性更加明显,对雾化理论的研究提供帮助。

对 $x = 120$ mm 喷雾远场不同纵向的测控点获得的液滴粒径信息进行统计分析,选取了 $y = 19$ mm 和 $y = 23$ mm 两个 SMD 值波动较大的点进行进一步分析,得到如图 6.3、图 6.4 所示的结果。

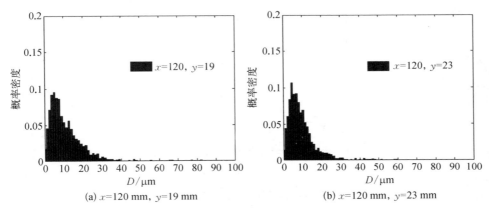

(a) x=120 mm, y=19 mm　　　　　　(b) x=120 mm, y=23 mm

图 6.3　喷雾远场不同纵向位置的液滴粒径分布直方图

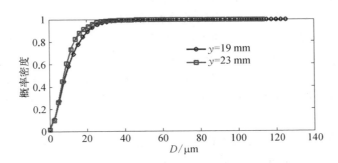

图 6.4　喷雾远场不同纵向位置的液滴粒径分布累积概率曲线

图 6.3 和图 6.4 分别给出了 $y = 19$ mm 和 $y = 23$ mm 纵向高度的液滴粒径分布直方图与累积概率曲线,可以看出,在两个不同纵向位置的液滴粒径分布情况基本相似,无明显区别。对不同累积概率值(从左到右分别为 $f = 0.9$、$f = 0.95$、$f = 0.99$、$f = 0.995$)对应的液滴粒径进行分析,得到如图 6.5 所示的结果。

从图 6.5 可以看出,在 $y = 19$ mm 和 $y = 23$ mm 纵向高度,不同累积概率对应的液滴粒径基本接近,其平均差值为 3.9 μm,方差为 0.44 μm。表明两个不同的纵向高度,99%甚至 99.5%的液滴粒径是相近的,其对应的液滴对 SMD 计算影响不大。

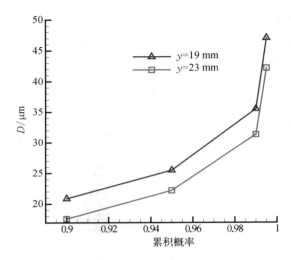

图 6.5 不同累积概率值对应的液滴粒径

从图 6.5 可以看出，$y=19$ mm 和 $y=23$ mm 两个纵向高度的 SMD 差值为 9.98 μm，远大于相同阈值下对应的液滴粒径差值，表明在喷雾远场，影响特征直径计算的大液滴占采集样本的 1% 或者 0.5% 甚至更小，其比重随来流位置的变化而变化。在喷雾近场，液滴破碎过程未完成，液滴粒径较大，大液滴较多且占的比重较大，大液滴对 SMD 分布规律的影响反而不明显；在喷雾远场，雾化过程基本完成，液滴粒径较小，大液滴占的比重虽然减小，但其对 SMD 计算的影响反而增加。

分析表明，在喷雾远场，影响特征直径计算的大液滴占采集样本的 0.5% 甚至更小，通过设定液滴粒径的累积概率阈值，过滤大于阈值对应的液滴，有效排除大粒径液滴的影响，使特征直径的分布规律更加明显。其相关判定原则如下所示：

（1）通过 PDA 获得喷雾空间不同位置的原始液滴粒径数据，不同喷雾位置的采集样本数恒定；

（2）得到累积概率随液滴粒径变化的分布曲线，如图 6.5 所示；

（3）设定累积概率阈值 f_d，并得到相对应的液滴粒径 d_f，其中 f_d 表示粒径小于 d_f 的液滴数占采集总量的比值；

（4）当液滴粒径 $d > d_f$ 时，不考虑该液滴；

（5）重新计算特征直径，得到新的 SMD 值，并分析其在喷雾空间上的分布规律。

　　图 6.6 给出了基准工况下 $x = 120$ mm 来流位置不同概率阈值下的 SMD 沿纵向的分布规律,分别对应 $f_d = 0.90$、$f_d = 0.95$、$f_d = 0.99$、$f_d = 0.995$ 以及未采用阈值过滤的原始值,从图中可以看出:

　　(1)不同概率阈值下的 SMD 沿纵向呈现近似 C 形分布,变化曲线更加光滑,在很大程度上消除了喷雾远场特征直径的大波动,表明采用概率阈值法处理采集到的液滴粒径信息,对 SMD 分布规律的研究有很大的帮助。

　　(2)对比不同阈值下的 SMD 分布,可以看出,改变概率阈值在一定程度上影响了 SMD 值的大小,但对分布规律的影响很小。表明在喷雾远场位置,影响 SMD 沿纵向分布的大液滴占采集总量的 0.5%甚至更小;在 $y = 31$ mm 纵向高度位置,影响 SMD 分布的大液滴的比重增大。

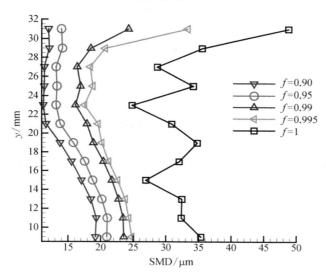

图 6.6　不同概率阈值下的 SMD 沿纵向分布($x = 120$ mm)

　　为了验证概率阈值法在其他来流位置的适用性,对其他来流位置不同概率阈值下的分布情况进行了验证,图 6.7 给出了 $x = 30$ mm 与 $x = 60$ mm 来流位置采用不同概率阈值下的 SMD 沿纵向分布。可以看出,即使在不同来流位置,概率阈值法是适用的,能够在很大程度上消除大液滴对 SMD 的影响。和 $x = 120$ mm 来流位置的阈值处理结果进行对比,可以明显看出,在喷雾近场位置,不同阈值下的分布曲线还存在一定的波动,大液滴的影响尚未完全消除,但已经能在很大程度上反映出 SMD 沿纵向的分布情况。

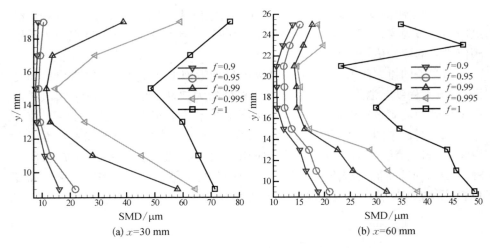

(a) $x=30$ mm   (b) $x=60$ mm

图 6.7　不同概率阈值下的 SMD 沿纵向分布

　　需要指出的是,概率阈值法能够消除大液滴对 SMD 计算的影响,但对阈值的选取不能太小,否则会出现过度过滤现象,使得到的结果失真。对比分析表明,对 SMD 影响大的液滴占采集总量的 $0.5\% \sim 1\%$,因此,在后续的研究过程中,只针对概率阈值 $f = 0.99$ 和 $f = 0.995$ 进行研究分析,避免由于过度过滤引起的错误。

　　在喷雾远场和喷雾近场的大液滴占的比重不同,采用不同阈值下的过滤效果也不同。在 $x = 120$ mm 的喷雾远场,大液滴占的比重小,过滤效果明显;在 $x = 30$ mm 的喷雾近场,大液滴占的比重大,过滤效果较差。

6.1.3　数据率分析

　　在上述研究的基础上,针对不同工况和不同介质下的液体横向射流开展了研究,具体工况如表 6.2 所示,需要注意的是,结合光学测量的具体情况,研究对个别工况开展了较为细致的测量,将在后续内容中展开讨论。

表 6.2　试验工况参数

工况	马赫数	总压 p_0 /MPa	喷注介质	孔径 d /mm	喷前压力 p_j/MPa	动量通量比 q	韦伯数 We
Gk1	2.85	1.32	水	1.0	2	7.67	7 059.79
Gk2	2.85	1.32	水	0.7	2	7.67	4 941.86

工况	马赫数	总压 p_0 /MPa	喷注介质	孔径 d /mm	喷前压力 p_j/MPa	动量通量比 q	韦伯数 We
Gk3	2.85	1.32	水	0.5	2	7.67	3 529.89
Gk4	2.85	1.32	酒精	1.4	2	7.63	9 883.72
Gk5	2.85	1.32	酒精	1.0	2	7.63	7 059.80
Gk6	2.85	1.32	酒精	0.7	2	7.63	4 941.86
Gk7	2.0	0.48	水	1.0	2	11.59	4 633.35
Gk8	2.0	0.48	水	0.7	2	11.59	3 243.35
Gk9	2.0	0.48	水	0.5	2	11.59	2 316.68
Gk10	2.0	0.45	酒精	1.0	2	12.12	14 442.48
Gk11	2.0	0.45	酒精	0.7	2	12.12	10 109.74
Gk12	2.0	0.45	酒精	0.5	2	12.12	7 221.24

　　将 Gk1 作为基准研究目标,首先讨论了喷雾中心对称面上测点的数据结果。试验中通过 PDA 配套软件能够显示每个通道的数据率、有效率、球形度有效率等信息,保存在记录文件中的数据率是单位时间采集的有效信号的数量,这一数据在一定程度上表征了某一位置上喷雾的密集程度。图 6.8 给出了每个测点的数据率,其中所有测量点根据液体横向射流对称平面中的数据率的值着色,背景图是通过激光片光成像方法获得喷雾瞬态照片,经过反色处理后得到的图像,黑色部分为喷雾。从纵向来看,数据率从平板底部到射流边界呈现先减小后增加,然后在接近喷雾边界时再次减小的规律。这是由于液体横向射流近场中的高密度大液滴阻碍了空气对喷雾内部液滴的加速作用,内部液滴尺寸大,速度低,导致了较低的数据率。从流向来看,数据率在下游增加,并在喷雾边界上达到峰值,这主要是因为气流对喷雾羽流的加速作用,使得喷雾边界上的液滴达到较大的速度,导致较大的数据率。需要注意的是,PDA 记录得到的数据率,是过滤之后的结果,即数据率=初始数据×有效率×球形度有效率,因此准确地说,这里的数据率指的是有效的并且满足一定球形度的液滴在单位时间内通过测量体的数量,因此,在纵向上的喷雾内部数据率低于边界主要是由球形度有效率决定的,而在流向上的喷雾下游数据率高于上游,则是由液滴速度和球形度有效率共同提高产生的结果,进而数据率的峰值出现在喷雾下游靠近喷雾边界的部分。由此可知,根据数据率的分布,要想获得足够多的数据点,在喷雾内部需要延长测量时间,以保证数据具有统计学特征。

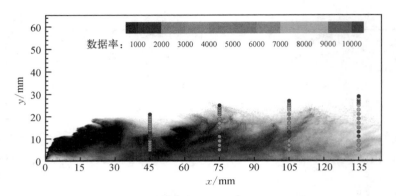

图 6.8　平板燃烧室的数据率分布

此外,与激光片光成像的喷雾图像相比,PDA 获得的射流穿透率略高,且在下游 PDA 可以获得极大数据率的位置上,激光片光图像上几乎没有喷雾,这是因为 PDA 是一种基于流量的测量方法,对液滴的灵敏度更高,而背景光成像则是利用了液滴对光的遮挡,因此对喷雾边界和射流下游液滴稀薄区域在成像中并不敏感,造成了数据和图像上的差异。这一点,在激光片光成像与 PDA 方法的对比中也是同样的情况。

6.2　液滴尺寸分布规律

采用 PDA 获得基准工况下射流喷雾中心对称面不同空间位置的液滴粒径,并结合第 3 章提出的概率阈值法,深入解析液滴尺寸沿纵向以及流向的发展规律,并对测控点统计得到的液滴粒径信息进行了分布函数拟合。

6.2.1　单点液滴尺寸统计分布

为了直观研究液滴的动态特征,针对单点测量的试验特点,选取可能的具有代表性的测点,提取液滴尺寸和速度关联信息,研究不同空间位置条件下的液滴群具有的特征。图 6.9 给出了在 $x = 45$ mm 处取的所有四个纵向高度的液滴粒径-速度分布的散点图,四张图分别表示了四个纵向高度($y = 5$、8、11、14 mm)位置对应的液滴直径-速度分布。图中的每个三角符号代表一个记录到的液滴,根据液滴直径大小进行着色,计算得到的两个方

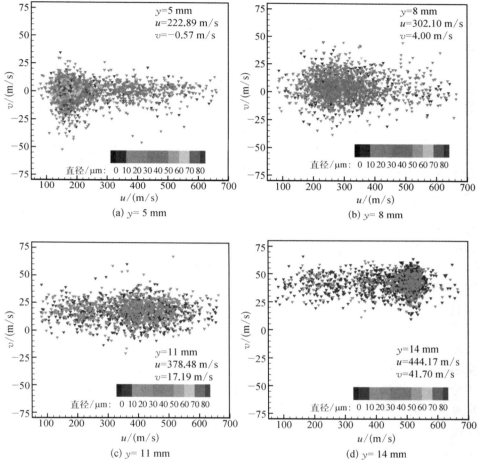

图 6.9　不同纵向高度的液滴速度-粒径分布 ($x=45\ mm$)

向上的平均速度标注在图片上。比较之下可以发现,液滴的流向速度主要分布在 $100\sim600\ m/s$,纵向速度在 $-40\sim60\ m/s$,在这个速度范围内,液滴直径的集散程度随着纵向高度的变化发生改变。从图 6.9(a)中可以看出,液滴直径普遍大于 $35\ \mu m$,并且流向和纵向的速度都很低,随着纵向高度的增加,首先可以观察到液滴群的主色调由绿色转变为蓝色,说明液滴群的粒径普遍减小,直径逐渐减小到 $5\sim15\ \mu m$。其次可以观察到液滴主要集中分布区域向右、向上移动,说明流向速度和纵向速度都在增加,通过计算可以得到液滴的平均速度和粒径,如图 6.9(a)~(d)所示,随着纵向高度的增加,液滴平均流向速度由 222.89 m/s 增加到 444.17 m/s,平均纵向速度由 -0.57 m/s 增加到 41.70 m/s。

前述结果说明,在相同流向位置的不同高度上,经过的液滴群具有显著的运动差异性。靠近壁面和喷雾中部的液滴具有较大的尺寸和较小的速度,尽管射流的初始纵向速度是正向,但在复杂的气液相互作用下,喷雾中部的一部分液滴会产生负向的速度,向试验段底壁面运动,而另一部分液滴朝着正向运动。这两部分液滴在近壁面和喷雾中部几乎达到数量上的平衡,使得平均纵向速度几乎为 0。随着纵向高度的增加,靠近喷雾上边缘的液滴群具有更小的尺寸和更大的速度,这主要受到超声速气流的剪切作用,气液相对速度越大,越容易引发液滴的破碎,形成更小的液滴群。对于纵向的速度,气流同样具有加速作用,部分液滴能够达到甚至超过射流的喷注速度,使得喷雾加速向空间扩散,在宏观的空间分布上体现为射流穿透深度的增加。

图 6.10 给出了在 $y = 9$ mm,四个流向距离的液滴的速度-粒径分布的散点图,四个图分别表示了四个流向距离($x = 45$、75、105、135 mm)位置对应的液滴直径-速度分布。通过图 6.10(a)~(d)可以发现,液滴的流向速度主要分布在 100~600 m/s,纵向速度在 -40~60 m/s,在这个速度范围内,液滴直径的集散程度随着流向距离发生改变。液滴尺寸方面,液滴群的主色调基本均为绿色,主要分布在 30~50 μm,说明液滴群的尺寸随流向距离变化微小。液滴主要集中分布的区域向右移动,说明流向速度增加,通过计算随着流向距离的增加,平均流向速度从 321.89 m/s 增加到 380.58 m/s,平均纵向速度在 -7.66~4.87 m/s 变化。

研究表明,在相同纵向高度的水平下,流向距离对于液滴群的动态特征影响较小,这主要是因为对于 $x/d = 45$~135 这样一个流向范围,大部分液滴都已经完成二次雾化,继续破碎液滴的占比小,从本质上可以解释为气流受到上游喷雾区的阻挡,当地气流速度较低,气液相对速度也就低,液滴能够维持较大的尺寸,而流向距离的增加,不足以打破这种平衡关系,因此液滴的尺寸变化不显著。此外,通过纵向速度的变化可以看出,随着流向距离的增加,液滴群中负向运动的液滴数量占比增加,导致平均纵向速度由正向变为负向。事实上,由于选取的纵向高度是真实高度,考虑到穿透深度随着流向距离增加而增加,那么对于同样的纵向高度,它相对喷雾整体的高度是减小的,因此负向运动的液滴数目占比增加。

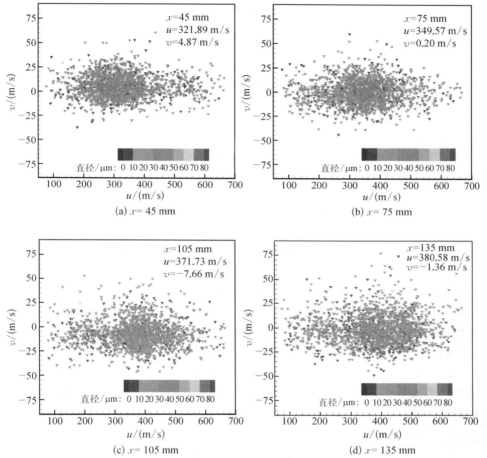

图 6.10 不同流向距离的液滴速度-粒径分布($y=9\,\mathrm{mm}$)

6.2.2 液滴尺寸纵向分布规律

对基准工况下不同来流位置的液滴尺寸沿纵向的分布进行了研究,得到如图 6.11 所示的结果。

图 6.11 给出了基准工况下不同来流位置的液滴 SMD 分布,分别对应 $x=30\,\mathrm{mm}$、$x=60\,\mathrm{mm}$、$x=90\,\mathrm{mm}$ 和 $x=120\,\mathrm{mm}$ 四个来流位置,从图中可以看出,距

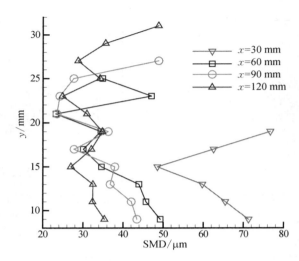

图 6.11　基准工况下不同来流位置的 SMD 沿纵向分布规律

离喷嘴下游 30 mm 处特征直径沿纵向的分布型为近似"C"形,在射流上下边缘区域的特征直径明显大于射流内部区域的特征直径。最小值在 15 mm 纵向高度取到,为 48.52 μm;最大值在 19 mm 纵向高度取到,为 76.65 μm。特征直径沿纵向的"C"形分布,和射流初始破碎模式有很大的关系。

　　液体从喷孔喷出后,在超声速来流条件下,射流柱发生弯曲,由于气液界面的不稳定以及湍流等的作用,在射流柱迎风面和侧面会形成不断发展的表面结构,并在气动剪切力以及不稳定发展的作用下,有液滴和液丝不断从射流柱表面脱落,脱落的液滴大小尺度不一。

　　(1)靠近喷嘴位置的近壁面区域,由于射流柱对流场的影响,在射流柱前端近壁面区域存在回流区,对应区域的气液相对速度较小,气动剪切作用减弱,从射流柱脱落的液滴粒径相对较大,且脱落后与来流空气的相互作用相对较弱,液滴破碎相对困难,大液滴占的比重较大,SMD 值较大。

　　(2)在射流主体破碎与回流区之间的射流部分,不受回流区影响,气液相对速度较大,且由于射流主体尚未破碎,液滴浓度较低,从射流柱表面脱落的液滴和来流空气接触充分,气液相互作用强烈,初始破碎液滴尺寸较小,SMD 值较小。

　　(3)射流柱主体破碎雾化,形成高密度的较大液滴。由于射流柱主体破碎雾化,形成高浓度的液滴喷雾群,气液相互作用相对较弱,形成的液滴粒径也相对较大,SMD 较大。总体表现为如上图所示的近似"C"形分布。

其对应的模型简图见图 6.12。

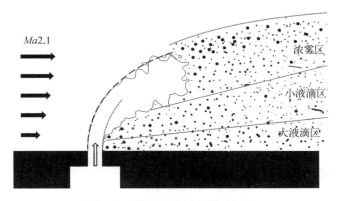

图 6.12　横向射流雾化模型简图

随着流动向下游发展,喷雾空间扩张,液滴和超声速气流相互作用加剧,气动力克服表面张力,一方面,部分液滴进行进一步破碎,形成粒径更小的液滴;另一方面,液滴在来流气体的作用下,速度增加,气液相对速度变小,作用到液滴上的气动力变小,当气动力和液滴的表面张力等达到准平衡时,不考虑液滴蒸发的情况下,液滴粒径不再变小。

表现为图中距离喷嘴 60 mm 以及更远来流位置的特征直径变小,沿纵向的分布型逐渐从近场的"C"形转变为近似"I"形分布。三个不同来流位置的分布曲线基本相似,总体表现为喷雾上下边缘区域的相对较大,内部区域的相对较小,但波动明显,表现出极为不稳定的变化规律。

图 6.13 给出了 SMD 沿纵向的平均以及方差随来流位置的变化,可以看出,SMD 的平均值与方差随来流位置皆呈变小的趋势。从 $x = 30$ mm 到 $x = 60$ mm 位置,平均值急剧减小,表明在这个区域存在大量液滴破碎现象;$x = 60$ mm 到 $x = 90$ mm 位置的平均值与方差变化较小,表明在这个区域破碎现象已经不明显;$x = 90$ mm 到 $x = 120$ mm 位置,平均值变化很小,但方差变化很大,表明随着来流位置的发展,液滴尺寸分布更加均匀。

图 6.14 给出了不同累积概率阈值下的液滴 SMD 随纵向的分布规律,对应 $x = 30$ mm、$x = 60$ mm、$x = 90$ mm 以及 $x = 120$ mm 四个不同来流位置,选取了 $f =$

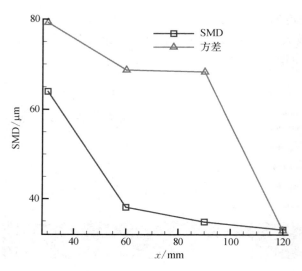

图 6.13 不同来流位置的特征直径平均值与方差

0.99 和 $f=0.995$ 作为阈值,通过对比可以看出:

（1）相对于未通过阈值处理（$f=1$）的 SMD 而言,阈值 $f=0.995$ 条件下的 SMD 值有显著的减小,分布的不稳定性被抑制,分布曲线变光滑,表明 0.5% 的大液滴对 SMD 的计算有很大的影响。

（2）离喷嘴 60 mm 及下游喷雾区域,阈值 $f=0.99$ 与 $f=0.995$ 条件下的 SMD 分布曲线接近,表明 $f=0.99\sim0.995$ 对应的液滴粒径对 SMD 计算的影响已经可以忽略,即影响结果的大液滴占总液滴数的比值约为 0.5%。在离喷嘴下游 30 mm 的射流近场区域,这个比值略有增加,主要是由于在射流近场,液滴破碎过程尚未完成,存在大量未破碎的大液滴。

（3）对比 $f=0.99$ 与 $f=0.995$ 对应的两条曲线在不同来流位置的情况,可以明显看出,随着流动向下游发展,射流近壁面以及内部区域的两条曲线逐渐接近,表明该喷雾区域的大液滴随着流动的发展不断减小,液滴粒径分布逐渐趋于均匀;而射流外边界点,在不同阈值下的 SMD 始终存在一定的差值,表明在射流外边界区域,始终存在一定比重的大液滴,由于和主流接触充分,气液相对速度较小,能够保持较大的粒径而不破碎。

（4）不同来流位置,采用阈值过滤后的 SMD 沿纵向基本呈"C"形分布,符合横向射流雾化的基本特征。表 6.3、表 6.4 给出了不同阈值下的 SMD 值。

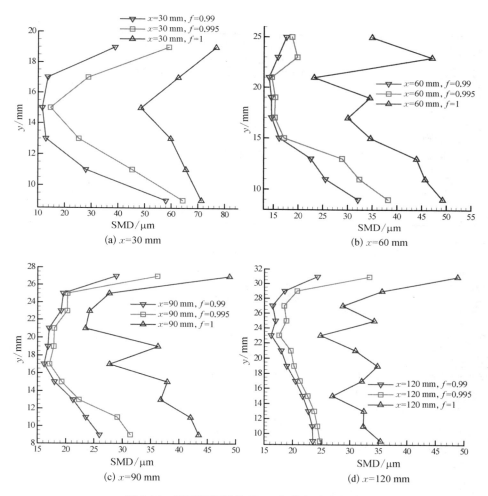

图 6.14　不同阈值下的 SMD 沿纵向分布规律

表 6.3　不同累积概率阈值下的 SMD 值($x=30$ mm、60 mm)

| | $x=30$ mm | | | $x=60$ mm | | |
	$f=0.99$	$f=0.995$	$f=1$	$f=0.99$	$f=0.995$	$f=1$
$y=9$ mm	58 μm	64.37 μm	71.29 μm	32.09 μm	38.22 μm	49.24 μm
$y=11$ mm	27.92 μm	45.31 μm	65.45 μm	25.53 μm	32.37 μm	45.68 μm

	$x = 30$ mm			$x = 60$ mm		
	$f = 0.99$	$f = 0.995$	$f = 1$	$f = 0.99$	$f = 0.995$	$f = 1$
$y = 13$ mm	12.94 μm	25.21 μm	59.72 μm	22.54 μm	28.87 μm	43.92 μm
$y = 15$ mm	11.59 μm	14.67 μm	48.52 μm	16.13 μm	17.1 μm	34.6 μm
$y = 17$ mm	13.66 μm	28.75 μm	62.52 μm	14.57 μm	15.2 μm	30.02 μm
$y = 19$ mm	38.79 μm	58.95 μm	76.65 μm	14.51 μm	15.3 μm	34.43 μm
$y = 21$ mm	—	—	—	14.07 μm	14.62 μm	23.2 μm
$y = 23$ mm	—	—	—	15.83 μm	19.76 μm	47.02 μm
$y = 25$ mm	—	—	—	17.57 μm	18.7 μm	34.88 μm

表 6.4　不同累积概率阈值下的 SMD 值($x = 90$ mm、120 mm)

	$x = 90$ mm			$x = 120$ mm		
	$f = 0.99$	$f = 0.995$	$f = 1$	$f = 0.99$	$f = 0.995$	$f = 1$
$y = 9$ mm	25.96 μm	31.39 μm	43.46 μm	23.55 μm	24.77 μm	35.36 μm
$y = 11$ mm	23.57 μm	29.11 μm	42.03 μm	23.45 μm	24.33 μm	32.38 μm
$y = 13$ mm	21.26 μm	22.33 μm	36.78 μm	22.76 μm	23.77 μm	32.47 μm
$y = 15$ mm	17.99 μm	19.27 μm	37.92 μm	21.75 μm	22.62 μm	26.95 μm
$y = 17$ mm	16.17 μm	17.12 μm	27.73 μm	20.47 μm	21.25 μm	32.07 μm
$y = 19$ mm	16.83 μm	17.85 μm	36.26 μm	18.93 μm	20.21 μm	34.83 μm
$y = 21$ mm	17.04 μm	17.94 μm	23.46 μm	17.94 μm	19.63 μm	30.94 μm
$y = 23$ mm	19.13 μm	20.23 μm	24.18 μm	16.17 μm	17.57 μm	24.85 μm
$y = 25$ mm	19.51 μm	20.25 μm	27.66 μm	16.95 μm	18.84 μm	34.24 μm
$y = 27$ mm	28.2 μm	36.15 μm	48.86 μm	16.43 μm	18.46 μm	28.73 μm
$y = 29$ mm	—	—	—	18.55 μm	20.73 μm	35.6 μm
$y = 31$ mm	—	—	—	24.31 μm	33.4 μm	48.84 μm

　　为了进一步研究 SMD 沿纵向的分布规律,图 6.15 给出了阈值分别为 $f =$ 0.995 与 $f = 0.99$ 条件下的 SMD 分布图。

　　从图中可以看出,相对 $x = 30$ mm 来流位置,其他来流位置的液滴 SMD 随纵向变化缓慢,表明在不考虑少量大液滴的情况下,射流喷雾在距离喷嘴 60 mm

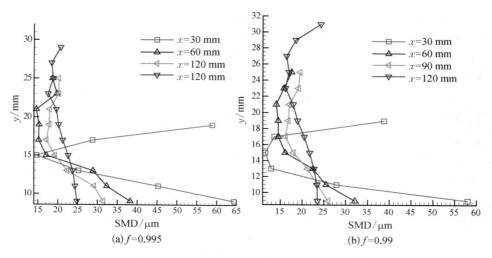

图 6.15　不同来流位置的 SMD 沿纵向的分布规律

位置已基本达到准稳态,但是由于存在 0.5% 左右的大液滴,所以实际雾化完成过程在距离喷嘴 60 mm 下游。对 $f=0.99$ 条件下的分布,采用当地穿透深度进行纵向归一化处理,得到 SMD 随 y/h 的变化规律,如图 6.16 所示。

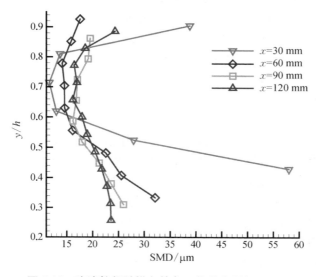

图 6.16　液滴粒径随纵向的归一化分布图($f=0.99$)

相对图 6.15 而言,图 6.16 的规律更加清晰,从图中可以看出:

(1) 除 $x=30$ mm 来流位置,$x=60$ mm、$x=90$ mm 以及 $x=120$ mm 来流位置的分布曲线基本重合,为"C"形分布,表明在整个喷雾场,存在空间上相关联的喷雾区间,其对应区域的液滴粒径分布基本相同。

(2) 液滴尺寸最小值在 $y/h=0.7$ 取到,这一部分的液滴主要是由射流柱中间位置脱落的液滴组成,由于气液相互作用大,气动剪切作用强,剥落的液滴粒径较小。

(3) 对应同 y/h 位置,在喷雾上下边缘区域,从 $x=30$ mm 来流位置到 $x=60$ mm 来流位置的 SMD 急剧减小,后续来流位置的 SMD 变化变缓,表明液滴破碎过程主要在喷嘴到下游 60 mm 区域内进行。在 $y/h=0.7$ 附近区域,不同来流位置的 SMD 变化很小,表明液滴破碎在喷嘴到下游 30 mm 区域内已基本完成。

(4) 对比 $x=60$ mm、90 mm、120 mm 三个不同来流位置的变化,可以看出,在喷雾下方区域,随着流向的发展 SMD 逐渐变小;在喷雾上方区域,随着流向的发展 SMD 逐渐变大,表明随着流动的发展部分粒径较大的液滴逐渐从下方区域扩散运动到喷雾上端。

6.2.3　液滴尺寸流向分布规律

在超声速来流条件下,射流破碎雾化形成的液滴在气流的加速作用下沿着流向运动,部分液滴在气动力以及表面张力等的作用下破碎为更小的液滴。本节从特征直径沿流向的变化规律等多个方面对液滴粒径沿流向分布进行研究。图 6.17 为基准工况下液滴尺寸随来流位置的变化图。

从图 6.17 中可以看出:

(1) SMD 随流向总体呈变小趋势,这是由于液滴在随流动的过程中发生进一步的破碎,液滴粒径变小。

(2) 在 $x=30\sim60$ mm 区域,液滴尺寸变化幅度最大,这是由于液滴破碎过程没有完成,有大量液滴破碎现象存在;当 $x\geqslant90$ mm 时,液滴尺寸变化很小,表明液滴雾化过程基本完成。

(3) 存在液滴特征直径随来流位置增大的情况,一方面可能是由于存在液滴聚合现象;另一方面,前面的研究表明,在喷雾远场也存在少量的大液滴,其存在位置的随机性对测量结果会有一定的影响。

为了更进一步研究液滴粒径沿流向的发展规律,采用 PDA 对 $y=15$ mm 纵向深度不同流向位置的液滴粒径进行了测量统计,起始测控点为 $x=16$ mm,流

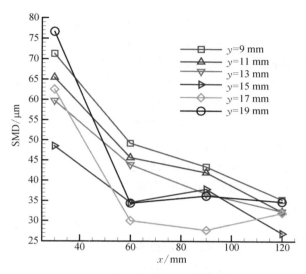

图 6.17   液滴尺寸随来流位置变化规律

向步长为 8 mm,其随流向的变化规律如图 6.18 所示。

图 6.18 给出了液滴尺寸,包括索特平均直径 SMD、长度平均直径 D_{10} 以及体积平均直径 D_{30} 随流向的变化规律。从图中可以看出,随着流动向下游发展,

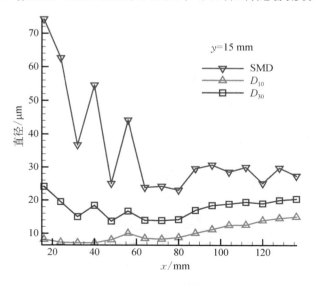

图 6.18   液滴尺寸随流向位置的变化曲线

SMD 基本上呈先变小后逐渐趋于稳定的变化规律,其稳定点在 $x=64$ mm 附近,在喷嘴出口到稳定点区域,SMD 从 74 μm 减小到 24 μm,这是由于射流柱脱落的液滴以及射流柱破碎产生的液滴在气动力的作用下进一步破碎为更小的液滴,从而使 SMD 值不断变小。在 $x=40$ mm 以及 $x=56$ mm 来流位置,存在分布拐点,通过对采集到的液滴粒径进行统计分析,其主要原因在于存在多个粒径 $D>100$ μm 的液滴,从而影响了 SMD 的计算,使计算得到的 SMD 值比预估的要大。D_{30} 在一定程度上反映了通过测控点的液滴的总流量,从图中可以看出,随着流动向下游发展,其呈先变小后变大的趋势,表明在 $y=15$ mm 纵向高度,随着流场的发展,部分液滴加入,使流量增加,从另一方面证明了液滴的纵向运动引起的液滴再分布。

图 6.19 给出了不同累积概率阈值下的 SMD 分布,分别对应 $f=1$、$f=0.995$、$f=0.99$ 以及 $f=0.95$ 四个不同阈值,可以看出,剔除部分大液滴对 SMD 的计算有很大的影响,在射流近场位置,由于破碎未完成,大液滴数量较多,这种影响更加明显。对流向位置,可以把区间划分为 16 mm<x<32 mm,32 mm<x<64 mm 以及 x>64 mm 三个区域,分别定义为区域Ⅰ、Ⅱ、Ⅲ,如图 6.19 所示:

在区域Ⅰ,离喷嘴出口较近,为一次雾化区域,液滴粒径总体较大,大液滴

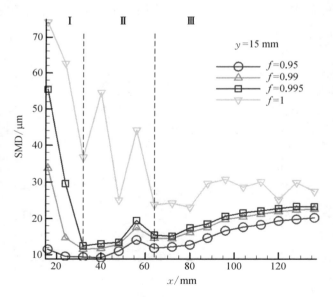

图 6.19 不同概率阈值下的 SMD 沿流向分布规律

占的比重较高,不同概率密度阈值下的 SMD 差值大。

在区域 II,$f=0.99$ 和 $f=0.995$ 阈值下的 SMD 分布曲线近似,但与 $f=1$ 条件下的 SMD 分布曲线不同,表明大部分大液滴已经破碎或扩散到喷雾其他区域,但依然存在影响 SMD 大小的大液滴,其概率小于 0.5%。

在区域 III,不同阈值下的 SMD 分布规律基本相似,且 SMD 变化变缓,表明在这个区域,大液滴占的比重已经很少。但阈值 $f=0.99$ 与 $f=0.995$ 对应的 SMD 沿流向总体呈逐渐增大趋势,这是由于部分下壁面区域粒径较大的液滴随着流动的发展逐渐运动到 $y=15$ mm 纵向高度,使得 SMD 值变大。

图 6.20 给出了对相同纵向高度,以喷雾远场 $x=136$ mm 为测控起始点得到不同阈值下的 SMD 沿流向的分布规律,从图中可以看出,SMD 沿流向依然满足先减小后逐渐趋于稳定的变化趋势;和图 6.19 相比,未通过阈值过滤的 SMD 波动更明显,但阈值处理后的 SMD 分布规律基本一样,这是由于在相同试验条件下,测控点获得的液滴粒径具有时间相关性。其主要原因有两点:第一,采集样本数相对较少,没有达到稳定计算所需的采集量;第二,大液滴的出现具有一定的随机性。

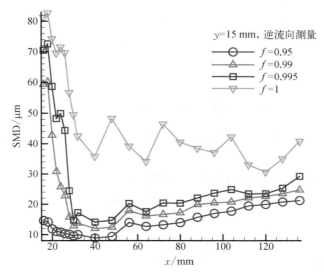

图 6.20　不同概率阈值下的 SMD 沿流向分布规律(逆流向测量)

图 6.21 给出了 PDA 沿流向测量和逆流向测量获得的阈值处理前后的 SMD 分布,从图中可以明显看出:① 未阈值处理的 SMD 沿流向存在很大的波动,表

明试验结果存在一定的时间相关性,且在样本数不够大的情况下,大液滴的随机性对结果会有一定的影响。② 阈值 $f=0.99$ 对应的两条曲线基本重合,其平均差值为 $1\ \mu m$,方差为 $0.66\ \mu m$(忽略了区域 I)。表明相同实验条件下,不同时刻获得的液滴粒径基本一致,即测量的时间相关影响的是具有一定随机性的大液滴,且占的比重小于1%。③ 对比结果从侧面证明了本节提出的概率阈值法在分析喷雾液滴尺寸分布规律、削弱不稳定方面有很大的作用。

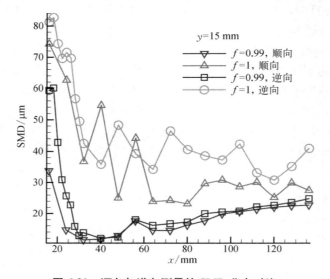

图 6.21 顺向与逆向测量的 SMD 分布对比

综上所述,液滴 SMD 沿流向呈先变小后基本保持不变的变化规律,其稳定点在 $x=64\ mm$ 附近取到,表明在距喷嘴 $x=64\ mm$ 位置,液体已经初步完成了雾化过程,即液体的雾化破碎过程主要在喷嘴到 $x=64\ mm$ 区域进行,后续阶段,液滴破碎程度低,但在气流以及纵向速度的影响下,液滴分布会更加均匀。

6.2.4 喷注压降的影响

在喷嘴孔径不变的情况下,喷注压降越大,液体横向射流出口速度越大,射流穿透越深,气液相互作用程度加强,影响了雾化形成的液滴尺寸的大小与分布。

为了研究喷注压降对 SMD 分布的影响,对孔径 1 mm 的喷嘴在不同喷注压降下进行试验,采用 PDA 获得不同喷注压降下相同喷雾空间点上的液滴粒径信息,研究喷注压降对喷雾特征直径的影响。

图 6.22 给出不同喷注压降下 $x=60$ mm 位置处的 SMD 随纵向的变化,从图中可以看出:

(1)在不同压降下,SMD 基本符合"C"形分布,即满足喷雾上下边缘区 SMD 较大、内部区域 SMD 较小的分布规律,表明喷注压降对射流的整体分布形态并无影响。

(2)SMD 表现为随着喷注压降的增大而增大的趋势,在近壁面的 $y=9$ mm 纵向高度表现更加明显。主要原因有两点:第一,喷注压降增大,射流穿透深度增加,射流柱对来流的阻碍作用增强,回流区厚度增加,近壁面区域的气液相互作用减弱,剥落的液滴粒径增大;另一方面,喷注压降增大,射流速度增大,射流流量增大,单位时间内破碎形成的液滴增多,喷雾液滴浓度增加,高浓度的液滴喷雾群会削弱来流气体和液滴之间的相互作用。

(3)喷注压降为 3 MPa 和 4 MPa 条件下的 SMD 分布波动不明显,其主要原因有两点:一方面是由于纵向测控点较少,无法较全面反映 SMD 沿纵向的分布规律;另一方面是由于增大喷注压降,雾化形成的液滴粒径增加,削弱了大液滴对计算的影响。

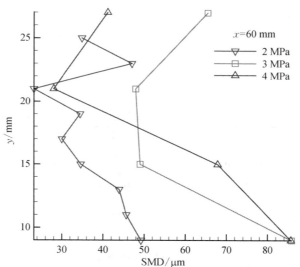

图 6.22 不同喷注压降下的液滴尺寸分布($x=60$ mm)

图 6.23 给出了 $x=90$ mm 位置和 $x=120$ mm 位置特征直径在不同喷注压降下随纵向的分布情况,左边表示 $x=90$ mm 位置,右边表示 $x=120$ mm 位置,通过

三个来流位置的特征直径分布的对比,可以明显看出:

(1)与 $x=60$ mm 位置相比,在 $x=90$ mm 和 $x=120$ mm 位置,不同压降下的 SMD 分布曲线基本相似,其分布型为近似"C"形且特征直径有一定的增大,但增大不明显,可能受大液滴的影响,后续采用概率阈值法进行进一步分析。

(2)通过对不同位置的 SMD 分布区域的对比,随着喷雾向下游发展,SMD 分布范围变小,其中, $x=90$ mm 位置的 SMD 分布在 22~75 μm, $x=120$ mm 位置的 SMD 分布在 25~53 μm,表明喷雾分布更加均匀。初步分析,其主要原因有两个:第一,大液滴的破碎使得液滴分布更加均匀;第二,气液两相流场的作用使液滴在随着气流的流动过程中实现了再分布,即在射流近场,大液滴多位于射流迎风面边缘区域,其受重力的影响会比小液滴大,随着流场的发展,大液滴会逐渐分层,实现再分布。

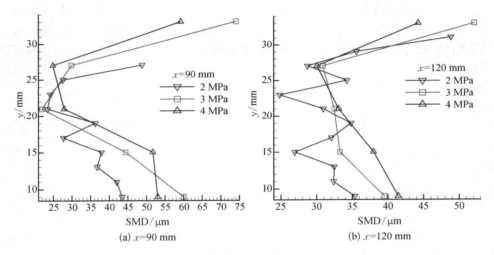

(a) $x=90$ mm

(b) $x=120$ mm

图 6.23 不同喷注压降的液滴尺寸分布

图 6.24 给出了 $x=120$ mm 来流位置不同阈值处理后的 SMD 沿纵向的分布,从图中可以看出:

(1)阈值处理后的 SMD 值显著减小,表明在喷雾远场的液滴以小液滴为主,存在少量大液滴。

(2)相对喷注压降为 2 MPa 的条件, $f=0.99$ 与 $f=0.995$ 对应的 SMD 差值增大,表明影响 SMD 分布的大液滴占的比重增加且大于 0.5%,即随着喷注压降的增大,在喷雾远场的液滴粒径增大,均匀性变差。

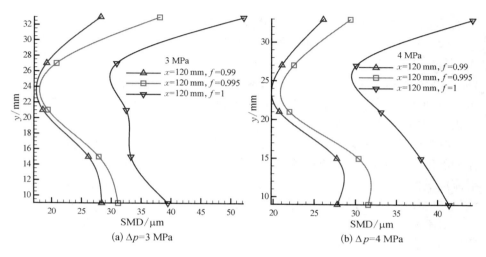

(a) Δp=3 MPa   (b) Δp=4 MPa

图 6.24　不同阈值处理后的 SMD 分布

图 6.25 给出了阈值 $f=0.99$ 条件下的液滴 SMD 随喷注压降的变化规律,通过阈值过滤后的 SMD 分布曲线更加光滑,规律性更加明显,从图中可以看出:

（1）随着喷注压降的增大,相同喷雾空间位置的 SMD 值变大。

（2）在 $x=60$ mm 至 $x=90$ mm 来流区域,还存在液滴破碎现象,表现为液滴尺寸变小;而 $x=90$ mm 至 $x=120$ mm 来流区域,液滴尺寸大小与分布规律基本不

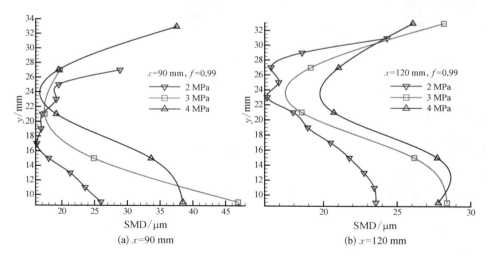

(a) $x=90$ mm   (b) $x=120$ mm

图 6.25　不同喷注压降下的液滴尺寸分布($f=0.99$)

发生变化,表明在 $x=90$ mm 位置,雾化破碎过程已经基本完成,射流达到准稳态。

（3）和 SMD 分布曲线相比,2 MPa 喷注压降下的液滴尺寸分布曲线变化最大,由原来的尺寸大波动转变为较为光滑的曲线过渡,表明 2 MPa 喷注压降条件下,整个喷雾场都存在一定量的大液滴。其主要原因在于,喷注压降较低的情况下,射流穿透深度较小,破碎形成的液滴的分布空间范围较小,喷雾浓度相对较大,大液滴破碎困难。

综上所述,一方面,随着喷注压降的增大,射流穿透深度增加,射流柱对来流的阻碍作用加强,从射流柱脱落的液滴粒径增大;另一方面,喷注压降增大,射流流量增大,单位时间内破碎形成的液滴数增多,液滴数密度增大,削弱了来流气体的作用,雾化形成的液滴尺寸增大。

对不同喷注压降下相同喷雾空间位置上 PDA 采集到的液滴粒径分布进行比较,研究喷注压降的影响。

图 6.26 给出了 $x=60$ mm、$y=15$ mm 空间点采集的液滴粒径的分布直方图

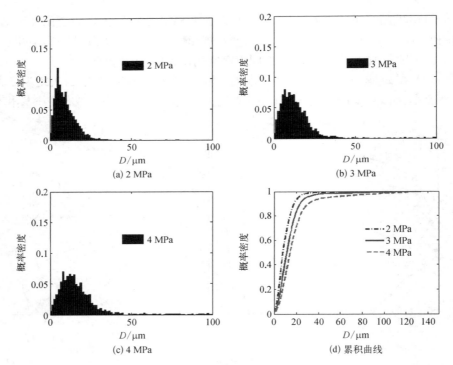

图 6.26　不同压降下的液滴粒径分布直方图及累积概率曲线($x=60$ mm, $y=15$ mm)

和相应的累积概率曲线,图 6.26(a)、(b)、(c)分别对应喷注压降为 2 MPa、3 MPa 和 4 MPa。从图中可以看出,随着喷注压降的增大,粒径直方分布峰值右移,通过该点的液滴粒径有较为显著的变化,粒径在 50 μm 以上的液滴数量显著增加,表明增大喷注压降,初始破碎形成的液滴粒径增大。

　　为了更直观地描述压降引起的变化,分析不同概率阈值对应的液滴粒径的变化情况,图 6.27 给出了不同喷注压降下 $x = 60$ mm、$y = 15$ mm 喷雾空间位置,不同概率阈值对应的液滴粒径。从图中可以看出,相同概率阈值下,喷注压降越大,对应的液滴粒径越大,表明采集得到的液滴粒径总体增大。在喷注压降为 3 MPa 和 4 MPa 时,大液滴占的比重比 2 MPa 喷注压降条件下大液滴占的比重高,在一定程度上会影响 SMD 的计算,且对概率阈值的选取有一定的影响。

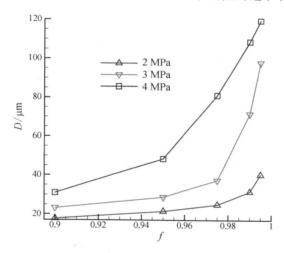

图 6.27　不同概率阈值对应的液滴粒径

　　对 $x = 120$ mm 来流位置进行进一步分析,得到不同压降下阈值对应的液滴粒径随纵向的变化情况。图 6.28 给出了 $x = 120$ mm 喷雾远场位置不同纵向高度在给定概率阈值的条件下的液滴粒径,图 6.28(a)、(b)分别对应 $f = 0.99$ 和 $f = 0.995$,从图中可以看出:

　　(1)增大喷注压降,相同阈值对应的液滴粒径增大,表明增大喷注压降促进了雾化形成的液滴粒径的增加,验证了前面 SMD 分布随喷注压降的变化规律。

　　(2)在上下边缘位置,概率阈值对应的液滴粒径普遍较大,表明在喷雾远

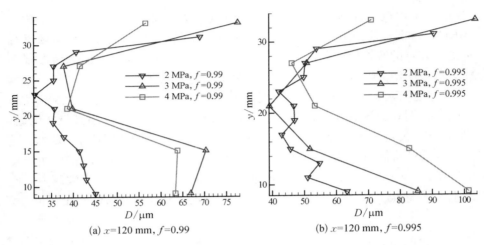

图 6.28　不同喷注压降下概率阈值对应的液滴粒径随纵向的变化

场,依然存在粒径较大的液滴,这些大液滴由于受气流的加速作用,气液相对速度已经无法提供液滴破碎所需的气动力,将以大液滴的形式进入到燃烧室进行燃烧,在一定程度上影响了液滴分布的均匀性。

为了进一步验证分布函数的在不同喷注压降下的适用性,对不同压降下 $x=60$ mm、$y=9$ mm 位置采集到的液滴粒径分布进行了分析,得到如图 6.29 所示的结果。

通过累积概率密度函数的分析表明,在不同压降下,$x=60$ mm、$y=9$ mm 位置的曲线有很大的差别,但通过对三种尺寸分布函数的拟合对比,分析表明,虽然改变喷注压降会改变液滴粒径分布,但仍然可以用 Log-Logistics 分布函数进行拟合,且拟合效果很好。分析表明,喷注压降对液滴粒径的分布规律没有明显的影响,不同喷注压降下的液滴粒径分布满足 Log-Logistics 分布。

6.2.5　喷嘴直径的影响

不同喷孔直径下的射流流率以及气液相互作用程度不同,进而影响射流破碎过程以及喷雾特性。通过对比不同喷孔直径下的特征直径在喷雾空间上的变化规律,明晰喷孔直径对液滴尺寸的影响。

为了研究喷孔直径的影响,针对 $d=0.5$ mm 和 $d=1.0$ mm 两个不同喷孔直径下的射流雾化进行了研究,喷注压降保持 2 MPa,其他相关参数不变。

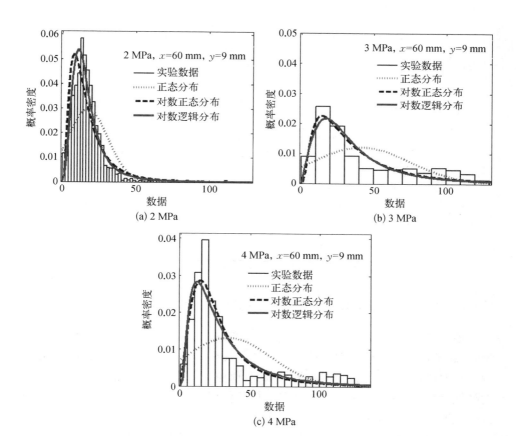

图 6.29　不同喷注压降下的液滴粒径分布拟合函数的对比

图 6.30 给出了不同喷孔直径下的液滴 SMD 分布,分别给出了 $x=90$ mm 和 $x=120$ mm 两个来流位置的分布。由于 $d=0.5$ mm 喷射条件下的射流穿透深度较小,在纵向测量起点 $y=9$ mm,空间步进精度 $\Delta y=6$ mm 的条件下,测量点相对较少,在反映液滴尺寸分布规律上具有一定的局限性。从图中可以看出:

(1)当喷孔直径 $d=0.5$ mm 时,9~15 mm 纵向高度区域的 SMD 基本保持不变,表明这一部分液滴已经完成雾化过程;当喷孔直径 $d=1.0$ mm 时,对应区域的 SMD 随流向减小,表明尚存在液滴的扩散过程。

(2)喷孔直径变小,平均直径 SMD 明显变小,表明喷孔直径对雾化后的液滴尺寸有很大的影响,减小液滴直径对喷雾减小液滴尺寸,增大喷雾分布均匀性有很大的促进作用。

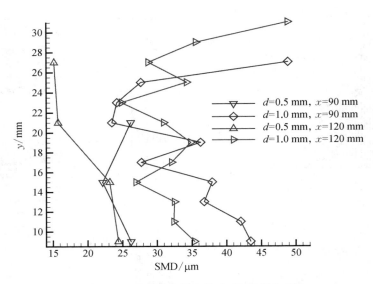

图 6.30　不同喷孔直径下的 SMD 沿纵向分布

　　喷孔直径变小,射流流量减小,射流柱变细,一方面湍流扰动对射流的作用增强,超声速来流气体对射流柱的剪切作用加强,液滴脱落现象更加明显,液滴脱落与射流柱破碎相对更容易;另一方面,射流流量变小,雾化形成的液滴群浓度降低,增强了液滴和来流气体之间的相互作用,即在喷雾近场,液滴和空气的接触程度增强,液滴更容易发生深层次破碎,液滴粒径变小。

　　图 6.31 给出了对应的采用不同阈值过滤下的 SMD 分布图,对比原始 SMD 分布曲线,大液滴过滤后的 SMD 分布曲线更加光滑,分布规律更加明显。从图中可以看出:

　　(1) $d=0.5$ mm 喷孔直径下,不同阈值下的液滴 SMD 分布基本没有变化,和原始 SMD 分布相比,SMD 值总体减小,但变化幅度很小。表明 $d=0.5$ mm 时,在离喷嘴下游 90 mm 喷雾区域,基本不存在影响 SMD 分布的大液滴,且雾化过程基本完成,液滴 SMD 值在 15 μm 左右。

　　(2) $d=1.0$ mm 喷孔直径下,阈值对液滴 SMD 分布曲线有很大的影响,随着阈值 f 从 1 减小到 0.995,SMD 分布曲线有明显的变化;而当 f 从 0.995 减小到 0.99,SMD 分布曲线基本不变,表明对 SMD 分布规律有大影响的液滴占液滴总数的 0.5%,由于采集样本数为 2 000,即存在 10 个左右影响 SMD 值大小的液滴。

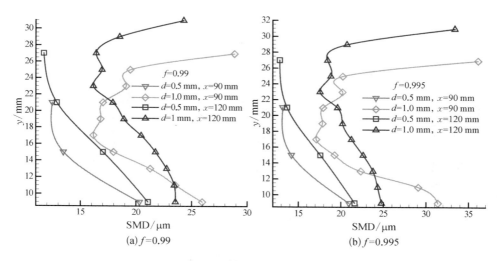

图 6.31　不同阈值和喷孔直径下的 SMD 沿纵向的分布

综上所述,喷孔直径对液滴尺寸分布有较大的影响,喷孔直径减小,雾化形成的液滴粒径总体变小,喷雾分布更加均匀。其主要原因有两点:

(1)喷孔直径减小,射流柱变细,同扰动下射流变形更容易,液滴破碎与脱落更加容易。

(2)喷孔直径减小,射流流量变小,雾化形成的液滴群浓度降低,气液相互作用加剧,雾化形成的液滴粒径更小。

图 6.32 给出了 Gk3 条件下($d=0.5$ mm),横截面喷雾的平均直径分布。采用喷孔直径对横截面坐标进行无量纲化,得到无量纲尺度的横截面。喷雾产生的大液滴主要集中分布在横截面的中心偏下区域,最大液滴为 $21\sim25$ μm,横截面外缘液滴平均直径较小,与喷孔 Gk1 条件下的喷注是一致的。

根据前面的研究可知,对于 Gk1 工况,喷雾横截面呈现显著"Ω"形,横截面底层有明显收缩区域,而对于 Gk3 工况,喷雾横截面呈现近似"Ω"形,横截面底层没有明显收缩区域,这主要是因为在两种工况中,边界层厚度是相同的,大喷孔直径射流穿透深度大更容易脱离壁面边界层影响。为了进一步研究喷孔直径对液滴速度分布的影响,图 6.32 给出了不同孔径条件下喷雾横截面平均纵向速度的分布,横截面取 $x/d=30$ 和 $x/d=75$ 横截面,其中左半边对应 Gk3 工况的试验数据,右半边对应 Gk1 工况的试验数据。纵向的平均速度正负两个方向的高速区具有相似的分布规律。正向速度随着无量纲高度增加而增加,而负向速

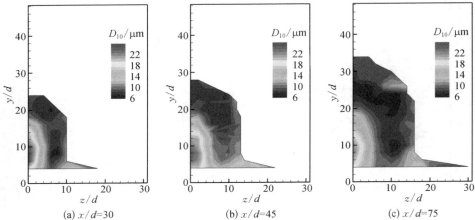

(a) x/d=30 (b) x/d=45 (c) x/d=75

图 6.32 Gk3 条件下，喷雾横截面平均直径分布

度在横截面喷雾脚处达到最大。随着流向距离的增加，纵向平均速度逐渐减小，最大速度从 65 m/s 减小到 50 m/s，同样，纵向平均速度也表现出显著的分层现象。在横截面喷雾脚位置，出现明显的负向速度区，表明该处的液滴群有明显向壁面运动的趋势，这也是产生横截面喷雾脚的主要原因。PDA 获得不同孔径下喷雾空间点的液滴粒径信息，研究喷注压降对空间单点统计规律的影响。

图 6.33 给出了距喷嘴 120 mm 处不同孔径下两个纵向位置的液滴粒径分布直方图，图 6.33(a)、(c)对应 $y=9$ mm 纵向高度，图 6.33(b)、(d)对应 $y=27$ mm 纵向高度。从图中可以看出：

（1）对比同孔径下的不同纵向位置，$y=27$ mm 处采集到的液滴分布更集中，表现为概率峰值更大，概率峰值对应的粒径变小，表明在同一个来流位置，射流近下壁面区域的液滴粒径比近上壁面区域的液滴粒径总体要大，主要是由于后者和来流的相互作用程度更强。

（2）对比不同孔径下相同喷雾空间点上的液滴分布，$d=0.5$ mm 孔径下的液滴粒径分布总体偏左，即液滴粒径总体偏小，表明减小喷孔直径对减小雾化形成的液滴粒径有一定的促进作用。

为了更直观地描述孔径对雾化形成的液滴粒径的影响，选取 $x=90$ mm 和 $x=120$ mm 两个流向位置，对不同孔径下不同概率阈值对应的液滴粒径沿纵向的变化进行对比分析，其结果如图 6.34 所示。

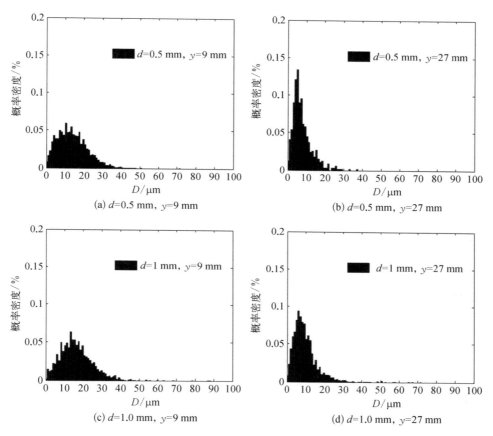

图 6.33　不同孔径下的液滴粒径分布直方图($x=120\text{ mm}$)

由于 $d=0.5\text{ mm}$ 孔径下的射流穿透深度较小,纵向测控点也相对较少。图 6.34 给出了不同孔径下,不同阈值对应的液滴粒径,图 6.34(a)、(b)分别代表 $x=90\text{ mm}$、$x=120\text{ mm}$ 两个来流位置,从图中可以看出:

(1)不同概率阈值下,$d=0.5\text{ mm}$ 对应的液滴粒径比 $d=1.0\text{ mm}$ 对应的液滴粒径要小,表明减小孔径,雾化形成的液滴粒径减小,促进了雾化过程。

(2)对比两个不同孔径下的液滴粒径,可以看出,当 $d=1.0\text{ mm}$ 时还明显存在大液滴,占采集样本的 $0.5\%\sim1\%$,且随着流动向下游发展,大液滴占的比重并没有减小,表明在该区域的液滴虽然粒径较大,同时液滴速度接近主流速度,气液相对速度小,达到准稳定状态,大液滴不再破碎;而 $d=0.5\text{ mm}$ 孔径下,基本

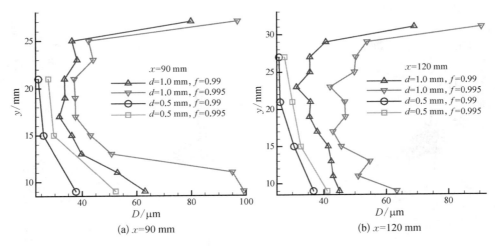

(a) x=90 mm   (b) x=120 mm

图 6.34　不同概率阈值对应的液滴粒径沿纵向的变化

不存在大液滴,表明大液滴在流动过程中已经破碎为更小的液滴。

（3）在 $d=0.5$ mm 孔径下,阈值 $f=0.99$ 和 $f=0.995$ 对应的液滴粒径基本接近,且同一阈值下沿纵向对应的液滴基本接近,表明在喷雾远场,液滴粒径已基本趋于均匀。

其不同纵向位置对应的液滴粒径如表 6.5 所示。

表 6.5　不同孔径下 $f=0.99$ 对应的液滴粒径（$x=120$ mm）

孔　径	$y=9$ mm	$y=15$ mm	$y=21$ mm	$y=27$ mm
$d=0.5$ mm	36.71 μm	30.5 μm	26.04 μm	25.72 μm
$d=1.0$ mm	45.07 μm	41.42 μm	35.75 μm	35.55 μm

在 $x=120$ mm 流向位置,不同孔径、相同阈值对应的液滴粒径平均差值为 9.71 μm,方差为 0.825 μm。

为了验证分布函数的在不同喷孔直径下的适用性,对不同孔径下 $x=60$ mm、 $y=9$ mm 位置采集到的液滴粒径分布进行了分析,得到如图 6.35 所示的结果。

从图中可以看出,在不同的喷孔条件下,Log-Logistics 分布函数也能较好地反映出液滴粒径的分布水平。

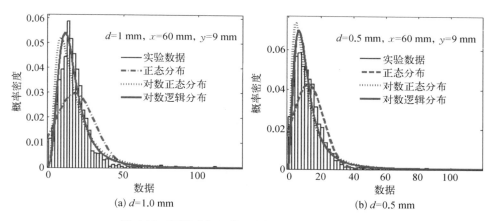

图 6.35　不同孔径下的液滴粒径分布函数的对比

研究表明,减小喷孔直径,相同空间位置上液滴粒径变小,大液滴占的比重减小,液滴分布更加均匀,减小喷孔直径对减小液滴尺寸,增大喷雾均匀性有很大的促进作用。

6.3　液滴速度分布规律

液体横向射流垂直喷入超声速气流中,在强烈的气动力作用下,向下游弯曲,同时液体被超声速气流不断加速。从前期的 PIV 测速研究中发现,射流离开喷孔后遭遇强烈的气液动量交换,近场区域液体速度迅速增加,而在远场液体加速过程减缓,然而 PIV 方法获得的是喷雾的平均速度场,无法开展对喷雾速度场细节结构的深入探讨。PDA 能够对一段时间内通过测量点的全部液滴速度进行统计测量,通过 PDA 测量多点的速度分布,深度解析喷雾场液滴速度变化规律。

6.3.1　单点速度统计分布

PDA 通过两束激光相交形成微小测量体,利用多普勒原理记录通过测量体的液滴二维速度(u, v),其中 u 为液滴速度的流向分量,v 是液滴速度的纵向分量。PDA 测速与测粒径过程相互独立,采集样本数为 2 000,测点布局如图 6.36 所示。

以标准工况下空间点 $x=30$ mm、$y=9$ mm 处的流向速度测量结果为例进行分析,图 6.36 为该位置处液滴速度 u 的概率分布结果,从图中可以看出液滴流

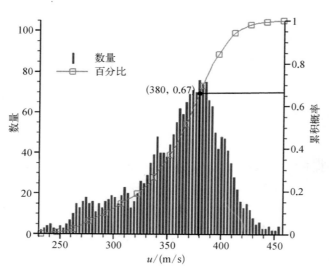

图 6.36　$x = 30\ \text{mm}$、$y = 9\ \text{mm}$ 位置处的液滴速度分布

向速度分布在 $230 \sim 460\ \text{m/s}$,其中主要集中分布在 $380\ \text{m/s}$ 附近,说明液滴从射流柱脱落后,在强烈的气液相互作用下被迅速加速。从图中还可以看出,以最大速度值为中心,左边的小速度液滴数量占总液滴数量约 67%,表明在 $230\ \text{m/s} < u < 320\ \text{m/s}$ 的区间内存在为数较多的液滴。设定每个速度值 u_i 对应的液滴个数为 n_i,由式(6.8)和式(6.9)可以计算获得一个控制体内液滴速度的平均值 $\bar{u}$ 和样本均方差 σ,从一定程度上反映液滴的速度分布。计算可知,该位置处速度均值为 $359\ \text{m/s}$,速度分布均方差为 $42.1\ \text{m/s}$。

$$\bar{u} = \frac{\sum u_i \cdot n_i}{\sum n_i} \tag{6.8}$$

$$\sigma^2 = \frac{\sum (u_i - \bar{u})^2 \cdot n_i}{\sum n_i - 1} \tag{6.9}$$

6.3.2　流向速度空间分布规律

图 6.37 所示为 $x = 30\ \text{mm}$ 处不同纵向高度位置的液滴速度统计分布。随着纵向高度(y)的增加,液滴速度整体上呈上升趋势,这是因为靠近壁面位置处由

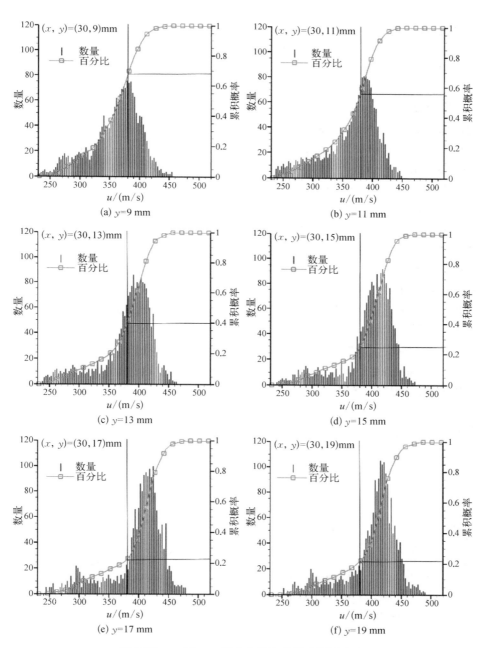

图 6.37　$x=30$ mm 处 6 个测点的速度概率分布

于射流柱的遮挡作用,气液作用相对较弱,所以 $x=30$ mm、$y=9$ mm 位置处的液滴速度相对于其他位置总体上偏小;当纵向高度增加,测量区域逐渐靠近超声速气体主流,气液间相互作用加剧,液滴速度有所增加。

通过分析 $x=30$ mm 位置处的所有测量点的速度概率分布发现,在速度集中分布区域之外,存在数量较多的低速液滴,且低速液滴的数量随着纵向高度的增加逐渐减小。以 $u=380$ m/s 为例,在 $y=9$ mm 位置处小于 380 m/s 的液滴数量占总数量的66%,在 $y=11$ mm 处所占比例为56%,在 $y=13$ mm、$y=15$ mm、$y=17$ mm 和 $y=19$ mm 位置处所占比例分别为38%、24%、22%和21%。存在数量较多的低速液滴是因为 $x=30$ mm 处距离喷孔出口较近,从粒径分布分析可知,在该位置处二次雾化未全部完成,依然存在个别粒径较大液滴,大液滴抵抗气动力加速能力更强,加速缓慢。低速液滴数量比例随纵向高度的增加呈减小趋势是由两个因素导致:其一,气液间相互作用随着纵向高度的增加逐渐增强,液滴速度整体增加,低速液滴减少;其二,随着纵向高度的增加,不断增强的气液间相互作用对低速液滴的加速作用更强,导致低速液滴数量减少。

图 6.38 所示为 $x=120$ mm 处不同纵向高度位置的液滴速度统计分布。从图中所示的 3 个测点位置的速度概率分布形状可以看出,$x=120$ mm 处的液滴速度分布沿纵向高度方向变化不大,这说明 $x=120$ mm 处的液滴分布沿纵向更加均匀。同时,$y=15$ mm、$y=21$ mm 和 $y=29$ mm 处小于 380 m/s 的液滴数量占总数量的比例均小于11%,分别为11%、9.5%和5.8%。$y=15$ mm、$y=21$ mm 和 $y=29$ mm 三个测点处的速度概率分布区别在于随着纵向高度的增加,会出现更多的高速液滴逼近气体主流速度(530 m/s),这是因为越靠近气体主流的位置,

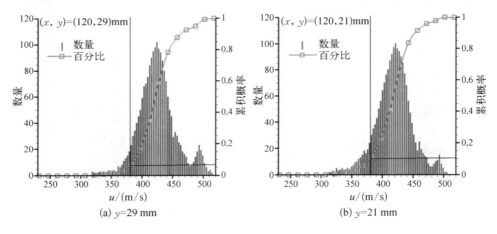

(a) $y=29$ mm (b) $y=21$ mm

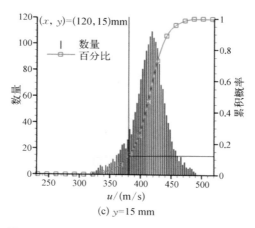

(c) $y=15$ mm

图 6.38　$x=120$ mm 处 3 个测点的速度概率分布

受到的气体直接加速作用越明显,个别小粒径液滴由于自身对气流的跟随性好而获得接近主流的速度。$y=29$ mm 是喷雾与气体的分界位置,由于气流的直接作用,甚至在速度概率分布图上出现另一个代表高速的概率分布尖峰。

　　为了分析液滴速度分布沿流向的变化趋势,图 6.39 和图 6.40 分别给出了沿流向的四个边界点和 $y=15$ mm 处的四个喷雾内部测量点处的速度概率分布。

　　从边界点的速度概率分布可以看出,$x=30$ mm、$y=19$ mm 位置处的液滴速度相比于其他三点处明显偏小,且速度小于 380 m/s 的低速液滴所占比例大于其他三点,同时高速液滴的数量比其他三点偏少;当 x 从 60 mm 增加到 120 mm 的过程中,低速液滴的数量仍然有所减少,高速液滴数量有所增加,但是这种减少和增加的幅度远小于 x 从 30 mm 到 60 mm 时的幅度。这是因为 $x=30$ mm 位置处未完成二次雾化,大液滴数量较多,不易被加速从而速度相对较小,随着流动向下游的发展,部分大液滴迅速破碎成小液滴并被不断加速,所以 x 从 30 mm 增加到 60 mm 时,低速液滴数量明显减少,高速液滴数量有所增加;当 x 继续增加,由于二次雾化完成,气动力与液滴表面张力达到平衡状态,液滴速度和尺寸维持基本不变,所以液滴速度概率分布形状基本保持不变。由于边界点持续受到气体主流的加速作用,个别小液滴被持续加速,导致随着 x 的增加,高速液滴数量有所增加。图 6.40 中 $y=15$ mm 位置上的四个点与边界点速度分布变化规律相似。同时,从速度概率分布的集中程度上分析,随着流向距离的增加,液滴速度分布更加均匀。

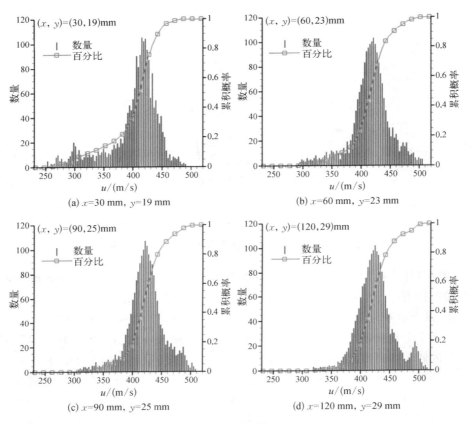

(a) x=30 mm, y=19 mm   (b) x=60 mm, y=23 mm

(c) x=90 mm, y=25 mm   (d) x=120 mm, y=29 mm

图 6.39 喷雾边界四点的速度概率分布

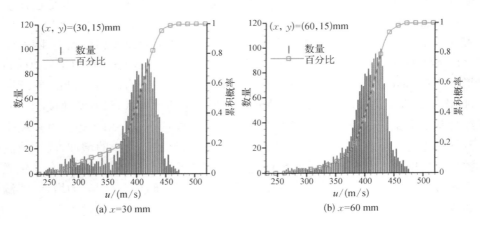

(a) x=30 mm   (b) x=60 mm

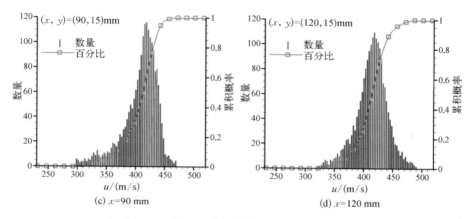

图 6.40 $y=15\,\mathrm{mm}$ 处沿流向四点的速度概率分布

6.3.3 纵向速度空间分布规律

射流以一定的速度喷射到超声速来流中,在基准工况下,射流初始速度为
$63.2\,\mathrm{m/s}$。在实际实验中,由于液体和喷嘴通道之间存在速度边界层,因此,从
喷嘴喷出的液体,其边缘区域的速度相对射流柱中心区域的速度要小。

图 6.41 给出了不同来流位置液滴纵向速度随纵向高度的变化关系,从图中

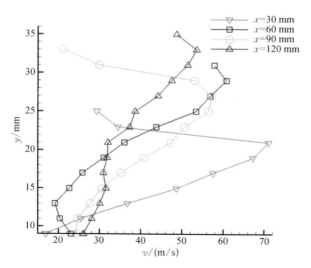

图 6.41 不同来流位置液滴纵向速度随纵向分布曲线

可以看出:

（1）随着纵向位置的增大,液滴纵向速度总体表现为先增大而后减小,接近镜像"C"形分布。

从喷嘴喷出的液体,由于喷嘴通道的原因,存在速度梯度,形成速度边界层,射流柱边缘区的液体的速度比射流柱中心区的液体的速度要小,并小于理论速度。在液滴从射流柱主体脱落之前,射流柱主体对边缘液体会有一个牵引加速作用,导致从射流柱较高位置脱落的液滴的初始纵向速度比射流柱较低位置脱落的液滴的初始纵向速度要大,在纵向速度随纵向深度的变化曲线中,对应转折点下方的液滴速度随着纵向高度的增加而增大。可以推测,液滴剥落的位置越往上,直到射流主体破碎之前,射流主体对边缘的液体的加速作用越大,脱落的液滴的纵向速度也越大,其简单模型如图 6.42 所示。

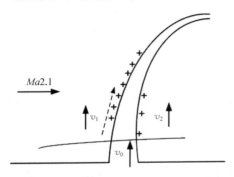

图 6.42　射流液体纵向速度简图

随着液滴不断脱落,射流主体不断变小,在扰动等的作用下,在某个纵向深度位置,射流主体发生破碎,此时,破碎形成的液滴的纵向速度不再增大,且会在重力以及湍流扰动等的作用下,速度减小,对应转折点上方的液滴速度随着纵向高度的增加而减小。

（2）随着流向位置的发展,液滴纵向速度变化梯度逐渐变缓,从曲线斜率上看,$x = 30$ mm 对应的斜率最小,即液滴纵向速度变化最快;$x = 120$ mm 对应的斜率最大,即液滴纵向速度变化最慢。表明随着流动向下游发展,不同纵向位置的液滴速度渐趋一致,间接表明喷雾分布渐趋均匀。

（3）对比液滴速度分布和液滴粒径分布,可以推测两者之间存在一定的定量关系,其具体关系需要进一步研究。

为了得到更进一步的纵向速度分布特征,采用和 SMD 分析类似的办法,对纵向位置进行归一化处理,得到如图 6.43 所示的深度归一化速度分布图。

从图 6.43 可以看出,液滴最大速度在 $y/h = 0.8$ 附近取到。相对于液滴粒径的分布而言,液滴速度的分布规律并不明显,可能是由于湍流以及涡结构等对射流的作用在一定程度上影响了液滴的纵向速度分布。

图 6.44 给出了 $y = 15$ mm 处液滴纵向速度随来流位置的变化曲线,可以看

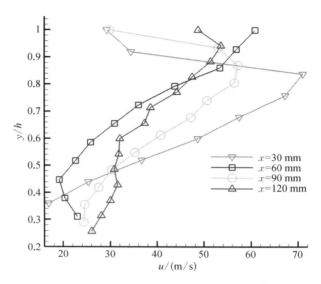

图 6.43　不同来流位置液滴纵向速度随 y/h 变化曲线图

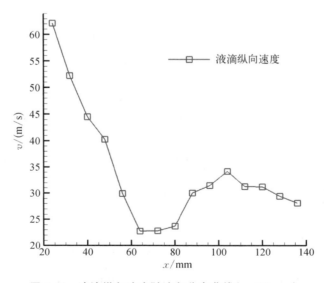

图 6.44　液滴纵向速度随流向分布曲线($y=15\,\mathrm{mm}$)

出,液滴纵向速度随来流位置总体先变小后趋于稳定,在射流近场区域,液滴速度大于理论值,这是由于在射流柱未破碎之前,气流对液体存在一个沿射流柱方向的作用力,对射流表面的液体进行加速和剪切,使得部分液滴的初始纵向速度大于理论值。这种气流的斜向加速和剪切,一直持续到射流柱破碎。

前面的分析表明,液体从喷嘴喷出后,射流表面会出现大量液滴脱落,在射流柱未破碎之前,液滴脱落越早,液滴初始纵向速度越低,相同纵向位置,x 越大,对应的液滴脱落越早,纵向速度越小。

综上所述,在喷雾空间上,液滴纵向速度沿纵向呈镜像"C"形分布,速度沿纵向先变大,后变小,主要是由于液体速度梯度的影响,导致从射流柱表面脱落的液滴的初始速度不同。速度转折点在 $y/h=0.8$ 附近取到,和对应的射流柱破碎位置相关。在射流上边缘区域,液滴纵向速度沿流向先变小,后基本保持恒定。

6.3.4 喷嘴直径的影响

图 6.45 给出了 Gk3 条件下($d=0.5$ mm),横截面喷雾的平均直径分布。采用喷孔直径对横截面坐标进行无量纲化,得到无量纲尺度的横截面。喷雾产生的大液滴主要集中分布在横截面的中心偏下区域,最大液滴为 $21\sim25$ μm,横截面外缘液滴平均直径较小,与喷孔 Gk1 条件下的喷注是一致的。

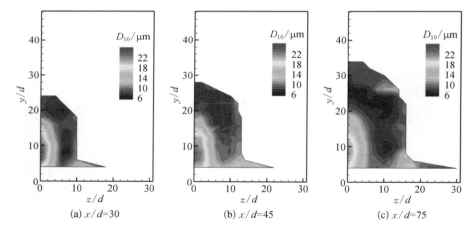

图 6.45　Gk3 条件下,喷雾横截面平均直径分布

根据前面研究可知,对于 Gk1 工况,喷雾横截面呈现标准"Ω"形,横截面底层有明显收缩区域,而对于 Gk3 工况,喷雾横截面呈现近似"Ω"形,横截面底层没有明显收缩区域,这主要是因为在两种工况中,边界层厚度是相同的,大喷孔直径射流穿透深度大更容易脱离壁面边界层影响。为了进一步研究喷孔直径对液滴速度分布的影响,图 6.46 给出了不同孔径条件下喷雾横截面平均纵向速度的分布,横截面取 $x/d=30$ 和 $x/d=75$ 横截面,其中左半边对应 Gk3 工况的试验数据,右半边对应 Gk1 工况的试验数据。纵向的平均速度正负两个方向的高速区具有相似的分布规律。正向速度随着无量纲高度增加而增加,而负向速度在横截面喷雾脚处达到最大。随着流向距离的增加,纵向平均速度逐渐减小,最大速度从 65 m/s 减小到 50 m/s,同样,纵向平均速度也表现出显著的分层现象。在横截面喷雾脚位置,出现明显的负向速度区,表明该处的液滴群有明显的向壁面运动的趋势,这也是产生横截面喷雾脚的主要原因。

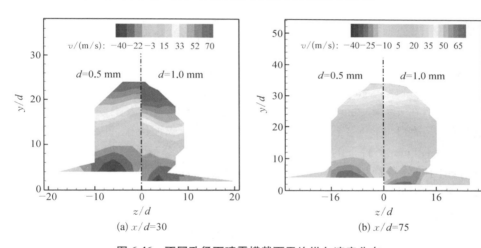

图 6.46　不同孔径下喷雾横截面平均纵向速度分布

图 6.47 给出了不同孔径($d=0.5$ mm 和 $d=1.0$ mm)条件下喷雾横截面平均流向速度的分布。结果显示,与喷孔 1 mm 工况类似,小孔径喷注的横截面外缘横向速度高,横截面中心区域速度低,外缘最大速度可以达到 470 m/s,而中心平均速度不超过 300 m/s。不同之处在于,随着射流的发展,在小孔径喷注下游横截面上,高速区域集中在横截面上层位置,主要是因为距离中心位置较远,射流阻碍作用小,受到气流加速作用强。

为了定量比较孔径对雾化特性的影响,分别在两种孔径下提取无量纲位置 $x/d=30$ 和 $x/d=75$ 横截面不同高度位置的平均直径和速度进行对比。对

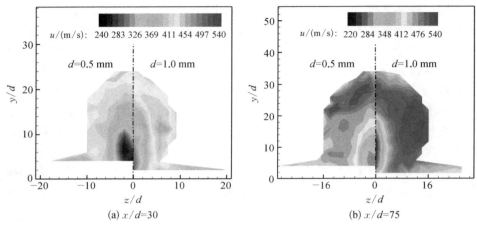

(a) $x/d=30$　　　　　　　　　　(b) $x/d=75$

图 6.47　不同孔径下喷雾横截面平均流向速度分布

$x/d=30$ 的喷雾横截面,取 $y/d=4$、$y/d=10$ 和 $y/d=20$ 高度,对 $x/d=75$ 横截面,取 $y/d=4$、$y/d=16$ 和 $y/d=30$ 高度。需要注意的是,尽管喷雾横截面的高宽比相同,但在 $d=0.5$ mm 的工况下,喷雾横截面喷雾脚位置更高,在相同无量纲高度下,$d=1.0$ mm 工况下,喷雾横截面已经处于收缩位置,即在 $y/d=4$ 的高度上,$d=1.0$ mm 条件下的展向距离相对较小。图 6.48(a)~(c)显示平均直径具有相同的分布趋势,尤其在喷雾截面靠近外边缘的位置,平均直径分布一致。图 6.48(d)~(f)显示平均流向速度具有相同的趋势,在数值上大孔径工况下的平均流向速度大于小孔径的工况。图 6.48(g)~(i)显示平均纵向速度存在较大差异,大孔径工况下的平均纵向速度具有更大的正向速度,这主要是因为小孔径工况下的喷雾横截面呈现准"Ω"形,喷雾整体受到边界层影响较大,液滴在纵向上向空间扩散受到一定阻碍,宏观上减小了纵向平均速度。图 6.49(a)~(c)显示平均直径基本重合,在近壁面高度上,呈现先减小再增大再减小的变化趋势。图 6.49(d)~(f)显示横向速度具有相同的趋势,在数值上略有差异。图 6.49(g)~(i)显示在雾化完全的位置,两种孔径条件下表现出较好的相似性。

　　总体来看,对于平板燃烧室,喷孔直径的变化主要影响喷雾内部的雾化发展过程,大孔径实际穿透距离更大,因此液滴也更容易获得较高的速度,喷雾边缘的雾化特性主要由气流速度决定,喷孔直径对无量纲位置上的液滴尺寸速度影响并不显著,尤其在射流下游,雾化特性参数具有相似的分布特征。

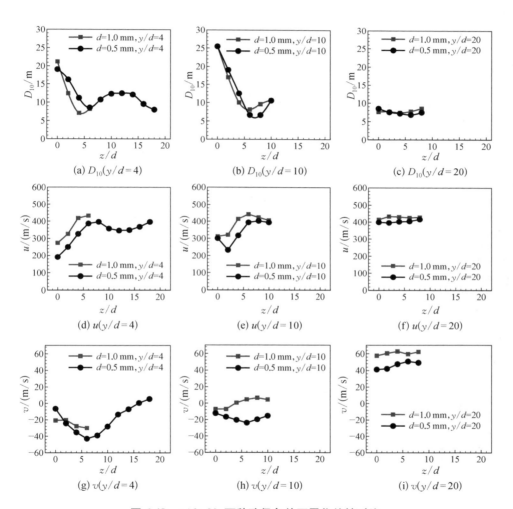

图 6.48　*x/d* = 30，两种孔径条件下雾化特性对比

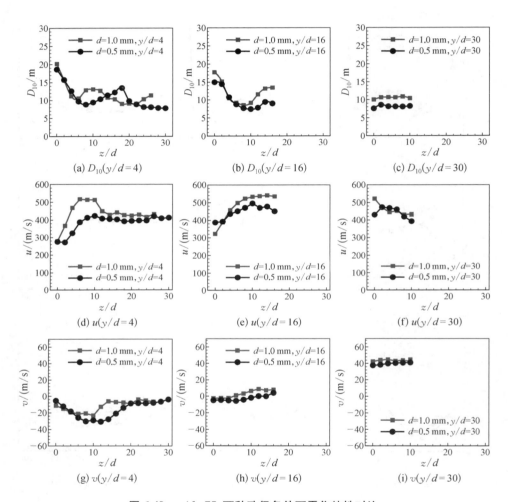

图 6.49 *x/d=75*，两种孔径条件下雾化特性对比

6.4　液滴尺寸分布模型

　　液体横向射流在经历雾化过程之后,形成不同速度和尺寸的液滴,研究表明液滴的尺寸和速度分布对点火性能有着重要影响。然而由于液滴的尺寸不均匀,单一的雾化指标例如算术平均直径或者 SMD,并不能充分反映雾化的全部特征,有必要了解液滴尺寸的分布规律。此外,在超声速气流中的喷雾数值模拟研究中常采用离散相的方法代替射流,迫切需要针对该气流条件的液滴尺寸分布模型,因此,研究雾化液滴尺寸的分布具有重要意义。

　　本节首先基于试验结果分析了喷雾横截面的液滴尺寸分布特征,然后归纳总结适合研究超声速气流中液体喷注雾化液滴尺寸的方法,明确技术路线采用特征直径约束方法和物理量守恒约束方法估计液滴的尺寸分布模型。

　　通过试验手段获得了整个喷雾横截面上的液滴尺寸信息,掌握了喷雾横截面的液滴分布情况,但是对于横截面整体或者局部液滴的尺寸分布还不清楚,在本节中,将常采用统计的方法,对液滴尺寸的概率分布开展研究。采用 Gk#-## 的形式对横截面进行编号,例如 Gk1-20,表示 Gk1 试验中,$x/d=20$ 位置的横截面,具体工况编号如表 6.6 所示。

表 6.6　喷雾横截面编号

工　况	马赫数 Ma	喷孔直径 d/mm	横截面位置 x/mm	工　况	马赫数 Ma	喷孔直径 d/mm	横截面位置 x/mm
Gk1-20	2.85	1.0	20	Gk3-75	2.85	0.5	37.5
Gk1-30	2.85	1.0	30	Gk7-75	2.0	1.0	75.0
Gk1-75	2.85	1.0	75	Gk7-45	2.0	1.0	45.0
Gk3-20	2.85	0.5	10.0	Gk8-45	2.0	0.7	31.5
Gk3-30	2.85	0.5	15.0	Gk9-45	2.0	0.5	22.5
Gk3-45	2.85	0.5	22.5				

6.4.1　液滴尺寸概率分布

　　液滴的尺寸分布常用概率分布和累积概率分布描述,如图 6.50 所示。从累积概率曲线里来看,几乎所有横截面的液滴尺寸分布都在 0~60 μm。液滴尺寸的概率分布集中在靠近 0~30 μm,说明喷雾横截面整体上液滴雾化程度比较高。横截面 Gk1－20 和 Gk1－30 具有相似的概率分布,当横截面位置距离喷孔较远时(Gk1－75),可以看到概率分布的峰值增大,液滴尺寸分布得更加集中。类似的情况在 Gk2 的三个横截面上也有所体现。当气流马赫数变为 2 时,液滴尺寸的分布规律发生了变化,液滴尺寸的分布更加集中在 10~15 μm,靠近 0 μm 附近的液滴占比均减少。

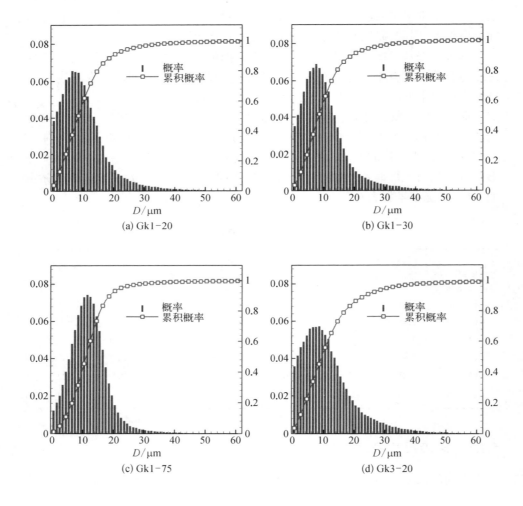

(a) Gk1-20

(b) Gk1-30

(c) Gk1-75

(d) Gk3-20

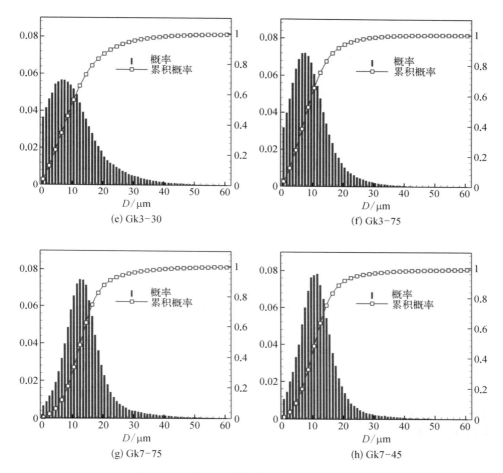

图 6.50　液滴尺寸的概率分布和累积概率分布

　　图 6.51 给出了 Gk3 条件下,液滴尺寸的数目概率分布和累积概率分布,为了便于区分,直方图表示液滴直径数目的频率,每个柱形图区间宽度为 1 μm,点线图表示液滴尺寸数目的累积频率。对于离散的物理量,当样本足够大时,其数目的频率可以近似认为是该尺寸范围的液滴出现的概率。从横截面统计的液滴直径来看,主要分布在 0~30 μm,累积概率达到 97%,超过这个范围的液滴虽然尺寸大,但占比很小。可以看出,随着流向距离增加,液滴分布的峰值逐渐升高,从 0.056 增长到 0.073,峰值水平位置基本没有变化,这表明随着流向

距离的增加,雾化更加充分,小尺寸的液滴占比更加集中,喷雾更加均匀。累积概率曲线显示,随着流向距离的增加,液滴尺寸分布越集中,当流向距离增大到 $x/d=75$ 时,尺寸在 $0\sim30\ \mu\mathrm{m}$ 的液滴数量占比超过99.5%。

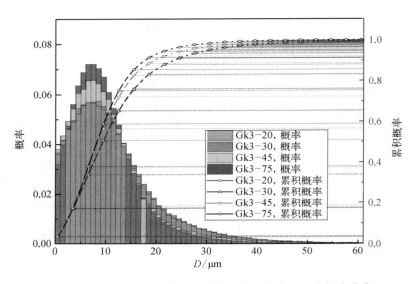

图 6.51　Gk3 条件下,液滴尺寸的数目概率分布和累积概率分布

　　图 6.52 给出了 Gk1 条件下液滴尺寸的数目概率分布和累积概率分布,可以看出,Gk1-20 和 Gk1-30 横截面具有相近的液滴尺寸分布,然而当流向距离达到 $x/d=75$ 时,液滴尺寸分布出现变化,峰值右移,尺寸在 $0\sim10\ \mu\mathrm{m}$ 的液滴数目占比减少。从累积概率分布上看,当液滴直径为 $0\sim10\ \mu\mathrm{m}$ 时,由于小液滴占比的减少,导致累积概率低于其他两个横截面数据,随着液滴直径的增加,累积概率超过其他两个横截面,这说明对于 $x/d=75$ 的横截面,尺寸为 $0\sim10\ \mu\mathrm{m}$ 的小液滴和大于 $20\ \mu\mathrm{m}$ 的液滴占比都在减少,液滴尺寸更加集中分布在 $10\sim20\ \mu\mathrm{m}$,其中大液滴的减少主要是液滴持续破碎导致的,小液滴的减少存在两种可能,一种是液滴蒸发导致小液滴减少,由于本研究的气流总温为 300 K,液滴蒸发过程几乎忽略不计。另一种是由于随着喷雾与气流的不断混合,气相液相的分界线也越来越模糊,射流的振荡边界带[9]越宽,稀薄区域的喷雾液滴不能被 PDA 捕捉到,而通过前面的研究可知,在喷雾的边缘区域,小液滴占比非常高,因此导致喷雾横截面整体的小液滴占比减少。

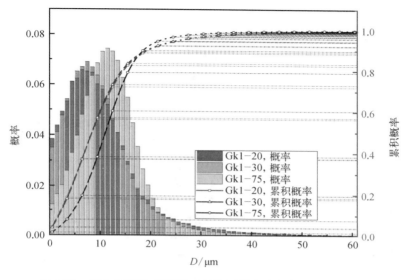

图 6.52　Gk1 条件下,液滴尺寸的数目概率分布和累积概率分布

　　上述结果都是基于无量纲的横截面数据展开研究的,但在比较中,研究发现相同无量纲横截面的液滴尺寸分布并不具有相似性,由于影响横截面总体液滴尺寸分布的主要因素是气动力,因此喷雾横截面所在的实际位置可能具有关键作用。图 6.53 整合了两种工况条件下不同喷注距离下的横截面液滴尺寸分布,其中,无量纲的流向距离换成了实际距离,为了便于直观比较,将试验获得的数据点用光滑曲线连接起来。可以看出,Gk1 - 20 与 Gk2-45 的液滴尺寸分布相似,它们的实际距离也极为接近。随着实际流向距离的增加(10~37.5 mm),液滴尺寸分布的峰值均在增加,液滴尺寸分布范围更加集中,但峰值的位置基本不变,仅当流向距离从 37.5 mm 增加到 75 mm,峰值发生右移。由此可知,在超声速气相流场中的液体横向射流,其横截面的液滴尺寸分布主要和实际的流向距离相关,在一定范围内,流向距离越大,液滴尺寸分布越集中,当超过该范围后,较大尺寸液滴占比增加。

6.4.2　最大熵原理

　　液滴尺寸分布就是以液滴直径作为自变量的液滴概率密度函数,常用的有两种表达形式,一种是关于液滴数目的分布,即某种尺寸的液滴数量占液滴总数的比重。一种是关于液滴体积的分布,即某种尺寸的液滴体积占喷雾总体积

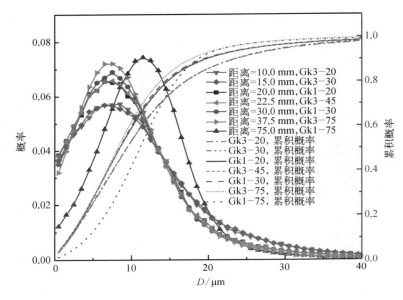

图 6.53 不同喷注距离横截面液滴尺寸分布

的比重。本研究所采用的主要是基于液滴数目的分布。在研究喷雾的液滴尺寸分布时,常用概率密度函数(probability density function,PDF)和概率质量函数(probability mass function,PMF)来描述,前者对应连续型随机变量的概率密度函数,后者是离散随机变量在各特定取值上的概率。

在研究液滴尺寸分布模型方面,Babinsky 等[10]总结了三种粒子分布的研究方法:经验法、最大熵方法和离散概率函数法。如图 6.54 所示,一般常用的 Log-Normal、Rosin-Rammler 分布以及 Nukiyama-Tanasawa 分布都是给定关键参数,然后基于试验数据拟合得到分布结果。这种方法优势就是形式简单,对于小范围工况下的预测相对准确,缺点是一旦超出试验数据范围,结果变得不可控。最大熵方法则是基于信息熵的概念,给定的约束条件使得信息熵达到最大值,依据约束条件的类型可分为理论约束和经验约束,其中理论约束一般是基于运动学方程提出约束条件的方法,经验约束一般通过试验数据获得的特征直径参数进行约束的方法,其中的特征直径就是广义上的平均直径,其表达形式如式(6.10)所示,其中 D 为液滴直径,上标 p 和 q 为正整数,下面将要用到的 D_{10}、D_{20} 和 D_{30} 均通过此公式计算得到,三种特征直径分别表示液滴的线性平均直径、面积平均直径和体积平均直径。本节将基于最大熵原理,采用特征直径约束和物理量守恒约束分别对液滴尺寸的数目分布进行研究。

$$D_{pq} = \left[\frac{\int_0^\infty D^p f(D) \, \mathrm{d}D}{\int_0^\infty D^q f(D) \, \mathrm{d}D} \right]^{\frac{1}{p-q}} \tag{6.10}$$

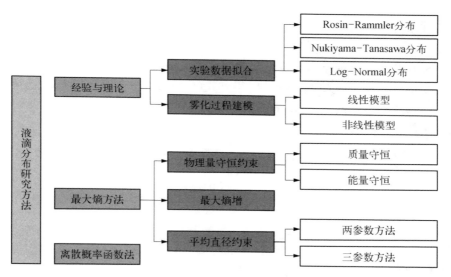

图 6.54　液滴尺寸分布研究方法示意图

最大熵理论[11]认为,在一个封闭的系统中,给定其特定的约束条件,使系统的熵达到极大值,此时的物理量的分布符合实际的分布,由此可以得到预测某个物理量分布的目的。根据定义,系统熵的表达式如式(6.11)所示,其中 P_i 表征某一事件出现的概率,K 为玻尔兹曼常数,在没有外部约束条件的时候,可以认为所有事件等概率发生,此时的信息熵 S 达到最大值,即最大熵原理(maximum entropy principle,MEP)。

$$S = -K \sum_i P_i \ln P_i \tag{6.11}$$

将该理论引入到喷雾中,则 P_i 表示某种尺寸液滴出现的概率,对于整个喷雾系统而言,全部尺寸的液滴概率累加之和为 1,因此得到第一个约束条件,如公式(6.12)所示。对于喷雾系统,还存在复杂的质量、动量和能量等其他约束条件,把可能存在的约束条件用式(6.13)表示,其中 $g_{r,i}$ 表示某种状态对应的第 r 个约束,$<g_r>$ 表示对整个系统约束的平均值。

$$\sum_i P_i = 1 \qquad (6.12)$$

$$\sum_i P_i g_{r,i} = <g_r> \qquad (6.13)$$

在求解极值问题时,可以通过拉格朗日因子法求解[12],具体过程如下:首先结合式(6.11)~式(6.13)构建函数 F,其中 λ 为拉格朗日因子,拉格朗日因子的下标 0 和 r 分别对应最大熵原理初始的约束条件和其他的第 r 个约束条件。然后令函数 F 关于 P_i 的偏导数为 0,得到式(6.15),进一步可化简为式(6.16)的形式,至此该问题转化为了在给定约束条件下求解极值的问题,故给定适当的约束条件成为解决该问题的关键。

$$F = \sum_i P_i \ln P_i + \lambda_0 \left(\sum_i P_i - 1 \right) + \lambda_r \left(\sum_i P_i g_{r,i} - <g_r> \right) \qquad (6.14)$$

$$\frac{\partial F}{\partial P_i} = 1 + \ln P_i + \lambda_0 + \lambda_r g_{r,i} = 0 \qquad (6.15)$$

$$P_i = \exp(-1 - \lambda_0 - \lambda_r g_{r,i}) \qquad (6.16)$$

6.4.3 基于物理量守恒的分布模型

1. 物理量守恒约束条件

采用特征直径约束的方法虽然能够预测液滴尺寸的分布,但具有一定的适用范围,特别是需要结合试验数据进行特征直径的预测,严重限制了液滴尺寸模型的适用性,如果将物理量守恒作为约束条件,能够模拟实际物理过程,就能够从理论上获得基于最大熵理论的液滴尺寸分布。为了建立物理量守恒的约束条件,首先确立研究对象,如图 6.55 所示为控制体示意图,以整个射流作为控制体,超声速气流从左侧影响射流,液体

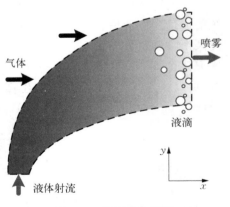

图 6.55 控制体示意图

横向射流从底部垂直注入,在气流作用下破碎成液滴从右侧流出,运动平衡满足液滴的质量总和、动量总和、能量总和等于射流入口的质量、动量、能量加上各自的源项(气流对液滴的作用)。

运动方程同时涉及液滴的尺寸和速度,因此假定某种体积和速度的液滴出现的概率为 P_{ij},下标 i 代指液滴的体积,下标 j 代指液滴速度,显然就得到式(6.17):

$$\sum_i \sum_j P_{ij} = 1 \tag{6.17}$$

那么根据物理量守恒得到的平衡关系式如式(6.18)~式(6.20)所示,其中 V_i 表示液滴的体积; $\dot{n}$ 表示单位时间经过横截面的液滴数量; σ 表示液滴的表面张力系数; $\dot{m}_1$ 表示射流进入控制体质量流率; S_m、S_{mv} 和 S_e 分别表示气相对液相造成的质量、动量和能量的变化。

$$\sum_i \sum_j P_{ij} V_i \rho_1 \dot{n} = \dot{m}_1 + S_m \tag{6.18}$$

$$\sum_i \sum_j P_{ij} V_i \rho_1 \dot{n} U_j = \dot{m}_1 U_1 + S_{mv} \tag{6.19}$$

$$\sum_i \sum_j P_{ij} \left[\frac{1}{2}(V_i \rho_1 \dot{n} U_j^2) + \sigma A_d \dot{n} \right] = \frac{1}{2}\dot{m}_1 U_1^2 + S_e \tag{6.20}$$

2. 质量守恒和动量守恒的约束条件

由于试验中并不能得到气流相关的参数,因此本研究主要考虑质量和动量守恒的约束条件,在进行相关的计算时还需要对约束条件进行合理的简化和假设:

(1)在射流出口横截面上的液滴迎风面之和等于喷雾的横截面面积;

(2)液滴在运动期间不存在蒸发过程;

(3)气流对液滴的作用力简化为气流在喷雾横截面上的气动力。

根据前述假设,采用液滴平均体积和液滴的平均流向速度进行无量纲化之后得到式(6.21)和式(6.22),其中由于射流的方向与气流的方向是垂直的,动量平衡可以分解为两个方向,考虑在流向上的平衡关系, U_j 是液滴的流向速度。

$$\sum_i \sum_j P_{ij} \bar{V}_i = \sum_i \sum_j P_{ij} \bar{D}_i^3 = 1 \tag{6.21}$$

$$\sum_i \sum_j P_{ij} \bar{V}_i \bar{U}_j = \sum_i \sum_j P_{ij} \bar{D}_i^3 \bar{U}_j = \bar{S}_{mv} \quad (6.22)$$

将离散的液滴看作连续相,可以将式(6.21)和式(6.16)转化为如下形式:

$$P\{(\bar{V}, \bar{U}) \mid \bar{V}_N < \bar{V} < \bar{V}_{N+1}, \bar{U}_M < \bar{U} < \bar{U}_{M+1}\}$$

$$= \int_{\bar{U}_M}^{\bar{U}_{M+1}} \int_{\bar{V}_N}^{\bar{V}_{N+1}} \exp(-1 - \lambda_0 - \lambda_1 \bar{D}^3 - \lambda_2 \bar{D}^3 \bar{U}) \mathrm{d}\bar{V} \mathrm{d}\bar{U}$$

$$= \int_{\bar{U}_M}^{\bar{U}_{M+1}} \int_{\bar{D}_N}^{\bar{D}_{N+1}} 3\bar{D}^2 \exp(-1 - \lambda_0 - \lambda_1 \bar{D}^3 - \lambda_2 \bar{D}^3 \bar{U}) \mathrm{d}\bar{D} \mathrm{d}\bar{U}$$

$$= \int_{\bar{U}_M}^{\bar{U}_{M+1}} \int_{\bar{D}_N}^{\bar{D}_{N+1}} f \mathrm{d}\bar{D} \mathrm{d}\bar{U} \quad (6.23)$$

将上述的方程作为约束条件,代入最大熵的计算公式,可以得到方程(6.24),这里的 f 是液滴速度和直径的联合概率密度函数。

$$\begin{cases} \int_{\bar{D}_{min}}^{\bar{D}_{max}} \int_{\bar{U}_{min}}^{\bar{U}_{max}} f \mathrm{d}\bar{U} \mathrm{d}\bar{D} = 1 \\ \int_{\bar{D}_{min}}^{\bar{D}_{max}} \int_{\bar{U}_{min}}^{\bar{U}_{max}} f\bar{D}^3 \mathrm{d}\bar{U} \mathrm{d}\bar{D} = 1 \\ \int_{\bar{D}_{min}}^{\bar{D}_{max}} \int_{\bar{U}_{min}}^{\bar{U}_{max}} f\bar{D}^3 \bar{U} \mathrm{d}\bar{U} \mathrm{d}\bar{D} = \bar{S}_{mv} \end{cases} \quad (6.24)$$

$$f = 3\bar{D}^2 \exp(-1 - \lambda_0 - \lambda_1 \bar{D}^3 - \lambda_2 \bar{U} \bar{D}^3) \quad (6.25)$$

关于动量源项,这里采用以下公式进行计算:

$$\bar{S}_{mv} = \frac{S_{mv}}{\dot{m} U_{Aver}} = \frac{0.5 C_D \rho_g (U_g^2 - U_{Aver}^2) A_{spray}}{\dot{m} U_{Aver}} \quad (6.26)$$

式中,C_D 为曳力系数,参考 Kurian 与 Das 给出的阻力系数进行计算,如式(6.27)所示。ρ_g 和 U_g 分别为气体的密度和速度,采用初始的气流参数进行计算,A_{spray} 为喷雾横截面的面积,由试验给出,至此所有参数都已经给出,可以进行下一步的计算:

$$C_D = 11.77 Re_k^{-0.278}, \ 70 < Re_k < 4\,470 \quad (6.27)$$

3. 预测模型的验证

根据最大熵参数估计方法,以 Gk2 的四个喷雾横截面作为研究对象进行验证,方程中关于喷雾横截面的液滴信息,根据各个横截面的试验数据可知,液滴直径主要分布在特定的范围内,因此 $D_{min}=0$ μm, $D_{max}=60$ μm, U_{max} 按照超声速气流速度的 90% 给出,平均速度则根据试验数据给出,如表 6.7 所示。

表 6.7　横截面平均速度统计结果

工　况	喷孔直径/mm	位置/mm	U_{Aver}/(m/s)
Gk3-20	0.5	10.0	356.01
Gk3-30	0.5	15.0	357.14
Gk3-45	0.5	22.5	375.11
Gk3-75	0.5	37.5	382.62

以 Gk3-20 横截面为例,计算得到了液滴直径和速度的联合概率密度函数,如式(6.28)所示。图 6.56 给出液滴的无量纲的粒径和速度的联合概率的计算结果,结果显示,高速运动的液滴集中分布在小尺寸区域,而低速运动的液滴集中分布在大尺寸区域,这与试验得到的规律一致。

$$f = 3\bar{D}^2 \exp(-0.09 - 0.38\bar{D}^3 - 2.04\bar{U}\bar{D}^3) \tag{6.28}$$

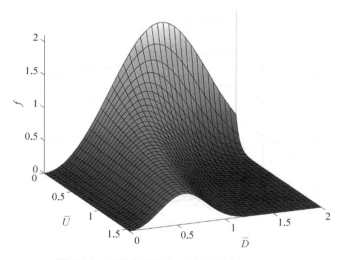

图 6.56　无量纲粒径和速度的联合概率分布

对概率密度函数在速度上进行积分,可以得到关于液滴尺寸的概率密度分布。图 6.57 给出了试验结果和预测分布之间的对比,其中曲线表示连续变量的概率密度分布,散点表示试验数据点。图 6.57(a)和(b)显示,预测结果和试验结果偏差较大,而图 6.57(c)和(d)显示,预测结果和试验结果较为一致。为了量化预测值与试验数据之间的偏差,对比了曲线峰值和峰值位置的差异,采用预测值相对试验值百分比偏差进行评估,结果如表 6.8 所示。随着流向距离的增加,曲线峰值位置的相对偏差迅速减小,而曲线峰值的相对偏差略有增大,但总体维持在 20% 以内。结果说明,随着流向距离的增加,采用质量和动量守恒

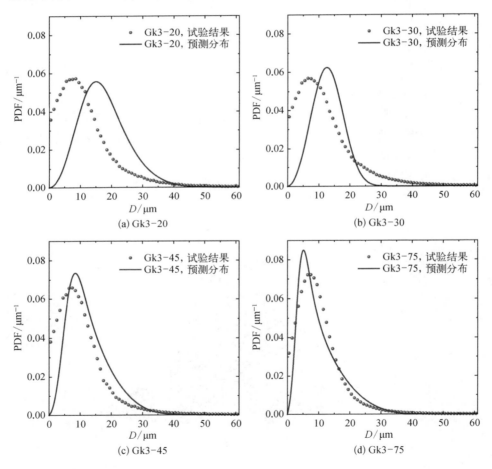

图 6.57　Gk3 条件下不同横截面上液滴尺寸预测分布与试验结果

表 6.8　预测结果和试验结果偏差

工　况	试验峰值 位置/μm	预测峰值 位置/μm	相对偏差 /%	试验峰值 /μm⁻¹	预测峰值 /μm⁻¹	相对偏差 /%
Gk3 – 20	8.5	15.5	82	0.057 3	0.055 8	3
Gk3 – 30	6.5	12.0	85	0.056 9	0.062 6	10
Gk3 – 45	7.5	9.0	20	0.065 8	0.073 5	12
Gk3 – 75	7.0	5.5	21	0.072 5	0.085 2	18

约束的方法,能够预测液滴的尺寸分布,但在射流近场区域该方法相对预测结果偏大,主要原因在于原方程中速度参数设置过于简化,液滴的速度分布差异较大,采用平均速度进行计算导致结果偏差较大,当喷雾横截面距离喷孔较远时,液滴速度分布较为均匀,预测结果与试验一致性更好。

6.4.4　基于特征直径约束的分布模型

1. 特征直径约束条件

由于喷雾的物理过程涉及了复杂的两相流过程,根据物理量守恒给出的约束条件会涉及多个未知物理量,部分物理量无法直接测量得到,需要根据不同情况采用相应的经验关系式,这增加了求解的不确定性,因此本节从试验数据出发,采用特征直径的方法给定约束条件,根据液滴的统计结果计算喷雾特征直径,进而获得液滴的尺寸分布。根据 Cousin 等[13] 发展的方法,可以得到约束条件的表达式(6.29)~式(6.32),并采用 D_{30} 进行了无量纲化,这里的 P_i 引申为某种体积的液滴出现的概率,也可以看作某类液滴直径的出现概率,D_i 为直径为 D 的一类液滴,将约束条件代入式(6.16)可得式(6.34)。

$$\sum_i P_i = 1 \tag{6.29}$$

$$\sum_i P_i \bar{D}_i = \bar{D}_{10} \tag{6.30}$$

$$\sum_i P_i \bar{D}_i^2 = \bar{D}_{20}^2 \tag{6.31}$$

$$\sum_i P_i \bar{D}_i^3 = 1 \tag{6.32}$$

$$\bar{D}_i = D_i / D_{30} \tag{6.33}$$

$$P_i = \exp(-1 - \lambda_0 - \lambda_1 \bar{D}_i - \lambda_2 \bar{D}_i^2 - \lambda_3 \bar{D}_i^3) \tag{6.34}$$

至此得到了离散相液滴尺寸概率的表达式,为了获得一定范围体积内的液滴的概率,可通过累加的形式获得,如式(6.35)所示。

$$P\{\bar{V}_N < \bar{V} < \bar{V}_{N+1}\} = \sum_{V_{N-1}}^{V_N} P_i = \sum_{V_{N-1}}^{V_N} \exp(-1 - \lambda_0 - \lambda_1 \bar{D}_i - \lambda_2 \bar{D}_i^2 - \lambda_3 \bar{D}_i^3)$$

$$\tag{6.35}$$

当液滴可以简化成完全的球形时,液滴体积可以表示成式(6.36),无量纲化之后得到式(6.37):

$$V_i = \frac{\pi}{6} D_i^3 = \frac{\pi}{6} \bar{D}_i^3 \cdot D_{30}^3 = V_{\text{Aver}} \cdot \bar{D}_i^3 \tag{6.36}$$

$$\bar{V}_i = \bar{D}_i^3 \tag{6.37}$$

将离散的液滴看作连续相,可以将求和转化为积分的形式如下:

$$\begin{aligned}
P\{\bar{V}_N < \bar{V} < \bar{V}_{N+1}\} &= P\{\bar{D}_N < \bar{D} < \bar{D}_{N+1}\} \\
&= \int_{\bar{V}_N}^{\bar{V}_{N+1}} \exp(-1 - \lambda_0 - \lambda_1 \bar{D} - \lambda_2 \bar{D}^2 - \lambda_3 \bar{D}^3) \, \mathrm{d}\bar{V} \\
&= \int_{\bar{D}_N}^{\bar{D}_{N+1}} 3\bar{D}^2 \exp(-1 - \lambda_0 - \lambda_1 \bar{D} - \lambda_2 \bar{D}^2 - \lambda_3 \bar{D}^3) \, \mathrm{d}\bar{D} \\
&= \int_{\bar{D}_N}^{\bar{D}_{N+1}} f \, \mathrm{d}\bar{D}
\end{aligned} \tag{6.38}$$

其中的函数 f 可以看作是液滴的概率密度函数(PDF),如下所示:

$$f = 3\bar{D}^2 \exp(-1 - \lambda_0 - \lambda_1 \bar{D} - \lambda_2 \bar{D}^2 - \lambda_3 \bar{D}^3) \tag{6.39}$$

将约束条件的式(6.29)~式(6.32)转化为连续假设条件下的表达式,代入概率密度函数,最终得到在特征直径约束条件下的非线性方程组如式(6.40)所示[5]。四个约束条件可以决定未知的四个拉格朗日因子,进而确定液滴的概率密度函数。

$$\begin{cases} \int_{\bar{D}_{\min}}^{\bar{D}_{\max}} f\mathrm{d}\bar{D} = \int_{\bar{D}_{\min}}^{\bar{D}_{\max}} 3\bar{D}^2\exp(-1-\lambda_0-\lambda_1\bar{D}-\lambda_2\bar{D}^2-\lambda_3\bar{D}^3)\mathrm{d}\bar{D} = 1 \\[2mm] \int_{\bar{D}_{\min}}^{\bar{D}_{\max}} f\bar{D}\mathrm{d}\bar{D} = \int_{\bar{D}_{\min}}^{\bar{D}_{\max}} 3\bar{D}^3\exp(-1-\lambda_0-\lambda_1\bar{D}-\lambda_2\bar{D}^2-\lambda_3\bar{D}^3)\mathrm{d}\bar{D} = \bar{D}_{10} \\[2mm] \int_{\bar{D}_{\min}}^{\bar{D}_{\max}} f\bar{D}^2\mathrm{d}\bar{D} = \int_{\bar{D}_{\min}}^{\bar{D}_{\max}} 3\bar{D}^4\exp(-1-\lambda_0-\lambda_1\bar{D}-\lambda_2\bar{D}^2-\lambda_3\bar{D}^3)\mathrm{d}\bar{D} = \bar{D}_{20}^2 \\[2mm] \int_{\bar{D}_{\min}}^{\bar{D}_{\max}} f\bar{D}^3\mathrm{d}\bar{D} = \int_{\bar{D}_{\min}}^{\bar{D}_{\max}} 3\bar{D}^5\exp(-1-\lambda_0-\lambda_1\bar{D}-\lambda_2\bar{D}^2-\lambda_3\bar{D}^3)\mathrm{d}\bar{D} = 1 \end{cases}$$

$$(6.40)$$

2. 求解方法

方程组(6.40)是一个包含四个未知量的非线性方程,求解非线性方程组最典型的方法就是牛顿迭代法,但该方法需要给定初始值且对于初始值极为敏感,如果初始值偏差较大,在迭代过程中很容易无解。本节的思路是首先采用遗传算法(genetic algorithms,GA),在一个相对有限的范围内进行筛选,得到可能的解,然后采用牛顿迭代方法逼近,得到方程组的解。

遗传算法的基本思想从初始种群中寻找解决方案,然后在迭代过程中,通过交叉、变异来生成新的子代,根据子代适应程度进行筛选,直到筛选出最佳的子代。主要步骤如下:

(1)初始化种群,也就是给定最初的求解范围;

(2)确认目标函数,是迭代过程中筛选的标准,让高质量的子代进入下一代的迭代中;

(3)遗传操作,包括选择、交叉和变异,对子代的结果采用相应的算法进行重组,得到满足上一代筛选条件同时可能具备更好适应度的子代,然后重复进行筛选;

(4)算法终止,当目标函数的变化趋于稳定,或者满足人为设置的收敛条件时,完成迭代。

本节基于软件 MATLAB 中的 GA 函数进行求解,考虑了文献[12]的取值范围,首先给出目标参数较大范围的上下限,作为初始的种群。MATLAB 软件所提供的 GA 函数是求目标函数的最小值,因此需要构造求和形式的目标函数 f_s,如式(6.41)所示,理想情况下,当目标函数 f_s 等于 0 时,能够确认一组满足要求的拉格朗日因子的解:

$$f_s = f_1^2 + f_2^2 + f_3^2 + f_4^2 \tag{6.41}$$

$$
\begin{cases}
f_1 = \int_{\bar{D}_{\min}}^{\bar{D}_{\max}} 3\bar{D}^2 \exp(-1 - \lambda_0 - \lambda_1 \bar{D} - \lambda_2 \bar{D}^2 - \lambda_3 \bar{D}^3)\, \mathrm{d}\bar{D} - 1 \\[2mm]
f_2 = \int_{\bar{D}_{\min}}^{\bar{D}_{\max}} 3\bar{D}^3 \exp(-1 - \lambda_0 - \lambda_1 \bar{D} - \lambda_2 \bar{D}^2 - \lambda_3 \bar{D}^3)\, \mathrm{d}\bar{D} - \bar{D}_{10} \\[2mm]
f_3 = \int_{\bar{D}_{\min}}^{\bar{D}_{\max}} 3\bar{D}^4 \exp(-1 - \lambda_0 - \lambda_1 \bar{D} - \lambda_2 \bar{D}^2 - \lambda_3 \bar{D}^3)\, \mathrm{d}\bar{D} - \bar{D}_{20} \\[2mm]
f_4 = \int_{\bar{D}_{\min}}^{\bar{D}_{\max}} 3\bar{D}^5 \exp(-1 - \lambda_0 - \lambda_1 \bar{D} - \lambda_2 \bar{D}^2 - \lambda_3 \bar{D}^3)\, \mathrm{d}\bar{D} - 1
\end{cases} \tag{6.42}
$$

在实际计算中,非线性方程组可能具有多个极值点,那么遗传算法可能会收敛于某个最近的极值而不是使熵值最大的目标函数,因此还需要通过牛顿迭代法,在参数范围内寻找精确解。牛顿法的迭代过程如图 6.58 所示,其中 J 为方程组(6.42)的雅可比矩阵,A 为松弛下降因子,上标 T 表示矩阵转置,B 为计算得到的 $[f_1\ f_2\ f_3\ f_4]^{\mathrm{T}}$。首先将遗传算法得到的解作为初始值 x_0,代入雅克比矩阵计算结果 J,然后根据 $x_1 = x_0 - A(J^{\mathrm{T}}J)^{-1}J^{\mathrm{T}}B$ 计算得到新一代的结果,判断是否收敛,这里的收敛条件设定为 $|(x_1 - x_0)^{\mathrm{T}} * (x_1 - x_0)| < 10^{-8}$,如果不收敛则把 x_1 赋值给 x_0,重复迭代步骤,直到满足收敛条件为止。

3. 预测模型的验证

根据最大熵的参数估计方法,以 Gk3 工况的四个喷雾横截面作为研究对象,首先统计横截面的液滴的尺寸信息,计算得到不同横截面总体的 D_{10}、D_{20} 和 D_{30} 数据,计算结果如表 6.9 所示。需要注意的是,在统计横截面上所有测点的液滴尺寸时,为了保证相同的测量时间,采用通过横截面上测点的最小测量时间,以保证时间上的一致性。根据喷雾横截面粒径分布的范围为 $0 \sim 60\ \mu\mathrm{m}$,式(6.42)积分的上下限 $D_{\min}$ 和 $D_{\max}$ 分别取值 0

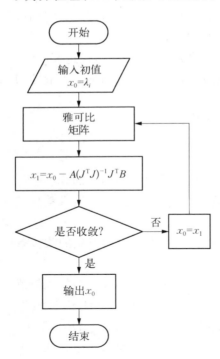

图 6.58 牛顿迭代法的流程图

和 60。根据上面描述的计算方法,将三个特征的平均直径代入算法,通过数值计算方法得到四个拉格朗日因子 λ_1、λ_2、λ_3 和 λ_4,其数值如表 6.10 所示,由此就得到了关于喷雾横截面总体的液滴尺寸分布的概率密度函数,具体形式如式(6.43)所示。

$$f = 3\bar{D}^2 \exp(-1 - \lambda_0 - \lambda_1 \bar{D} - \lambda_2 \bar{D}^2 - \lambda_3 \bar{D}^3) \tag{6.43}$$

表 6.9　不同工况计算得到的平均粒径

工　　况	喷孔直径/mm	位置/mm	$D_{10}/\mu m$	$D_{20}/\mu m$	$D_{30}/\mu m$
Gk3 - 20	0.5	10.0	12.69	19.12	30.33
Gk3 - 30	0.5	15.0	12.33	17.40	26.15
Gk3 - 45	0.5	22.5	11.09	16.41	26.49
Gk3 - 75	0.5	37.5	9.99	12.66	17.15

表 6.10　各横截面的拉格朗日因子

工　　况	λ_1	λ_2	λ_3	λ_4
Gk3 - 20	-5.627	10.044	-2.601	0.219
Gk3 - 30	-5.252	8.910	-1.958	0.148
Gk3 - 45	-5.600	9.799	-2.263	0.171
Gk3 - 75	-4.429	6.437	-0.919	0.0451

　　在得到拉格朗日因子的数值解之后,就得到了横截面上液滴尺寸的概率密度函数,这是基于连续相假设得到的结果。尽管概率密度是关于液滴直径的函数,但任意一个液滴直径对应的函数值并没有物理意义,要将该结果与试验结果进行对比,一般有两种方式,一种是将概率密度函数在液滴尺寸分布的区间宽度上进行积分,得到离散的概率分布,与试验得到的液滴尺寸频率分布进行比较。另一种是用液滴尺寸的频率比上区间宽度,得到近似的概率密度,与连续变量的概率密度曲线进行比较,本节选择采用第二种方法。

　　图 6.59 给出了试验结果和预测分布之间的对比,其中曲线表示连续变量的概率密度分布,散点表示试验数据点。可以看出,采用最大熵方法得

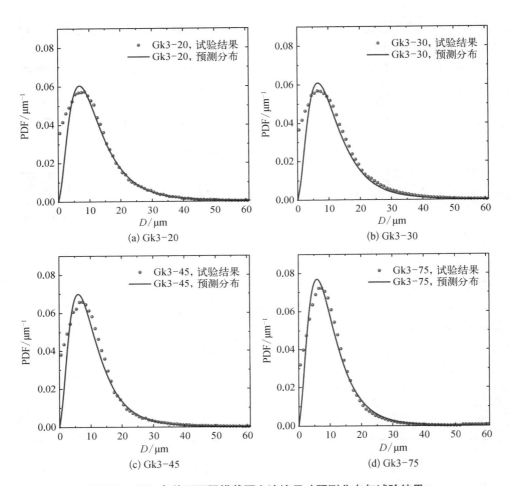

图 6.59   Gk3 条件下不同横截面上液滴尺寸预测分布与试验结果

到的预测分布能够较好地反映喷雾横截面上的液滴尺寸分布,预测分布的峰值和位置上与试验结果基本一致。预测结果中小液滴(接近于零的部分)的比例较低,液滴粒径分布的峰值比试验结果大。其中一个原因是基于连续相理论的预测曲线为 0,而对于离散液滴,直径的区间宽度为 1 μm,这使得数据值不是从零开始的,高于预测结果。另一个原因是 PDA 的限制,所有的试验液滴直径都大于 0.1 μm,与理论预测相比,这可能会降低小液滴的占比。此外,采用平均直径 D_{10}、D_{20} 和 D_{30} 作为约束条件时,放大了大尺寸液滴约束作用。在理想情况下,当射流完全雾化,液滴尺寸完全相同时,三种平均直径完全相同,而实际液滴尺寸具有差异性,如表 6.9 所示,随着流向距离增加,D_{10} 减小了 21.28%,而 D_{20} 和 D_{30} 分别减小了 33.78% 和 43.46%,基于此种平均直径的约束方法更倾向于满足表面积和体积的参数要求,出现小液滴占比在最大熵方法和试验结果差异较大的情况。随着流向距离的增加,喷雾平面的液滴二次雾化完成度提高,液滴尺寸相对均匀,基于特征直径约束方法得到的预测曲线与试验结果吻合较好,如图 6.59(d)所示。表 6.11 给出了预测值相对试验曲线峰值和峰值位置的相对差异。随着能够距离的增加,曲线峰值和峰值位置的相对偏差总体维持在 8% 以内,显著好于物理量守恒方法预测的结果。

表 6.11　预测结果和试验结果偏差

工　况	试验峰值位置/μm	预测峰值位置/μm	相对偏差/%	试验峰值/μm⁻¹	预测峰值/μm⁻¹	相对偏差/%
Gk3－20	7.50	7.00	6.67	0.057 0	0.060 0	5.26
Gk3－30	6.50	7.00	7.69	0.056 8	0.061 1	7.57
Gk3－45	6.50	6.00	7.69	0.065 8	0.070 4	6.97
Gk3－75	6.50	6.00	7.69	0.072 1	0.077 5	7.49

上述方法需要喷雾横截面总体的 D_{10}、D_{20} 和 D_{30} 数据作为已知条件和约束条件,而试验发现,喷雾横截面的总体的液滴尺寸分布似乎跟喷孔直径关系不大,因此可以通过拟合的方法给出特征直径随着流向距离变化,然后估计其他工况的液滴尺寸分布。图 6.60 显示了实际距离的特征直径分布。随着流向距离的增加,它呈现缓慢下降的趋势,采用幂函数形式和最小二乘法进行拟合,可得到特征直径和实际流向距离之间的经验关系,如式(6.44)所示,在一定范围内,能够获得特征直径的预测值,作为预测喷雾横截面液滴尺寸分布的一种方法。

$$\begin{cases} D_{10} = 0.019\,48x^{-0.18} \\ D_{20} = 0.037\,83x^{-0.28} \\ D_{30} = 0.074\,65x^{-0.37} \end{cases} \tag{6.44}$$

基于前述的预测方法,可以列出在 Gk1 条件下的特征直径的预测值,然后

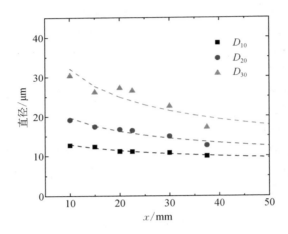

图 6.60 特征直径随实际流向距离的变化

计算得到液滴尺寸的概率密度,图 6.61 给出了 Gk1 条件下不同横截面上液滴尺寸预测分布与试验结果,可以看出,预测曲线与试验数据取得了较好的一致性,说明基于最大熵原理的特征直径约束方法能够预测横截面液滴尺寸的分布。如果已知横截面特征直径的变化规律,在一定范围内可以获得任意横截面的液滴尺寸分布,这将有助于提高液滴尺寸分布预测准确性,同时,能够为仿真提供多样的初始液滴尺寸分布模型。图 6.62 给出了横截面液滴的预测分布与试验结果的对比,发现存在较为明显的偏差,预测分布的峰值相对较高,位置也更偏向小液滴,表明通过液滴的三个平均直径参数作为约束获得的分布预测结果仍然不能完全反映实际的液滴尺寸分布,证明这种方法具有一定的适用性范围[14]。

综上所述,基于最大熵原理的液滴尺寸分布可通过一套固定的方法预测得到:

(1)基于试验数据获得喷雾特征直径与流向位置的函数关系;

(2)确定特征直径的约束,通过拉格朗日因子方法构造液滴尺寸概率密度与约束条件的关系式;

(3)将特征直径作为已知条件求解方程组,得到拉格朗日因子的解;

(4)获得液滴尺寸的概率密度函数。

表 6.12　横截面特征直径统计结果

工　　况	喷孔直径/mm	位置/mm	$D_{10}/\mu m$	$D_{20}/\mu m$	$D_{30}/\mu m$
Gk1-20	1.0	20.0	11.36	16.20	24.86
Gk1-30	1.0	30.0	10.56	14.44	21.42
Gk1-75	1.0	75.0	8.96	11.14	15.31

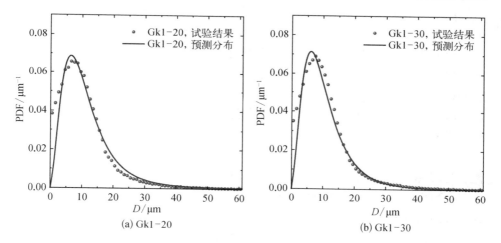

(a) Gk1-20　　　　　　　　(b) Gk1-30

图 6.61　Gk1 条件下不同横截面上液滴尺寸预测分布与试验结果

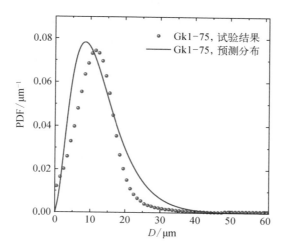

图 6.62　Gk1-75,预测分布与试验结果

6.5　小结

　　本章对超声速气流中液体横向射流喷雾的雾化特性进行了系统研究,首先针对有限 PDA 采样所引起的特征直径的计算的不稳定问题,提出了消除不稳定的概率阈值法,随后研究了液滴的尺寸和速度的分布规律,最后基于最大熵理论的物理量守恒约束方法建立了液滴尺寸分布模型。

　　(1) 通过采用概率阈值法,有效消除了大液滴对 SMD 的影响。该方法适用于超声速气流中液体横向射流雾化问题,对于有效消除分布波动,明晰 SMD 的分布规律,有很重要的促进作用。通过采用 normal 分布函数、Lognormal 分布函数以及 Log-Logistics 分布函数对测控点的液滴粒径分布进行拟合,得到了 SMD 分布的经验关系式。

　　(2) SMD 沿纵向呈近似"C"形分布,归一化后 SMD 最小值在 $y/h = 0.7$ 的位置取到,表明喷雾空间存在相关性;SMD 沿流向先变小后趋于稳定。Log-Logistics 分布函数拟合得最好,且不受喷注压降与喷孔直径的影响。喷注压降对雾化形成的液滴尺寸有很大的影响,增大喷注压降,雾化液滴粒径增大。

　　(3) 确定了基于最大熵理论分别开展物理量守恒和特征直径参数两种约束对液滴尺寸分布进行预测的研究路线,对两种方法的适用性进行了研究。基于最大熵理论的特征直径约束方法能够较好地预测喷雾横截面内液滴尺寸分布,获得了特征直径与流向距离之间的经验关系,在一定距离(20~50 mm)和误差允许范围内(8%),可以得到任意流向位置的液滴粒径分布,预测液滴的尺寸分布。

参考文献

[1]　吴里银,王振国,李清廉,等.一种超声速运动流体的瞬态结构成像方法及装置[P].201410798658.1,2014.

[2]　吴里银,王振国,李清廉,等.一种纳秒级脉宽脉冲平面光源装置[P].201410800056.5,2014.

[3]　曾夜明.Ma2.1 来流条件下液体横向射流喷雾特性试验研究[D].长沙:国防科学技术

大学,2015.

[4]　吴里银.超声速气流中液体横向射流破碎与雾化机理研究[D].长沙:国防科学技术大学,2016.

[5]　李晨阳,李清廉,张家奇,等.超声速气流中凹腔上游液体喷注粒径速度分布特性研究[C].南京:中国工程热物理学会燃烧学学术年会,2017.

[6]　李晨阳,周曜智,李清廉.超声速横向气流中液体射流横截面分布的试验研究[C].昆明:中国航天第三专业信息网第四十届技术交流会暨第四届空天动力联合会议,2019.

[7]　Li C, Li P, Li C, et al. Experimental and numerical investigation of cross-sectional structures of liquid jets in supersonic crossflow[J]. Aerospace Science and Technology, 2020, 103(2020): 105926.

[8]　李晨阳.超声速来流凹腔燃烧室中液体射流喷雾特性研究[D].长沙:国防科技大学,2021.

[9]　吴里银,王振国,李清廉,等.超声速气流中液体横向射流的非定常特性与振荡边界模型[J].物理学报,2016,65(9): 178 - 186.

[10]　Babinsky E, Sojka P E. Modeling drop size distributions[J]. Progress in Energy and Combustion Science, 2002, 28(4): 303 - 329.

[11]　Shannon C E. A mathematical theory of communication[J]. Bell System Technical Journal, 1948, 27(4): 623 - 656.

[12]　Li X, Li M, Fu H. Modeling the initial droplet size distribution in sprays based on the maximization of entropy generation[J]. Atomization and Sprays, 2005, 15(3): 295 - 322.

[13]　Cousin J, Dumouchel C. Coupling of classical linear theory and maximum entropy formalism for prediction of drop size distribution in sprays: Application to pressure-swirl atomizers[J]. Atomization and Sprays, 1996, 6(5): 601 - 622.

[14]　Li C, Zhou Y, Chen H, et al. Cross-sectional droplets distribution of a liquid jet in supersonic crossflow[J]. Acta Astronauticaica, 2021, 186: 109 - 117.

第 7 章　燃烧室结构对雾化
特性的影响

真实发动机的燃烧室中往往存在单个或者多个凹腔,用来增加燃料驻留时间,提供良好的点火和燃烧环境,然而针对凹腔结构条件下的燃料喷雾特性的研究较少。Bao 等[1]通过点火成功率的分析,反推凹腔内部的燃气当量比,但是并未直接获得进入凹腔内部的液滴信息。Li 等[2]采用高精度的数值模拟方法,获得了凹腔内部喷雾运动过程,预测了喷雾混合过程、气液界面上形成的拟序结构,但未能对液滴运动信息进行直接验证。此外,从已有的研究结果看,液气动量通量比、喷孔直径以及喷射位置与凹腔的距离,都是影响喷雾分布特性和雾化特性的关键因素,但在多因素综合作用的燃烧室尺寸对喷雾影响的研究很少,这制约了单一变量的研究结果由模型燃烧室向真实燃烧室的拓展应用。

本章采用 PDA 光学测量手段[3-6]和数值方法[7,8],开展凹腔燃烧室中的液体横向射流喷雾特性研究。首先针对凹腔燃烧室中喷雾整体情况进行了试验研究,分析讨论了凹腔结构对喷雾分布特性和雾化特性的影响,掌握了喷雾在燃烧室内的分布规律,然后针对凹腔内部液滴尺寸分布开展了试验研究和仿真研究,通过尝试确定适合测量凹腔内部液滴动态信息的工况。在此基础上分析了液滴的尺寸分布和速度分布,总结得到了液滴在凹腔内的运动过程。最后通过改变凹腔和喷孔的整体尺寸,研究了凹腔燃烧室喷雾特性的尺度效应。

7.1　凹腔燃烧室液滴尺寸与速度分布

7.1.1　中心对称面数据率分析

为了研究凹腔燃烧室中的喷雾特性,设计了不同尺寸的模型燃烧室,通过探索试验测量的可行性,最终确定了工况范围,涉及的工况参数如表 7.1 所示。

表 7.1　凹腔燃烧室中喷雾研究工况参数

工　况	马赫数 Ma	孔径 d/mm	凹腔深度 D_c/mm	长深比	喷注距离 L_c/mm
AQ-00	2.85	1.0	15	6	45
AQ-10	2.0	0.5	5	6	5
AQ-15	2.0	0.7	10	6	10
AQ-20	2.0	1.0	15	6	15

　　基于前面的研究思路,选取基准工况 AQ-00 对喷雾中心对称面的数据率分布进行讨论。图 7.1 给出了每个测点的有效数据速率,所有测量点根据液体横向射流对称平面中的数据率的值着色,背景图是通过激光片光成像方法获得瞬态喷雾照片,经过反色处理后得到的图像,黑色部分为喷雾。从纵向来看,数据率从平板底部到射流边界呈现先减小后增加,然后在接近喷雾边界时再次减小的规律。这是由于液体横向射流近场中的高密度大液滴阻碍了空气对喷雾内部液滴的加速作用,内部液滴尺寸大,速度低,导致了较低的数据速率。从流向来看,数据速率在射流下游增加,并在射流边界上达到峰值,这主要是因为气流对射流羽流的加速作用,使得喷雾边界上的液滴达到较大的速度,导致较大的数据率。与平板燃烧室结果类似,PDA 获得的射流穿透率高于激光片光成像方法。从凹腔上方的测点数据率来看,与平板燃烧室类似,数据速率沿 y 轴增加,在喷雾边缘处减小,在 $x=135$ mm、$y=26$ mm 的位置上,数据率达到最大。该位置位于凹腔后缘上方,射流的穿透深度较高,液滴在气流加速作用下,达到

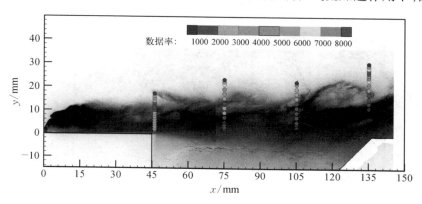
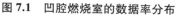

图 7.1　凹腔燃烧室的数据率分布

较大速度,并且破碎成相对均匀的液滴,因此有效数据率达到最大。然而,对于 $x/d=135$、$y<8$ mm 的位置,有效数据率极低,根据 PDA 的统计结果发现,尽管液滴的球形度有效率普遍超过 77.56%,但数据有效率在 44.32% 左右。这主要是因为凹腔后缘存在一个倾斜角度,凹腔与主流气流之间存在的剪切层到达凹腔后缘与壁面再附,沿着斜壁面流出凹腔,对射流起到了抬升作用[9],并对原有的液滴运动形成干扰,导致液滴的数据率下降。

此外,采用在中心对称面布点测量的方法,在凹腔内部并没有获得足够多的有效数据,这主要存在两个原因,一是凹腔内部的气流速度低,根据 Li 等[2]的数值模拟结果,凹腔内的气流速度在 0~200 m/s,而主流气流的速度在 610 m/s 左右,因此液滴速度显著降低,导致单位时间通过测量体的液滴数目在客观上减少。另一个原因在于,雾化之后能够进入凹腔的液滴数目本身就很少,如图 7.2 所示,是通过数值模拟和激光片光成像的试验,给出了液滴在凹腔内部和凹腔上方展向平面的分布,通过该研究可以看出,进入凹腔内的液滴数目不仅变少,

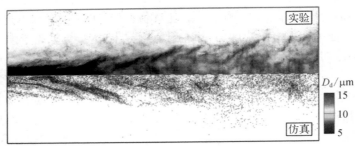

(a) 凹腔上方平面

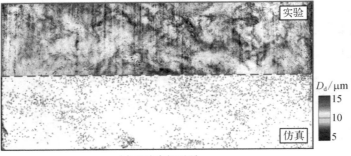

(b) 凹腔内部平面

图 7.2 液滴在凹腔内部和凹腔上方展向平面的分布[2]

而且分布不均匀。相比于凹腔上方的射流,在进入凹腔后,液滴在展向方向上充分扩展,液滴在凹腔的前缘、后缘和侧壁面处聚集较多,而在凹腔内的中心对称面上,液滴数量较少,这也间接导致了中心对称面上数据率较低的现象。

7.1.2　中心对称面液滴尺寸分布

为了研究在凹腔燃烧室条件下的喷雾特性,将凹腔上方得到的液滴尺寸信息进行统计,与平板燃烧室结果 Gk1 进行比较(表 6.2),得到了射流不同位置上的液滴 SMD 的对比。图 7.3 给出了从平面壁到凹腔前面的液体横向射流的平

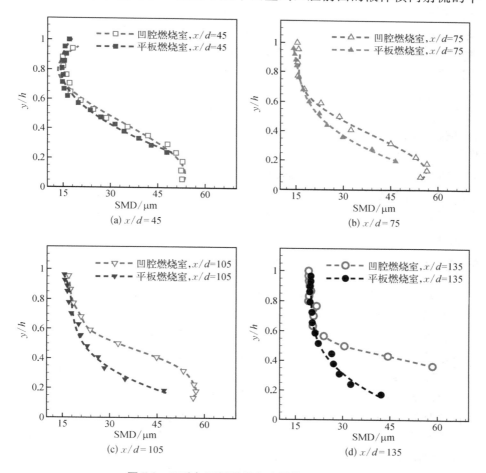

图 7.3　凹腔与平板燃烧室喷雾的 SMD 对比

均流向速度分布,其中无量纲参数 y/h 和 x/d 与前面一致。图 7.3(a)SMD 的两条曲线几乎在 $x/d=45$ 处重合,主要因为该位置在凹腔入口上方,凹腔对喷雾的影响并不显著。在 $y/h=0.8$ 时,SMD 的最小值达到 15 μm。与平板燃烧室不同的是,凹腔燃烧室条件下,$y/h<0.2$ 仍然可以测到数据,这主要是由于凹腔的存在,PDA 激光的测点可以更进一步接近喷孔所在的壁面,因此,在凹腔燃烧室中的测量可以获得接近壁面的数据。正是在 $y/h<0.2$ 的范围内,SMD 的分布曲线出现了拐点,整个曲线分布呈现 S 形。如图 7.3(b)所示,当 $x/d=75$ 时,射流位于凹腔上方,SMD 的分布曲线出现差异,与平板喷注相比,在 $y/h<0.6$ 时,凹腔燃烧室中的 SMD 增大,并且随着 x/d 的增加,这种差异逐渐增大,直到在凹腔后缘,两条 SMD 曲线最大差值达到 15 μm。于是凹腔上方的液滴尺寸分布可以归纳成这样一种规律,凹腔上方的 SMD 分布呈现 S 形分布,在 $y/h>0.6$ 的喷雾边缘区域,凹腔对喷雾特性几乎没有任何影响,而对于 $y/h<0.6$ 的喷雾下层区域,凹腔的存在会使得 SMD 增大,显著大于没有凹腔的平板喷注。这主要是因为,凹腔的存在会使得一部分液滴进入凹腔运动,而对于由气流主导的两相流而言,破碎更加充分的小液滴显然具有更好的跟随性,接近凹腔的小液滴在气流作用下进入凹腔,而随着流向距离增加,主流中剩余的大液滴相对增加,SMD 作为评估雾化程度的指标,对于大液滴的存在更为敏感,因此在接近凹腔的区域出现 SMD 增加的现象。显然,射流的雾化受到气流的主导,因此凹腔的影响范围也相对有限,对于液滴速度接近主流气流的喷雾边缘区域,液滴的雾化并没有受到显著影响。

7.1.3 中心对称面液滴速度分布

图 7.4 给出了凹腔燃烧室射流和平板燃烧室条件下平均流向速度的对比。结果表明,在 $x/d=45$ 时,如图 7.4(a)所示,曲线几乎重合,液滴尺寸分布的规律类似,主要是因为喷雾还未受到凹腔影响。当 $x/d=75$ 时,如图 7.4(b)所示,射流位于凹腔上方,平均流向速度的分布曲线出现差异,与平板燃烧室相比,在 $y/h<0.8$ 时,凹腔燃烧室中的平均流向速度减小,并且随着 x/d 的增加,这种差异逐渐增大,直到在凹腔后缘,两条平均流向速度的曲线最大差值达到 200 m/s。显然,与凹腔对液滴尺寸的影响类似,在 $y/h>0.8$ 的喷雾边缘区域,凹腔对液滴的流向速度几乎没有任何影响,而对于 $y/h<0.8$ 的喷雾下层区域,凹腔的存在会降低液滴平均速度。凹腔的存在不仅使得小液滴进入凹腔,导致 SMD 增大,同时也使得液滴的流向速度减小,阻碍了液滴的继续破碎,在局部降低了雾化质量。

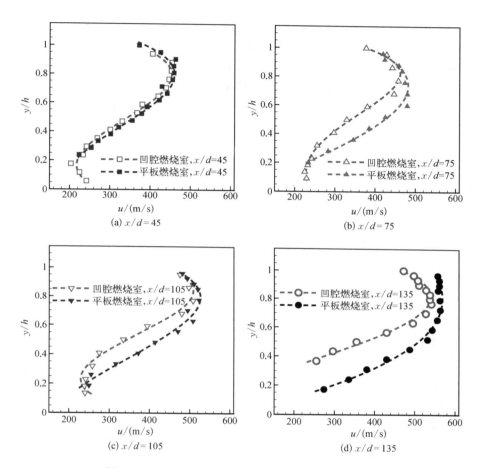

图 7.4　凹腔与平板燃烧室喷雾的平均流向速度对比

图 7.5 给出了凹腔燃烧室射流和平板燃烧室条件下平均纵向速度的对比。结果表明,在 $x/d = 45$ 时,如图 7.6(a) 所示,曲线几乎重合,同液滴尺寸分布的规律类似,主要是因为该位置未受到凹腔的影响,当 $y/h < 0.4$,平均纵向速度约为 0,即在近壁面附近,液滴在纵向上运动趋势很小。当 $y/h > 0.4$,平均纵向速度随 y/h 增大而增大。如图 7.5(b) 所示,当 $x/d = 75$ 时,射流位于凹腔上方,平均纵向速度的分布曲线出现差异,与平板燃烧室相比,在 $y/h < 0.8$ 时,凹腔燃烧室中的平均纵向速度增大,并且随着 x/d 的增加,这种差异逐渐增大,两条平均纵向速度的曲线最大差值达到 20 m/s。同样地,在 $y/h > 0.8$ 的喷雾边缘区域,凹

腔对液滴的纵向速度几乎没有任何影响,而对于 $y/h<0.8$ 的喷雾下层区域,凹腔的存在会使得液滴平均纵向速度增大,显著大于没有凹腔的平板燃烧室。在凹腔的后缘,如图 7.5(d)所示,由于凹腔剪切层再附形成的倾斜气流使得液滴产生了纵向上的速度,形成了和平板燃烧室差别较大的分布曲线。

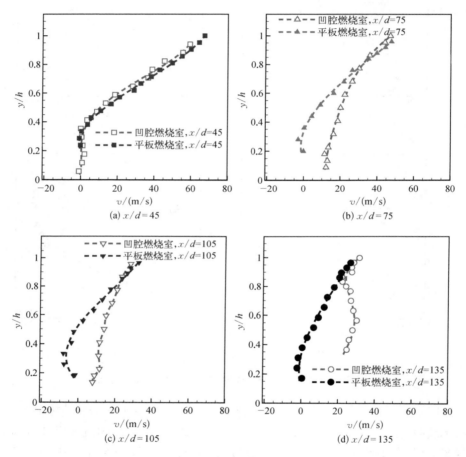

图 7.5　凹腔与平板燃烧室喷雾的平均纵向速度对比

在凹腔存在的工况下,凹腔与气流之间存在液滴的流动互换,既有液滴进入凹腔也会有液滴流出凹腔,从试验结果看,在凹腔中心对称面的液滴整体表现为流出凹腔。液滴的流向速度主要是受到气流剪切力的主导,而液滴纵向的速度则是由射流初始速度和气流在射流柱阻碍作用下产生上升气流决定的,对

于平板燃烧室,越接近壁面,液滴的纵向速度越小,最终在 0 附近分布。图 7.6
给出了距离凹腔最近的测量点大液滴和小液滴的数目的概率分布。结果显示,
在未进入凹腔区域之前的部分,如图 7.6(a)所示,两种尺寸的液滴纵向速度分
布完全一致,说明此时各种尺寸的液滴宏观上表现出一致的运动趋势,在进入
凹腔的区域之后,由图 7.6(b)和(c)可以看出,大小尺寸的液滴出现了不同的
速度分布,小液滴纵向速度分布偏向负向,即进入凹腔的方向,而大液滴纵向速
度分布偏正向,即远离凹腔的方向,总体上所有的液滴宏观上表现为远离凹腔
的运动。图 7.6(d)则显示出,凹腔后缘受到上升气流影响,液滴的纵向速度均
为正向,且速度分布较为统一。基于上述研究可以认为,在凹腔的影响下,尽管

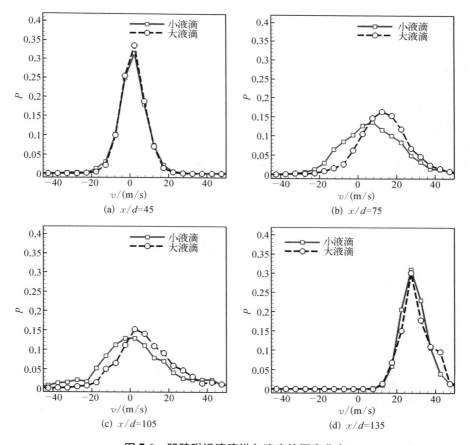

图 7.6　凹腔附近液滴纵向速度的概率分布

喷雾中的小液滴会进入凹腔内部,导致喷雾的 SMD 增大,但从统计结果上看,在凹腔中心对称面的液滴整体表现为流出凹腔,这些流出凹腔的液滴的速度显然小于主流气流中的液滴速度,因此也进一步导致了液滴流向速度的减小。

7.2 凹腔内部液滴尺寸与速度分布

7.2.1 凹腔内部数据率分析

有关凹腔燃烧室的喷雾研究,一直以来都希望获得整个燃烧室内的喷雾分布。在迄今为止的研究成果中[2,4],未能看到关于凹腔内部液滴尺寸分布的试验结果。归结原因,首先相对于主流的超声速气流,凹腔内的气流速度为亚声速,因此跟随气流运动的液滴速度低,这意味着在有限时间内获得的数据量减小,为了达到数据的统计要求,需要延长测量时间,增加了试验的时间成本。其次,凹腔内部存在多种回流区,液滴的运动方向变化多样,在相邻两个测点之间可能出现完全相反的液滴运动趋势,因此需要根据测量结果对 PDA 的预设速度范围进行调整,以获得更为准确的数据。最后,在实际试验中,当喷雾进入凹腔后,液滴进入凹腔内部流动,喷雾的横截面极大扩展,并达到两侧的玻璃壁面,喷雾在玻璃上凝结改变了原有玻璃的折射率,这对依靠捕获液滴折射信号的光学测量系统影响极大,导致无法获得结果。

为了解决上述难题,根据文献研究结果,液滴在凹腔内部所有位置均有分布,最富集的区域位于凹腔前壁面附近,其次便是凹腔底部和侧壁面[10],要获得凹腔内部液滴数据,首先要解决的问题便是控制喷雾展向扩展范围,保持玻璃壁面不受喷雾影响。根据李西鹏[11]的研究结果,控制喷注压降和喷注位置能够改变燃料进入凹腔的质量,通过多种工况测试,最终确定工况 AQ-15 满足试验需求。针对 PDA 的测量要求和光路布置,在内部两个平面上布置测点进行测量,如图 7.7 所示,其中,喷孔圆心

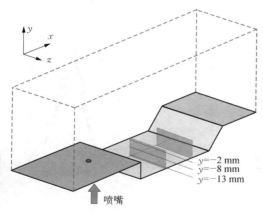

$y=-2$ mm
$y=-8$ mm
$y=-13$ mm

喷嘴

图 7.7 凹腔内部试验测量示意图

作为坐标系的原点,绿色平面为测量平面。第一平面距离喷孔中心 45 mm,相当于凹腔总长度的 1/3,第二平面距离喷孔中心 75 mm,相当于凹腔的长度的 2/3,然后在测量平面的不同高度位置布置测点,三个高度为 −2 mm、−8 mm 和 −13 mm,分别代表了凹腔的顶部,中部和底部。测量平面为凹腔展向宽度的一半,即 $z=0\sim30$ mm。

　　图 7.8 给出了凹腔内部的试验测点的数据率分布,根据 7.1 节的研究可知,凹腔内部液滴数量相对较少,同时速度也相对较低,因此数据普遍降低,大部分测点的数据率低于 2 000,只在少部分位置能够获得 3 800 以上的数据率,因此在测量凹腔内部时,除了需要调整速度范围,还需要适当延长测量时间,才能获得足够的数据量。图 7.8(a) 展示了 $x=45$ mm 位置平面的测点数据率,在凹腔底部和侧壁面附近,数据率较高,主要原因在于,凹腔中心位置受到主流喷雾影响大,液滴输运复杂,造成液滴的球形度差,有效数据率低,凹腔底部和侧壁这些位置的液滴受主流气流影响小,液滴的球形度高,有效数据率高。图 7.8(b) 中也有所体现。需要注意的是,由于凹腔中心部分测点的有效数据率过低,因此在接下来的分析中,需要剔除一部分不具有统计规律的测点,根据试验结果,选择保留有效数据率大于 650 的测点进行后续讨论和分析,以确保结果的可靠性。

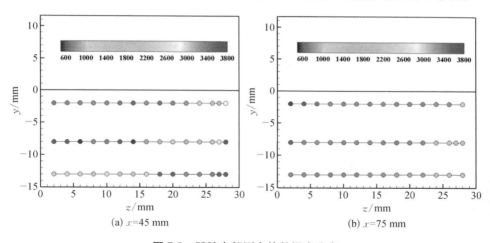

图 7.8　凹腔内部测点的数据率分布

7.2.2　凹腔内液滴的尺寸分布

　　为了研究凹腔内部的雾化特性,在获得凹腔内部的液滴的动态信息后,对喷雾的雾化特性从两个方面进行分析,首先从单点的测量结果进行研究,得到单个测点的液滴直径的概率分布,从图 7.9(b)可以看出,随着展向宽度的增加,液滴直径概率分布的峰值增加,表明液滴直径分布更加集中,即越接近凹腔的侧壁面,液滴直径的分布越均匀。从图 7.9(b)~(d)可以看出,越接近凹腔底部,液滴的尺寸越集中分布于 0~40 μm。综上所述,液滴在凹腔内部的分布并不均匀,小尺寸的液滴多集中分布于凹腔的底壁面和侧壁面附近。

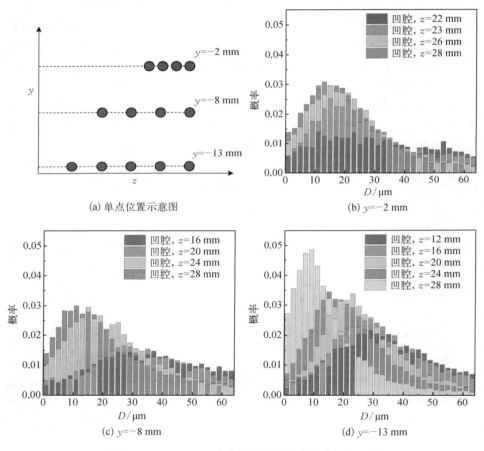

图 7.9 $x=45$ mm,凹腔内部单点液滴直径的概率分布

在对单点液滴直径分布分析的基础上,对液滴尺寸进行了统计,得到了凹腔内部液滴的 D_{10} 和 SMD 的分布。结果显示,当 $x=45$ mm 时,如图 7.10 所示,

在凹腔的中心位置,D_{10} 为 40 μm 左右,SMD 则超过 50 μm,随着展向距离增加,喷雾的 D_{10} 和 SMD 均线呈现减小的趋势,在接近侧壁面($z=30$ mm)位置,D_{10} 减小至 15 μm 左右,SMD 减小至 35 μm 左右,整体上呈现凹腔两侧相比凹腔中心雾化更加充分的规律。随着纵向位置变化($y=-2 \sim -13$ mm),喷雾的整体 D_{10} 和 SMD 都呈现减小趋势,从图 7.10 看出,当 $y=-13$ mm 时,D_{10} 和 SMD 随着展向距离增大呈现准线性减小,当 $y=-8$ mm 和 $y=-2$ mm 时,D_{10} 和 SMD 随着展向距离增大先缓慢减小再迅速减小,说明在凹腔不同的深度位置上,喷雾液滴尺寸的分布具有差异性,这主要是因为凹腔上部与喷雾主体液滴输运频繁,流动相对复杂,因此液滴尺寸分布也较为复杂,凹腔底部液滴受到影响小,液滴主要在凹腔内部输运,因此液滴尺寸接近线性分布。当 $x=75$ mm 时,如图 7.11 所示,在凹腔的中心位置,D_{10} 为 38 μm 左右,SMD 超过 50 μm,随着展向距离增加,喷雾的 D_{10} 和 SMD 均线呈现减小的趋势,在接近侧壁面($z=30$ mm)位置,又略微增加,这可能与液滴在该处的运动有关,将在 7.2.3 节结合液滴速度进行分析。喷雾的平均直径 D_{10} 在侧壁面附近减小至 15 μm 左右,SMD 减小至 30 μm 左右,整体上呈现凹腔两侧相比凹腔中心雾化更加充分的规律,这与 $x=45$ mm 的情况基本一致。类似地,随着纵向深度变化($y=-2 \sim -13$ mm),喷雾的整体 D_{10} 和 SMD 都呈现减小趋势,当 $y=-13$ mm 时,D_{10} 随着展向距离增大呈现准线性减小,当 $y=-8$ mm 和 $y=-2$ mm 时,D_{10} 随着展向距离增大先缓慢减小再迅速减小。

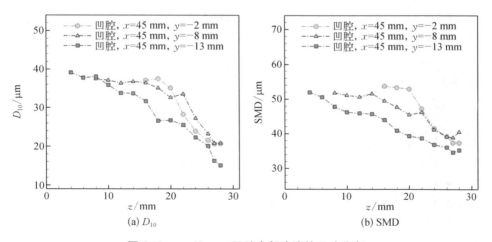

(a) D_{10}　　　　　　　　　(b) SMD

图 7.10　$x=45$ mm,凹腔内部液滴的尺寸分布

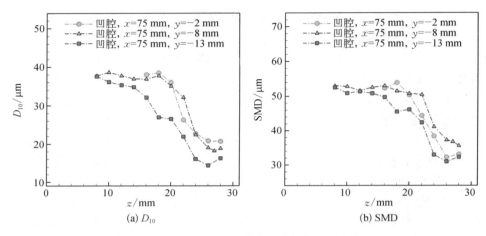

图 7.11　$x=75$ mm，凹腔内部液滴的尺寸分布

　　基于前述试验结果和分析，可以确定凹腔内部液滴直径的分布范围，液滴直径分布仍然分布在 $0\sim60$ μm，从特征直径的统计结果看，平均直径分布在 $15\sim40$ μm，SMD 分布在 $30\sim55$ μm。从分布规律看，喷雾的特征直径总体上从凹腔中心向两侧逐渐减小，从凹腔上部到底部逐渐减小，关于形成这种的分布原因，7.2.3 节将从液滴的速度分布角度进行讨论和分析。

7.2.3　凹腔内部液滴的速度分布

　　喷雾液滴的直径与速度密切相关，通过研究液滴的速度分布，能够更好地了解凹腔内部液滴的运动过程，掌握液体燃料与气流在凹腔内部的混合过程。本节主要从液滴的流向速度和纵向速度进行讨论和分析，结合液滴的尺寸分布，明晰凹腔内部的液滴运动规律。

　　首先对单点测量获得速度信息进行研究，图 7.12 给出了凹腔内（$x=45$ mm）液滴的流向速度概率密度分布，结果显示，与主流气流中的液滴流向速度相比，凹腔内部液滴的流向速度明显降低，主要分布在 $-50\sim200$ m/s，图 7.12（b）～（d）均显示，随着展向距离增加，即越接近凹腔的侧壁面，曲线峰值越高，流向速度分布越集中于 0 值附近。在凹腔上部，如图 7.12（b）所示，液滴的流向速度多为正向速度，说明大量液滴的流动方向与主流气流方向保持一致，随着展向距离增大，峰值逐渐左移，液滴的流向速度减小，且速度的分布更加集中。在凹腔中部，如图 7.12（c）所示，液滴流向速度主要分布在 0 值两侧，部分液滴速度分

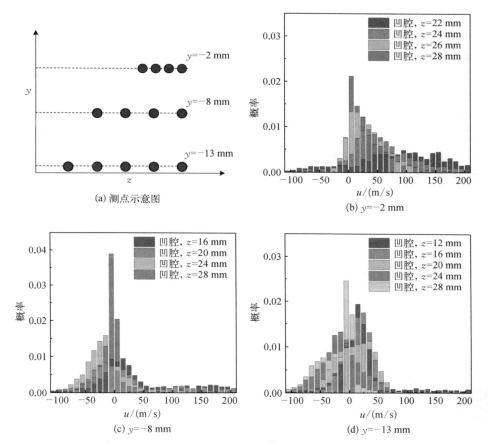

图 7.12　$x = 45$ mm，凹腔内部液滴的流向速度分布

布在 100 m/s 左右，说明在凹腔中部开始出现了液滴相对运动的情况，流动变得复杂，部分液滴随着凹腔内部的气流逆向输运。在凹腔底部，如图 7.12(d) 所示，液滴的相对运动更加显著，液滴的流向速度依然分布在 0 值两侧，且分布范围进一步扩大，随着展向距离的增加，流向速度分布的峰值从 0 值右侧移到左侧，最终稳定在 0 值，对于凹腔底部的液滴，在中心附近的液滴多为向凹腔下游运动，而在侧壁面附近，大量液滴向凹腔上游方向运动。图 7.13 给出了凹腔内部液滴的纵向速度概率密度分布，结果显示，凹腔内部液滴的纵向速度主要分布在 $-40 \sim 80$ m/s，图 7.13(b) ~ (d) 均显示，凹腔内的几乎所有测量位置，都存在

液滴在纵向上的相对运动,随着展向距离增加,即越接近凹腔的侧壁面,曲线峰值越高,纵向速度分布越集中于 0 值附近。在凹腔上部,如图 7.13(b)所示,随着展向距离增大,液滴的纵向速度多为正向速度,说明大量液滴的在壁面附近向凹腔外运动。在凹腔中部,如图 7.13(c)所示,液滴纵向速度主要分布在 0 值两侧,与凹腔上部情况类似。在凹腔底部,如图 7.13(d)所示,液滴的纵向速度分布更加集中于 0 值附近,但不同的是,随着展向距离的增加,纵向速度分布的峰值出现了右移,当 $z=28\,\mathrm{mm}$ 时,出现了双峰值,大量液滴的纵向速度分布在 0 值右侧,液滴朝着凹腔外部方向运动。基于试验数据可知,对于凹腔底部的液滴,在中心附近的液滴多为向凹腔底部运动,而在侧壁面附近,大量液滴向凹腔外部方向运动。

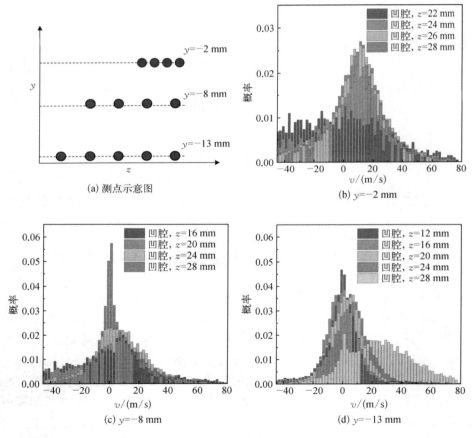

(a) 测点示意图

(b) $y=-2\,\mathrm{mm}$

(c) $y=-8\,\mathrm{mm}$

(d) $y=-13\,\mathrm{mm}$

图 7.13　$x=45\,\mathrm{mm}$,凹腔内部液滴的纵向速度分布

　　基于单点液滴两个方向的速度分布的基础,得到了凹腔内部液滴的平均流向速度和平均纵向速度的分布。结果显示,当 $x = 45$ mm 时,如图 7.14(a)所示,在凹腔的中心位置,喷雾的平均流向速度为 $100 \sim 150$ m/s,随着展向距离增加,喷雾的平均流向速度呈现减小的趋势,在接近侧壁面($z = 30$ mm)位置,平均流向速度减小至 $-20 \sim 0$ m/s,整体上呈现凹腔两侧相比凹腔中心速度低的规律。随着纵向位置变化(由 $y = -2$ mm 至 $y = -13$ mm),喷雾的整体平均流向速度呈现减小趋势,这与平均粒径的分布是正相关的,由 7.1 节的分析可以发现,这与之前的液滴的流向速度与液滴直径分布呈负相关的规律不同,原因在于在主流气流中气液之间的速度差主导了液滴的破碎过程,因此液滴速度越大,说明受到的气流剪切作用越强,液滴越容易发生破碎,液滴直径就越小。而在凹腔内部,进入凹腔之前液滴已经破碎成较小尺寸的液滴,凹腔内部的气流速度较低,气动力主导的液滴破碎在凹腔内部的流动过程中很少发生,因此液滴直径与速度之间并不存在负相关的关系。对于凹腔内部的液滴,其流向速度主要受到主流的影响,因此,在凹腔上部的液滴平均流向速度大,而凹腔底部的液滴平均流向速度小。图 7.14(b)给出了液滴的平均纵向速度分布。整体上看,凹腔内部液滴的平均纵向速度大部分小于 0,只在侧壁面处大于 0。当 $y = -13$ mm 时,平均纵向速度随着展向距离增大先缓慢增加,在接近侧壁面时迅速增加,达到 27 m/s 左右,当 $y = -8$ mm 时,喷雾有着更大的负向平均纵向速度,随着展向距离增大,负向速度减小至 0,进而转变为正向速度。当

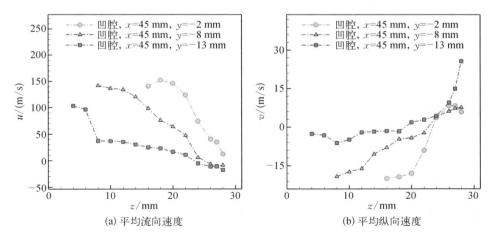

(a) 平均流向速度　　　　　　　　　(b) 平均纵向速度

图 7.14　$x = 45$ mm,凹腔内部液滴的平均速度分布

$y=-2$ mm时,负向速度最大为20 m/s,随着展向距离增大,纵向速度先减小再增加至10 m/s左右。试验结果展示了在凹腔的1/3长度位置上液滴的速度分布,在凹腔后1/3长度位置上,图7.14给出了$x=75$ mm,凹腔内部液滴的平均速度分布。如图7.15(a)所示,喷雾的平均流向速度分布较为接近,接近凹腔的中心对称面的喷雾平均流向速度为150 m/s左右,随着展向距离增加,喷雾的平均流向速度呈现减小的趋势,在接近侧壁面($z=30$ mm)位置,平均流向速度减小至0 m/s左右。相对于$x=45$ mm的情况,在侧壁面边缘,喷雾的逆向速度减小。喷雾的平均纵向速度则如图7.15(b)所示,凹腔内部液滴的平均纵向速度大部分小于0 m/s,只在侧壁面处接近0 m/s,且越接近凹腔底部,平均纵向速度越小。

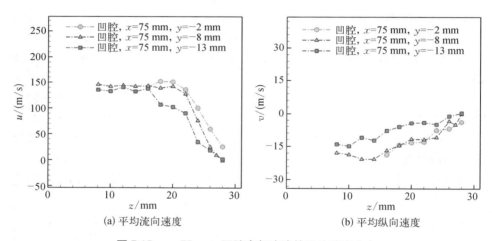

(a) 平均流向速度 (b) 平均纵向速度

图7.15　$x=75$ mm,凹腔内部液滴的平均速度分布

7.3　液滴在凹腔燃烧室中运动过程

7.3.1　喷雾分布数值模拟

　　凹腔燃烧室中液体横向射流的喷雾分布和三维流场特征如图7.16所示,其中横截面采用马赫数云图,液滴采用无量纲的流向速度云图,底壁面采用无量纲的压力云图,可以看出液滴在进入凹腔燃烧室后迅速加速至与主流相当量级的速度,同时少部分液滴进入凹腔,由于凹腔内部的气流马赫数在0.5以下,因

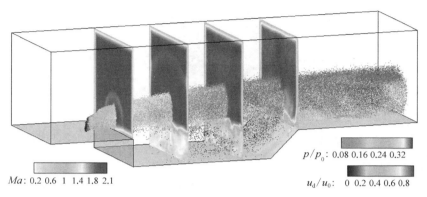

Ma: 0.2 0.6 1 1.4 1.8 2.1

p/p_0: 0.08 0.16 0.24 0.32

u_d/u_0: 0 0.2 0.4 0.6 0.8

图 7.16 凹腔燃烧室中液体横向射流的喷雾分布和三维流场特征

此进入凹腔的液滴流向速度相对主流液滴速度较小。此外,由于喷雾的阻碍,在喷雾区靠近凹腔区域的马赫数普遍在声速以下,该区域内的气相流动多为亚声速,液滴的流向速度相对喷雾外缘显著降低。

图 7.17 给出了凹腔燃烧室不同位置的纵向平面气相压力分布和液滴分布的瞬态特征,需要说明的是,这里的中心平面实际上是显示了厚度为 0.5 mm 空间内的粒子分布。结果显示了典型的凹腔燃烧室的激波结构($z = 0$ mm)。液滴在进入燃烧室后,一开始形成稠密的液滴群,随着流向距离的增大,液滴逐渐向外部扩散,导致中心对称面上喷雾变得稀疏,在凹腔后缘,液滴主要分布在喷雾边缘,在凹腔的出口处液滴稀疏,形成了一个空流区,这一现象对应了 7.1 节中凹腔出口处数据率低的试验结果,凹腔内部的液滴最终仍然要流出凹腔,既然在中心平面上存在空流区,势必通过展向的空间流出。

进一步分析可知,液滴并非一开始就进入凹腔,而是在凹腔的后半段才开始大量进入,这主要是因为气流边界层脱离壁面后经过一段发展,形成旋涡对尺度增长,才能将高速的液滴卷入凹腔的低速流动区。随着展向位置的增加,当 $z = 4$ mm 时,由于液滴与气流接触更加充分,在极短的距离内就达到主流速度的 80% 左右,在凹腔后缘的液滴数量明显增多,说明射流在凹腔后缘呈现了内部液滴少外部液滴多的"中空"结构。当 $z = 8$ mm 时,展向距离接近喷雾的边缘,此时平面内已经基本上看不到喷孔出口附近的液滴分布,只在凹腔后缘分布高速的液滴,和凹腔内部的负向速度的液滴。当 $z = 24$ mm 时,主流中的液滴数量与凹腔内相当,且只在凹腔下游分布,当 $z = 28$ mm 时,此时已经接近凹腔燃烧室侧壁面边界,主流中几乎不再有液滴分布,但是凹腔中仍有相当数量的液滴

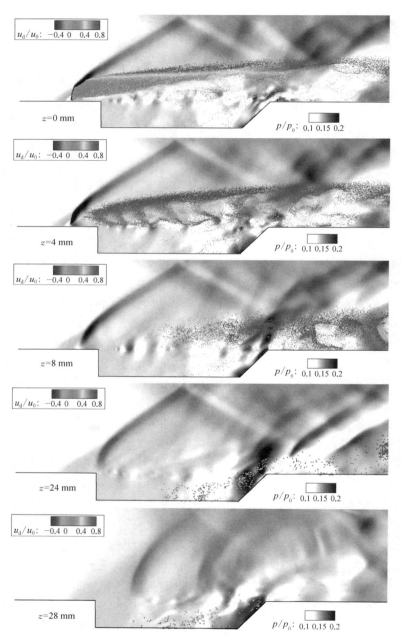

图 7.17 气相压力分布和液滴瞬态分布

分布,可知液滴在凹腔中的展向扩展大于主流中的喷雾。由此可知,液滴在凹腔后半段随着气流进入凹腔内部流动,并向展向扩展,然后从侧面流出凹腔,最终在凹腔后缘形成空流区。

图 7.18 给出了四个流向距离的喷雾横截面液滴和气相流场的瞬态分布,其中气相横截面采用马赫云图显示,液滴采用球形颗粒显示,根据液滴的纵向速度着色。结果显示,在喷雾到达凹腔之前,喷雾横截面呈现外缘速度大,中心速度小,底部速度负向的分布,这与平板燃烧室喷雾的试验结果一致。当 $x = 75$ mm,喷雾横截面位于凹腔的前中部,此时部分液滴开始进入凹腔,在喷雾横截面纵

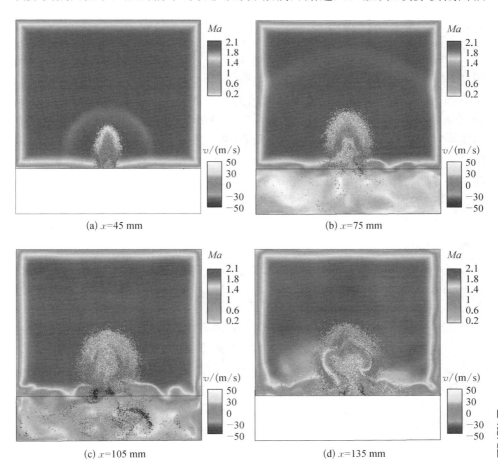

(a) $x=45$ mm　　　　　　　　　　　　(b) $x=75$ mm

(c) $x=105$ mm　　　　　　　　　　　　(d) $x=135$ mm

图 7.18　喷雾横截面液滴和气相流场的瞬态分布

向速度增大,说明气流对液滴造成了向上的气动作用,同时在凹腔剪切层的小尺度涡的带动下,液滴也在向横截面两侧扩展,由于是瞬态结果,因此凹腔内的液滴显示较少。随着流向距离进一步增加到 105 mm,喷雾横截面位于凹腔的中后部,此时喷雾横截面的液滴具有较大负向纵向速度,集中分布在喷雾横截面的中心处,液滴扩散至整个凹腔。最后,在凹腔的出口位置,主流中的液滴和经历凹腔内部流动的液滴到达该横截面,在展向上获得了极大的发展,液滴几乎到达燃烧室侧壁面,同时喷雾横截面中心的液滴纵向速度大于喷雾边缘,这是在凹腔后缘位置形成的独特分布。

7.3.2 液滴运动过程分析

根据喷雾的两个方向上速度分量的分布特征,基于试验数据,采用如图 7.19 的形式表现出液滴时均的运动趋势,其中红色部分代表沿着坐标轴的正方向,蓝色部分代表沿着坐标轴的负方向。图 7.19(a)简要展示了液滴流向运动趋势,图 7.19(b)展示了液滴纵向运动趋势,液滴在凹腔内部的回流输运主要发生在凹腔的底部和侧壁面。同样地,根据平均速度的分布,绘制出液滴的运动趋势图,如图 7.20 所示,可以看出,在 $x=75$ mm 位置上,喷雾的运动方向主要是朝着凹腔下游和凹腔底部运动,只在侧壁面底部有一小部分回流运动,说明凹腔内部回流区主要分布在凹腔的前半段,液滴在气流作用下沿着凹腔底部和侧壁向前运动,而在凹腔的后半部,回流作用减弱,液滴主要沿着主流气流方向运动。

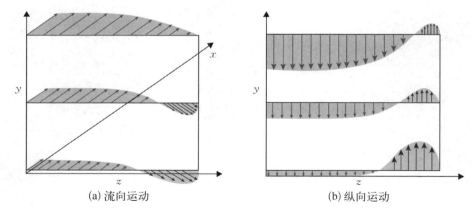

(a) 流向运动   (b) 纵向运动

图 7.19 $x=45$ mm,凹腔内部液滴流向和纵向运动趋势示意图

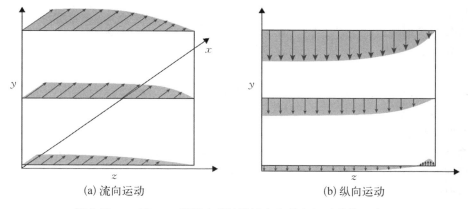

(a) 流向运动　　　　　　　　　　　　(b) 纵向运动

图 7.20　$x = 75\ \mathrm{mm}$，凹腔内部液滴流向和纵向运动趋势示意图

　　借助数值模拟的结果，可以进一步理解气液的相互作用。图 7.21 给出了液滴进入凹腔的瞬态特征和三维流线分布。其中气相横截面（$x = 45\ \mathrm{mm}$）采用马

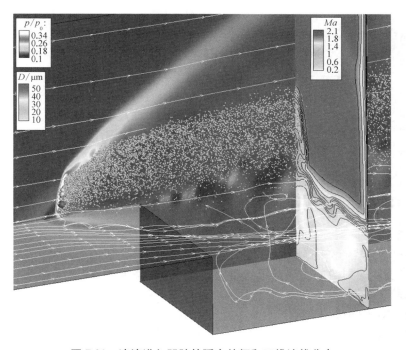

图 7.21　液滴进入凹腔的瞬态特征和三维流线分布

赫数云图,中心横截面和底壁面采用压力分布云图,液滴采用直径分布云图,液滴的大小根据直径显示。结果显示,采用粒子模拟的射流在射流出口很短距离内就完成了破碎,液滴直径大部分在 10 μm 左右。三维流线显示气流绕过射流进入凹腔,形成各种涡结构,在凹腔内部的气流通过底壁面和侧壁面的空间向前流动,在气流的作用下,液滴跟随气流形成回流的结构,因此液滴流向速度为负值。

综上,图 7.22 给出了凹腔内部所有测点获得的液滴 SMD 和速度矢量图,直观地反映了不同位置的液滴尺寸和运动方向,其中测点根据 SMD 数值进行着色,速度矢量方向根据液滴的平均流向速度和纵向速度合成获得,由于测点之间的速度差值较大,为了直观表现速度方向,采用等长度的箭头表示每个测点的速度方向。可以看出,凹腔液滴的回流主要发生在底部侧壁区域。

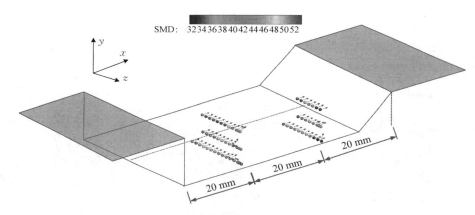

图 7.22 凹腔内部液滴的尺寸分布和速度矢量图

7.4 凹腔尺寸对喷雾特性的影响

在凹腔燃烧室中,喷孔和凹腔作为一个整体构型应用于实际发动机时,掌握尺度变化对射流的空间分布和雾化特性产生的影响规律,对于试验规律应用于工程实践具有重要意义[12]。试验中设计的三组凹腔具有完全等比的尺寸结构,通过对不同尺寸工况下的喷雾特性研究,掌握尺寸变化对喷雾的空间分布和雾化特性的影响,研究凹腔燃烧室中的尺度效应规律,提出在变尺寸条件下雾化特性的转化准则。

7.4.1 凹腔尺寸对穿透深度的影响

图 7.23 给出了三种尺寸的凹腔燃烧室条件下的射流穿透深度对比图,横纵坐标采用喷孔直径进行无量纲化,四个流向距离的测点覆盖了凹腔前缘、凹腔中部和凹腔后缘等关键位置,射流边界点的获取原则与上文一致。图 7.23(a)给出了无量纲的穿透深度的直接对比图,可以看出,除了 $x/d = 60$ 位置的点,其他的射流边界点非常接近,试验数据显示,相对高度差在 5% 以内,可以认为具有相同的穿透深度。只有当 $x/d = 60$, $d = 0.5$ mm 时,穿透深度明显低于其他工况,这主要是因为当采用小孔径喷注时,喷雾整体穿透深度较低,进入凹腔的喷雾的质量相对较大,因此导致射流穿透深度降低。因此,凹腔对小孔径的射流穿透深度影响较大,阻碍射流穿透深度的增加,而当孔径大于 0.5 mm,凹腔对射流穿透深度几乎没有影响,穿透深度随着凹腔燃烧室尺寸增大而线性增大。

图 7.23(b)~(d)给出了凹腔燃烧室条件下的射流穿透深度与平板燃烧室喷雾穿透深度曲线之间的对比。结果显示,在 AQ-10 工况中,凹腔中的射流穿透深度曲线在凹腔前缘低于平板燃烧室喷雾穿透深度曲线,而在凹腔后缘位置

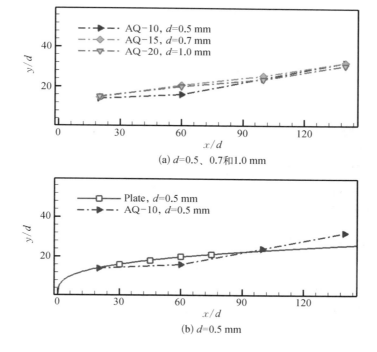

(a) d=0.5、0.7和1.0 mm

(b) d=0.5 mm

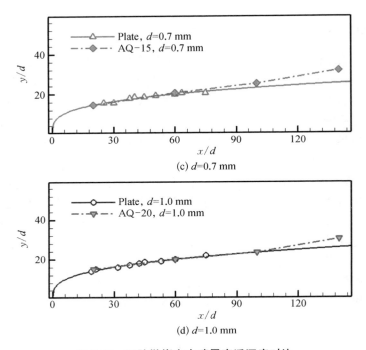

(c) d=0.7 mm

(d) d=1.0 mm

图 7.23 凹腔燃烧室中喷雾穿透深度对比

高于平板燃烧室喷雾穿透深度曲线,其中的原因在前面已经做过分析,在此不再赘述。在 AQ‑15 和 AQ‑15 工况中,射流只在凹腔后缘位置高于平板燃烧室喷雾穿透深度曲线,凹腔对射流穿透深度的影响主要体现在凹腔后缘对于穿透深度的增加,增加量 12%。随着凹腔燃烧室尺寸的增大,射流的穿透深度受到凹腔的影响越小,凹腔的主要影响体现在凹腔的下游对射流的抬升作用,这对燃料在燃烧室中的混合具有积极作用。此外,通过凹腔燃烧室和平板燃烧室喷雾穿透深度曲线的对比可知,随着凹腔燃烧室尺寸的增加,在平板燃烧室喷雾中得到的穿透深度经验公式在凹腔燃烧室中同样适用。

7.4.2 凹腔尺寸对液滴尺寸的影响

为了研究凹腔尺寸变化对喷雾特性造成的影响,图 7.24 给出了三种凹腔尺寸条件下的喷雾 D_{10} 和 SMD 在不同流向距离上的分布,其中纵坐标采用当地的穿透深度进行无量纲化,消除穿透深度增长造成的差异。由图 7.24(a)和(b)可以看出,经过凹腔的喷雾的液滴尺寸随着纵向高度增加而减小,部分曲线呈现

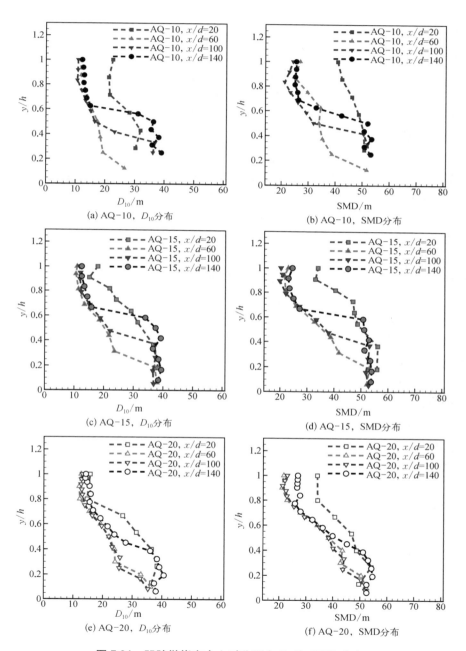

(a) AQ-10, D_{10}分布

(b) AQ-10, SMD分布

(c) AQ-15, D_{10}分布

(d) AQ-15, SMD分布

(e) AQ-20, D_{10}分布

(f) AQ-20, SMD分布

图 7.24　凹腔燃烧室中心对称面上 D_{10} 和 SMD 分布

"S"形分布,随着流向距离增加,喷雾的尺寸总体上呈现减小的趋势,其中当 $x/d=20$,液滴的 D_{10} 和 SMD 显著大于其他位置,说明喷雾的二次破碎主要发生在 $x/d<60$,当流向距离超过这个范围之后,喷雾边缘的液滴基本不再发生破碎,而在喷雾底部的液滴受到前方喷雾阻碍和凹腔卷吸的双重影响,破碎距离大,雾化程度低,随着流向距离的增加,液滴继续破碎。不仅如此,在下游还发生了液滴尺寸增大的情况,这主要是由于凹腔的存在,导致大小液滴相对运动,形成了这样的分布。由图 7.24(c)~(f)可以看出,随着凹腔尺寸的增大,喷雾上半部分($y/h>0.5$)越来越接近,说明喷雾完成二次雾化需要的距离越来越短,其中 $x/d=60$ 和 $x/d=100$ 位置的两条曲线几乎重合,如图 7.24(e)和(f)所示,当喷雾的流向距离超过 $x/d=60$ 后,喷雾的尺寸分布几乎不再改变,达到相对稳定的状态,只有当喷雾达到凹腔后缘位置时,受到剪切层再附的气流影响,液滴的尺寸分布需要重新建立平衡,其中不仅包括了液滴的破碎,还有液滴的碰撞聚合,因此在凹腔后缘出现了液滴尺寸增大的情况。

为了直观对比三种尺寸条件下的液滴尺寸变化情况,图 7.25 给出了不同凹腔尺寸条件下的 SMD 对比,其中,由于是比较相同无量纲位置,基于前面的研究可知,射流具有相同的穿透深度,因此采用喷孔直径进行无量纲化。图中的散点为试验数据点,虚线是采用最小二乘法得到的拟合曲线。可以看出,当 $x/d=20$,大孔径对应的 SMD 最小,这主要是因为实际穿透深度最大,受到气动力作用最强,随着无量纲的流向距离增加,喷雾的 SMD 分布越接近"S"形分布,数值上也越接近,可以认为不同尺寸的凹腔燃烧室最终形成相似的液滴尺寸分布。

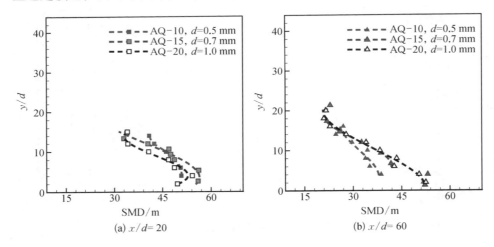

(a) $x/d=20$　　　　　　　　(b) $x/d=60$

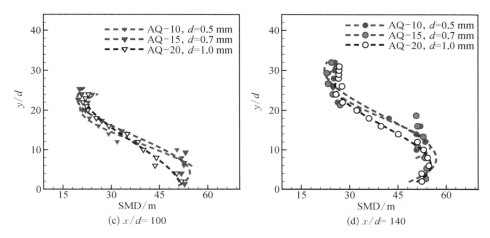

(c) $x/d = 100$　　　　　　　(d) $x/d = 140$

图 7.25　不同凹腔尺寸条件下的 SMD 对比

7.4.3　凹腔尺寸对液滴速度的影响

液滴的速度与液滴的尺寸是密切相关的,通过获得液滴的两个方向的速度分量,能够判断液滴的运动特征和趋势。为了研究凹腔对喷雾整体速度分布的影响,图 7.26 给出了凹腔燃烧室中心对称面上平均流向速度和纵向速度分布,结果显示,平均流向速度与液滴尺寸分布具有负相关关系,流向速度越大,对应的液滴平均尺寸就越小。由图 7.26(a)还可以看出随着流向距离增加,喷雾平均流向速度逐渐增大,只在凹腔后缘的影响下,速度减小,图 7.26(c)和(f)表明,随着凹腔整体尺寸增大,流向的速度更快达到最大值,平均流向速度曲线在 $x/d = 60$ 和 $x/d = 100$ 位置几乎重合,液滴的速度发展主要和实际的流向距离相关,实际流向距离越大,则液滴流向速度越大,直到达到液滴在气流中的最大速度。图 7.26(b)和(d)的结果表明,喷雾的平均纵向速度随着流向距离增加先趋近于 0 然后沿正方向增大,最后在凹腔后缘作用下达到最大。然而,图 7.26(f)的结果则显示,$x/d = 20$ 位置上的平均纵向速度能够达到 55 m/s,大于凹腔后缘的纵向速度,说明凹腔的整体尺寸增大后,由于凹腔对喷雾的卷吸作用相对减弱,射流边缘部分并不会因为凹腔的存在导致速度降低,因此喷雾的纵向速度达到了较高水平。此外,与喷雾的液滴平均尺寸类似,喷雾上半部分($y/h > 0.5$)平均纵向速度随高度增加而增加,而喷雾下半部分($y/h < 0.5$)喷雾的纵向速度主要分布在 0 附近。

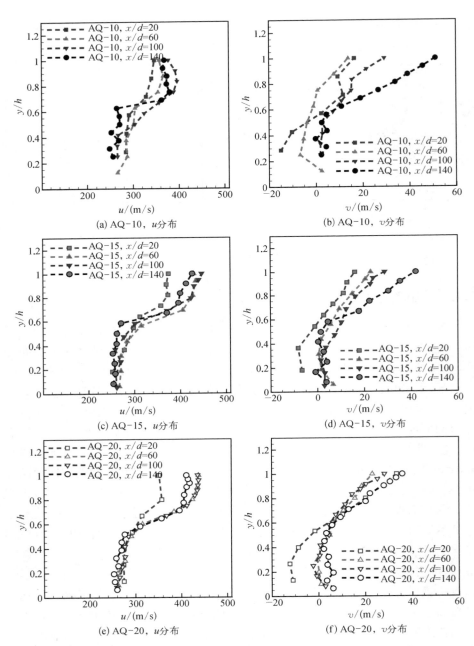

图 7.26　凹腔燃烧室中心对称面上平均流向速度和纵向速度分布

为了直观对比三种尺寸条件下的液滴速度变化情况,图 7.27 给出了不同凹腔尺寸条件下的平均流向速度对比。结果显示,三种尺寸条件下的平均流向速度具有相似的分布,特别是 AQ‐15 和 AQ‐20 工况,流向速度的分布曲线几乎重合,说明随着凹腔燃烧室尺寸增大,无量纲位置对应的喷雾平均流向速度的分布保持不变。

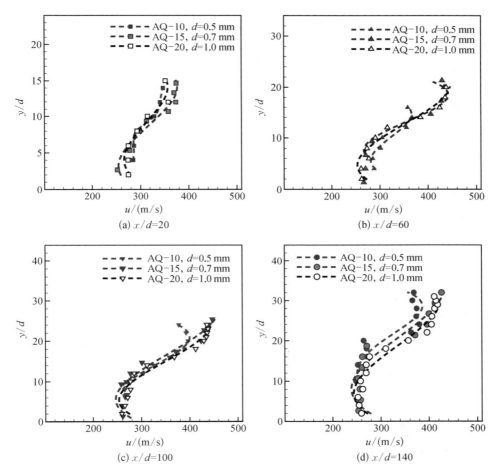

图 7.27　不同凹腔尺寸条件下的平均流向速度对比

图 7.28 给出了不同凹腔尺寸条件下的平均纵向速度对比,平均纵向速度曲线呈现“C”形分布,随着流向距离的增加,三种工况下的平均纵向速度分布接

近,说明随着凹腔燃烧室尺寸增大,无量纲位置对应的喷雾平均纵向速度的分布保持一致。喷雾的两个速度分量能够保持相似的分布规律主要原因在于喷雾在凹腔燃烧室中经过一段距离的发展,液滴的二次雾化过程基本完成,速度的分布区域稳定,因此具有相似的分布规律。当凹腔尺寸较小,喷雾主体受到凹腔和壁面边界层影响增大,雾化不完全,例如工况 AQ－10 中的喷雾,在射流发展初期出现了与其他工况的不同分布规律。

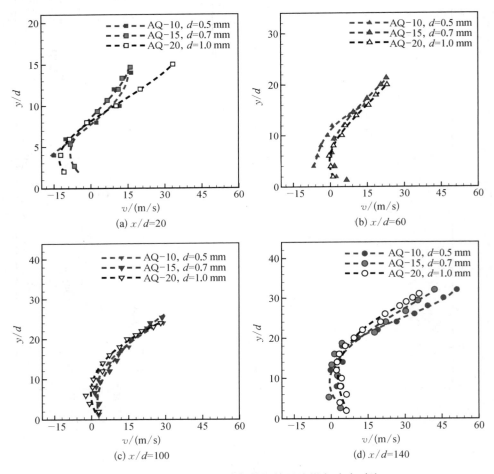

图 7.28　不同凹腔尺寸条件下的平均纵向速度对比

7.5　小结

　　本章对凹腔燃烧室中液体横向射流的分布特性和雾化特性进行了研究,首先对凹腔内部的液滴分布和运动过程进行了分析,随后探究了凹腔燃烧室尺寸对喷雾特性的影响,最后总结了凹腔对射流穿透深度和液滴尺寸及速度分布的影响规律。

　　(1) 在分布特性方面,凹腔的存在主要阻碍凹腔前缘射流穿透深度的增长,促进射流在凹腔后缘位置穿透深度的抬升,射流的穿透深度随着凹腔整体尺寸的增大线性增大。在雾化特性方面,采用射流当地穿透深度无量纲化后,根据雾化情况可分为两个区域。在 $y/h > 0.6$ 的喷雾边缘区域,凹腔对雾化几乎没有任何影响,这与平板燃烧室的结论一致。对于 $y/h < 0.6$ 的喷雾区域,凹腔的存在会使得 SMD 增大,降低主流液滴的运动速度,使得一部分液滴进入凹腔运动,在凹腔剪切层局部降低了雾化质量。

　　(2) 凹腔外部的液滴速度与液滴尺寸是负相关的,而在凹腔内部,液滴的速度和液滴尺寸正相关,前者是因为气动作用造成液滴破碎导致尺寸减小,后者则是由小尺寸液滴的跟随性好于大尺寸液滴决定的。凹腔内部液滴尺寸主要分布在 $0 \sim 60~\mu m$,SMD 分布范围为 $30 \sim 55~\mu m$,平均流向速度范围为$-20 \sim 150~m/s$,平均纵向速度范围为$-20 \sim 30~m/s$,喷雾的平均直径总体上从凹腔中心向两侧逐渐减小。液滴在凹腔内部与气流进行充分混合,在凹腔中心区域沿着主流方向运动,通过底部和侧壁区域的回流区逆向运动,到达凹腔前缘,形成凹腔内部的回流区。

　　(3) 在喷注参数保持不变的情况下,随着喷孔和凹腔尺寸增大,凹腔和边界层的影响减小,穿透深度随着喷孔和凹腔尺寸增大表现为线性增大,喷雾的穿透深度与平板燃烧室的规律保持一致,平板燃烧室中喷雾的空间分布规律在凹腔燃烧室中同样适用。针对凹腔燃烧室中的尺度效应,在本章工况条件下,随着喷孔和凹腔尺寸增大,喷雾 SMD、平均流向速度和平均纵向速度具有相似的分布规律,主要原因在于距离喷孔 30 mm 的位置二次雾化过程基本完成,随着流向距离的增大,无量纲位置上液滴尺寸和速度分布保持一致。研究表明,将小尺寸工况下的结果应用到大尺寸燃烧室过程中,可以采用统一的液滴尺寸和速度的分布规律。

参考文献

[1] Bao H, Zhou J, Pan Y, et al. Spark ignition of liquid kerosene in scramjet combustor equipped with partly-covered cavity[J]. Journal of Propulsion and Power, 2015, 31(4): 1 - 5.

[2] Li P, Li C, Wang H, et al. Distribution Characteristics and mixing mechanism of a liquid jet injected into a cavity-based supersonic combustor[J]. Aerospace Science and Technology, 2019, 94(105401): 1 - 15.

[3] 李晨阳,李清廉,张家奇,等.超声速气流中凹腔上游液体喷注粒径速度分布特性研究[C].南京: 中国工程热物理学会燃烧学学术年会,2017.

[4] 李晨阳,周曜智,李清廉.超声速横向气流中液体射流横截面分布的试验研究[C].昆明: 中国航天第三专业信息网第四十届技术交流会暨第四届空天动力联合会议, 2019.

[5] Li C, Li P, Li C, et al. Experimental and numerical investigation of cross-sectional structures of liquid jets in supersonic crossflow[J]. Aerospace Science and Technology, 2020, 103(2020): 105926.

[6] 李晨阳.超声速来流凹腔燃烧室中液体射流喷雾特性研究[D].长沙: 国防科技大学,2021.

[7] Li P, Wang Z, Sun M, et al. Numerical simulation of the gas-liquid interaction of a liquid jet in supersonic crossflow[J]. Acta Astronauticaica, 2017, 134: 333 - 344.

[8] Li P, Wang Z, Bai X, et al. Three-dimensional flow structures and droplet-gas mixing process of a liquid jet in supersonic crossflow[J]. Aerospace Science and Technology, 2019, 90: 140 - 156.

[9] 李晨阳,吴里银,李春,等.超声速气流中凹腔对液体射流穿透深度的影响[J].航空动力学报,2018,33(1): 232 - 238.

[10] Li X, Liu W, Pan Y, et al. Characterization of kerosene distribution around the ignition cavity in a scramjet combustor[J]. Acta Astronauticaica, 2017, 134(2017): 11 - 16.

[11] 李西鹏.超声速气流中煤油喷注混合及点火过程研究[D].长沙: 国防科技大学,2018.

[12] Zhou Y, Cai Z, Li Q, et al. Characteristics of penetration and distribution of a liquid jet in a divergent cavity-based combustor[J]. Chinese Journal of Aeronautics, 2023.

第8章 超声速气流中液体横向
射流喷雾混合特性

超燃冲压发动机在确定的工作状态下,其燃料与空气的当量比是确定的,这决定了燃料的质量流量,而燃料的质量流量由喷注压降控制,在一定液体质量流量条件下的射流穿透深度成为限制发动机尺寸的关键参数。为了提高射流穿透深度,改善燃料的喷注混合特性,学者们对斜坡、气动斜坡[1-4]、支板[5,6]以及气泡雾化[7,8]等被动混合增强技术进行了大量研究。这些方法虽然能够较大程度地提高射流雾化混合效果,但是以流场稳定、总压损失以及可靠性为代价。为解决这一重要技术问题,本书先后开展了脉冲喷射、伴随射流两种混合增强方法的研究。

8.1 脉动喷射对混合特性的影响

高喷注压降高频率的脉冲喷射有助于促进超燃冲压发动机提高燃料穿透深度和增强混合。采用电磁阀控制脉冲喷射,通过设定电磁阀开关动作的时序控制脉冲频率和占空比。采用高速摄影获取射流实验图像,并通过图像处理得到脉冲喷射过程中射流穿透深度的动态变化,研究了单次脉冲的动态过程,以及占空比对射流穿透深度的影响。

8.1.1 方波脉冲射流

1. 喷嘴参数

电磁阀及其零部件结构如图 8.1 所示,具体参数如表 8.1 所示。

将电磁阀与喷嘴直接连接用以提高射流对电磁阀开闭的响应时间,电磁阀在使用过程中状态稳定,得到的射流喷前压力曲线重复性较好。实验选用的喷嘴直径为 0.7 mm 和 1 mm,长径比均为 4,喷嘴结构如图 8.2 所示。

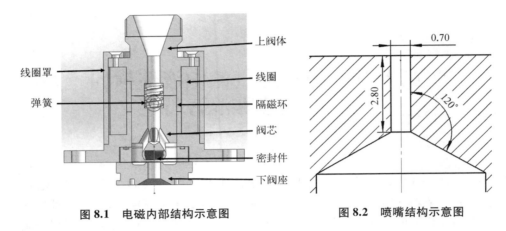

图 8.1   电磁内部结构示意图   图 8.2   喷嘴结构示意图

表 8.1   电磁阀工作参数

参　　数	数　　值
通径	Φ4.0 mm
入口压力	<3 MPa
工作电压	24±3 V
额定功率	12 W
打开响应时间(2.4 MPa,室温)	2.32 ms
关闭响应时间(2.4 MPa,室温)	5.02 ms

2. 单脉冲射流穿透深度动态过程研究

在当前的发动机设计中,液体横向射流穿透深度已经成为限制超燃冲压发动机尺寸的关键参数。Randolph 等[9]和 Kouchi 等[10,11]的超声速气流中气体横向脉冲喷射实验均发现,射流脉冲喷射的喷注压力达到峰值时,脉冲射流的瞬时穿透深度高于相同压力下的稳态射流。为了探究液体脉冲喷射能否提高射流穿透深度,首先进行单脉冲射流实验,获得脉冲喷射过程中射流穿透深度的动态变化。

图 8.3 展示了两个不同喷前压力的脉冲射流工况的压力变化曲线,可见看出曲线在达到峰值压力时过渡平稳,并未出现压力波动现象,图 8.4 展示了不同时刻、不同喷孔直径和下游不同位置的射流穿透深度曲线随时间变化的曲线。即使在射流喷前压力恒定段,射流的边界仍会出现大范围波动,为了能够更清晰地展示喷雾边界的动态变化过程,采用移动平均方法,每个时刻的穿透深度值采用该时刻前后相邻的 50 个原始穿透深度值进行平均。从图 8.4 可以看出,

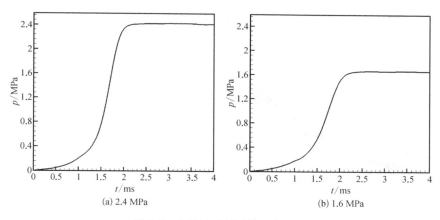

(a) 2.4 MPa　　　　　　　　　(b) 1.6 MPa

图 8.3　单脉冲喷射喷前压力曲线

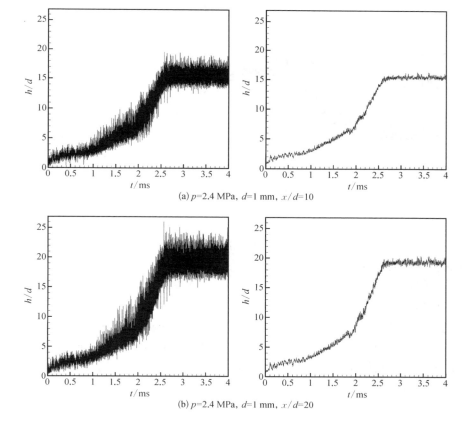

(a) p=2.4 MPa, d=1 mm, x/d=10

(b) p=2.4 MPa, d=1 mm, x/d=20

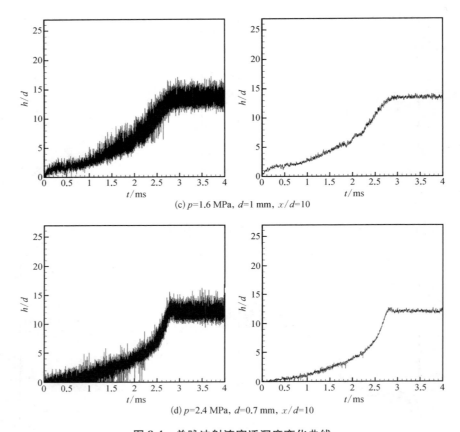

(c) p=1.6 MPa, d=1 mm, x/d=10

(d) p=2.4 MPa, d=0.7 mm, x/d=10

图 8.4　单脉冲射流穿透深度变化曲线

左侧为原始曲线;右侧为移动平均处理后的曲线

不同于超声速气流中气体横向脉冲射流的结果,液体横向脉冲射流并未出现穿透深度增加的现象。

为解释上述实验结果,首先分析气体脉冲喷射穿透深度增加的原因。图 8.5 为赵延辉等[13]通过纳米粒子的平面激光散射系统(nano-tracer based planar laser scattering, NPLS)获得的超声速气流中中气体横向射流的瞬态 NPLS 灰度图,图中清晰展现了射流在喷孔喷出后近场的 K‑H 涡和远场的平移涡,射流穿透深度由平移涡结构决定。Ben 等[14,15]的研究表明:喷口附近的射流与来流会形成的剪切层,这是典型的 Kelvin-Helmholtz 不稳定性主导的混合过程,由于速度梯度产生的初始不稳定涡随着射流的发展,尺度逐渐增加,并将周围的来流气流

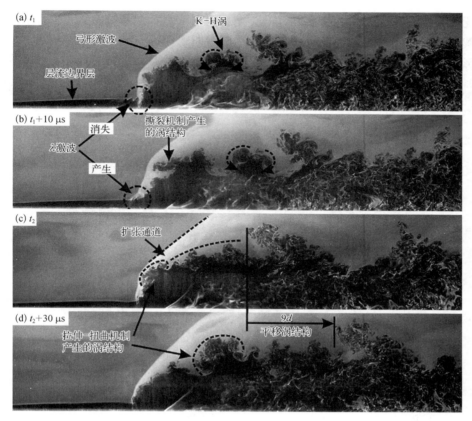

图 8.5　层流边界层条件下平板横向射流中心截面 $(z=0)$ 瞬态 NPLS 灰度图[13]

卷吸进射流剪切层;在脉冲喷射过程中,由于速度的动态变化,剪切层内产生更为剧烈剪切作用,产生更大尺度的平移涡从而使射流穿透深度增加。而在超声速气流中的液体横向射流过程中,射流柱前后的压力差较大,是低密度气体加速高密度液体的过程,液体横向射流的变形和破碎过程主要受到 R-T 不稳定性的影响,由于液体横向射流密度大,速度较来流气流低很多,K-H 不稳定性在气液界面位置的卷吸作用并不强,射流穿透深度由本身的射流速度决定,脉冲喷射中的非定常效应影响穿透深度较弱。

3. 占空比对连续脉冲射流穿透深度影响

上面的研究表明,当前的阀门控制脉冲的动态过程不会对射流穿透深度产生影响,所以脉冲射流的穿透深度主要取决于脉冲的峰值压力,而与脉冲频率无关。图 8.6 为脉冲频率为 200 Hz,占空比为 0.5,平均质量流率为 18 g/s 的连续脉冲喷射实验获得的喷前压力和穿透深度曲线,从图中可以看出,脉冲的波形近似于方波曲线,重复性较好。穿透深度曲线和压力曲线的频谱分析结果(图 8.7、图 8.8)表明,其变化频率均为 200 Hz,这与输入信号相同。

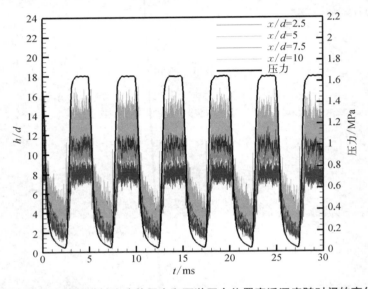

图 8.6　脉冲喷射时射流喷前压力和下游四个位置穿透深度随时间的变化

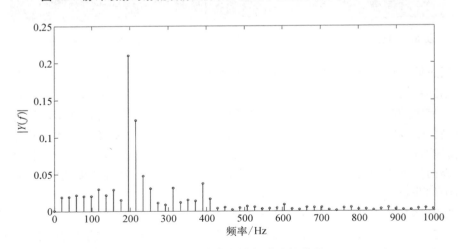

图 8.7　射流穿透深度频谱分析结果

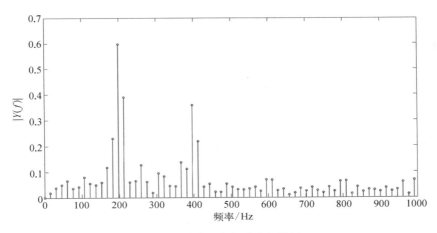

图 8.8　喷前压力频谱分析结果

下面将推导射流穿透深度在一定质量流率下与脉冲占空比的关系,占空比 α 定义为一个脉冲周期内,阀门处于开启状态的时间与总时间之比。推导中假设阀门的开阀响应时间和关阀响应时间均为 0。图 8.9 的示意图展示了在相同质量流率条件下不同占空比的喷注压降变化,可以看出,随着占空比的减小,喷注更为集中,持续时间减小,射流穿透深度预计会增加。

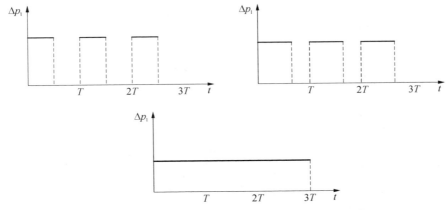

图 8.9　相同质量流率条件下占空比变化对射流喷注压降的影响

研究[16-24]表明影响穿透深度的关键参数是液气动量通量比 q,Lin 等[21]使用 PDPA 系统获得的射流穿透深度的经验公式:

$$h/d = 4.73q^{0.3}(x/d)^{0.3} \qquad (8.1)$$

式中,液气动量通量比 q 为

$$q = \rho_1 V_1^2 / \rho_g V_g^2 \qquad (8.2)$$

可得 h 与液体横向射流速度 V_1 呈 0.6 次幂关系:

$$h \propto V_1^{0.6} \qquad (8.3)$$

稳态射流中,射流速度与质量流率 $\dot{m}_1$ 的关系为

$$V_1 = \frac{\dot{m}_1}{A\rho_1 C_d} \qquad (8.4)$$

式中,A 为喷孔横截面积;C_d 为喷嘴流量系数;ρ_1 为液体密度。脉冲射流的射流速度为相同流率下稳态射流速度 V_1 与占空比 α 之比:

$$V_{1,\,\text{pulsed}} = \frac{\dot{m}_1}{A\rho_1 C_d \alpha} \qquad (8.5)$$

可得脉冲射流的射流穿透深度 h 与占空比 α 呈 -0.6 次幂关系:

$$h \propto \alpha^{-0.6} \qquad (8.6)$$

图 8.10 展示了液气动量比为 7、喷孔直径为 0.7、平均质量流率为 18 g/s 的

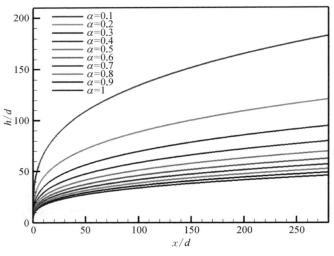

图 8.10　不同占空比条件下射流穿透深度曲线

不同占空比下理论上的射流穿透深度曲线。从图中可以看出,随着占空比的减小,射流穿透深度显著提高,且提高幅度随占空比的减小而增加。理论上,在脉冲占空比减小的情况下射流穿透深度可以提高到任意值。在实际应用中,使用脉冲射流可以在不改变质量流率的条件提高射流穿透深度,可以在一定的全局当量比条件下将射流喷入主流区,增加混合效果,并可以通过调节占空比来实现燃烧的主动控制。但在实际的燃烧室内,占空比过低或者脉冲频率过小可能无法保证燃烧室内能够一直保持恰当的当量比范围,进而导致熄火。

8.1.2　正弦波动射流

1. 流量振荡器结构及实验工况设置

流量振荡器是用来实现流量周期性振荡的装置,通过控制流量振荡器喷出流量时间来实现射流振荡的控制。图 8.11 流量振荡器结构图给出了其主要结构,包括孔板、电机、进水口、排水孔和底座。其中,孔板结构是核心结构,它的作用是调节流体流通面积,进而实现流量振荡。进水口和排水孔则分别用于流体的流入和排出。电机用于驱动孔板结构的运动,调节其转动速率。底座是整个流量振荡器的支撑部件,必须具有足够的质量,防止工作时出现振荡的情况发生,影响实验结果。

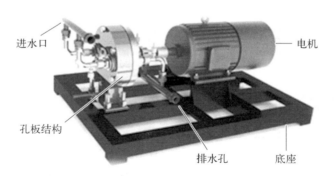

图 8.11　流量振荡器结构示意图

流量振荡器的具体工作原理如图 8.12 所示。孔板结构是由一个沿绕中心轴旋转的孔板和一个与之同轴且喷孔大小一致的定孔板构成。通过电机驱动使动孔板绕其中心轴转动,两个孔板交错所形成的流通面积会呈周期性的变化,进而使得经过流量脉动器的流量呈周期性变化。因为流量脉动器会对加速来流造成较大压力损失,因此本节所测量的压力是通过在喷嘴出口安装压力传感器获得。本节实验使用喷嘴直径为 1 mm,长径比为 4。

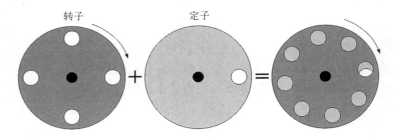

图 8.12　流量振荡器工作原理图

试验中集液腔的压力 ($p = \bar{p} + \tilde{p}$) 按拟正弦规律变化。其中设定的集液腔平均压降 $\bar{p}$ 为 0.55 MPa,对应于液体平均流量 20 g/s,压力波动的幅值 $\tilde{p}$ 为 0.03 MPa,约为平均压力的 4.8%。图 8.13 所示为设定的振荡频率为 197 Hz 时得到的压力变化曲线,图 8.14 为其频谱图,压力振荡频率与设定值相同。共进行 3 种不同频率的射流实验,频率分别为 68 Hz、138 Hz 和 197 Hz,频率的选取与超燃冲压发动机低频燃烧不稳定频率接近。

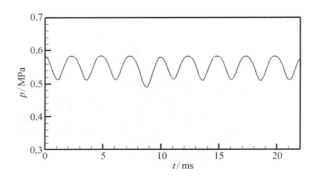

图 8.13　流量振荡器产生的典型喷前压力曲线

2. 实验结果分析

图 8.15~图 8.20 给出了三个振荡频率下振荡射流在 $x/d = 10$ 位置穿透深度随时间的变化。可以看出当供应系统发生流量振荡时,射流穿透深度也会随之发生振荡,振荡频率与供应系统的振荡频率相同。图 8.21 给出不同时刻下振荡射流的喷雾图像,在靠近壁面边界层内圆柱射流段,并未发现 Klystron 效应

引起的液体聚集、挤压,形成的串型结构。这是由于当前的振荡频率较低,液体的挤压作用不明显。相邻串型结构的长度远大于射流的特征长度。按照来流速度 V_∞ 610 m/s、射流速度 V_1 33 m/s、振荡频率 $f = 197$ Hz、特征长度取为喷嘴直径 d 计算。来流 $St_\infty = df/V_\infty$ 为 $3.23×10^{-4}$,射流 $St_1 = df/\overline{V}_1$ 为 $5.97×10^{-3}$,St_1 过小导致射流的非定常效应很弱。

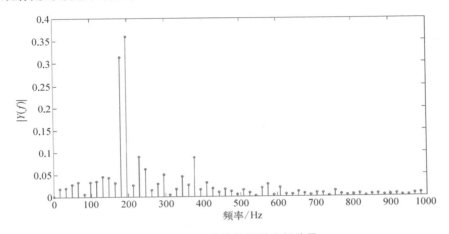

图 8.14　压力曲线的频谱分析结果

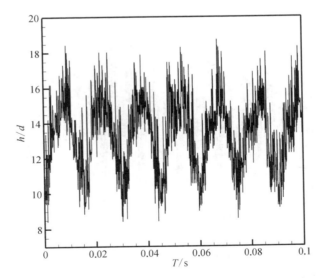

图 8.15　68 Hz 振荡射流在 $x/d = 10$ 位置穿透深度随时间的变化

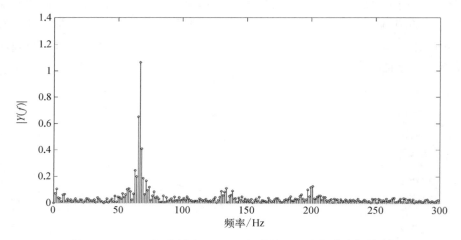

图 8.16　68 Hz 振荡射流 $x/d=10$ 位置穿透深度频谱分析结果

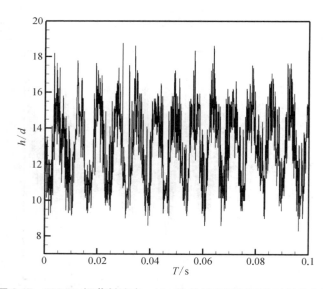

图 8.17　138 Hz 振荡射流在 $x/d=10$ 位置穿透深度随时间的变化

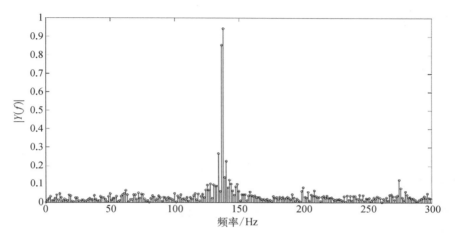

图 8.18　138 Hz 振荡射流 $x/d=10$ 位置穿透深度频谱分析结果

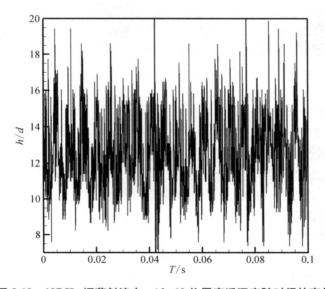

图 8.19　197 Hz 振荡射流在 $x/d=10$ 位置穿透深度随时间的变化

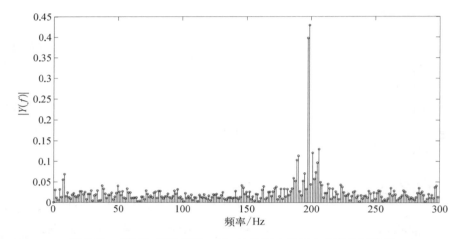

图 8.20　197 Hz 振荡射流 $x/d = 10$ 位置穿透深度频谱分析结果

图 8.21　振荡射流不同时刻的射流图像

3. 仿真研究方案

1) 仿真工况

鉴于流量振荡器产生的振荡频率有限,为探究射流 St_1 达到 1 量级时, Klystron 效应对喷雾的影响。下面采用数值仿真的方法研究振荡射流的雾化, 本节着重关注速度脉动对射流雾化的影响,采用精细的界面追踪结合湍流大涡模拟方法模拟振荡射流的一次破碎过程。由于在计算需要对液柱到液丝/液滴的全尺度仿真,对于雾化完全的液滴进行界面追踪需要极小的网格,本节意在说明速度脉动对射流雾化的影响,探究振荡喷射可能具有的优势,为节约计算量,仿真的 We 小于实验值,从而使液滴稳定直径增大,可以减小网格精度,并且研究的喷孔直径仅为 0.2 mm。表 8.2 列出了五个仿真工况的流动条件和无量纲参数。超声速气流的静态温度(T_g)和自由流速度(U_g)分别设置为 167 K 和

517 m/s,马赫数为 2。自由流空气黏度系数 μ_g 为 1.1×10^{-5} Pa·s,液体密度 ρ_l 和黏度系数 μ_l 分别为 1 000 kg/m³ 和 1×10^{-3} Pa·s。在所有的工况中,液体表面张力系数为 0.072 N/m。液体横向射流的平均速度为 $\bar{U}_1 = 23$ m/s。

表 8.2　仿真工况的流动条件和无量纲参数

工 况	马赫数 Ma	气体密度 $\rho_g/(\text{kg/m}^3)$	频率 f/kHz	$U_1/(\text{m/s})$	λ_1/d	St_1	液气动量化 q	韦伯数 We
Case1	2	0.4	—	23	—	—	4.9	297
Case2	2	0.4	57.5	$23[1+0.1\sin(2\pi ft)]$	2	0.5	4.9	297
Case3	2	0.4	115	$23[1+0.1\sin(2\pi ft)]$	1	1	4.9	297
Case4	2	0.04	57.5	$23[1+0.1\sin(2\pi ft)]$	2	0.5	49	29.7
Case5	2	0.04	115	$23[1+0.1\sin(2\pi ft)]$	1	1	49	29.7

　　Case1 是超声速气流中稳定液体横向射流的雾化,是与振荡射流形成对照的参考工况。Case2 和 Case3 是两个不同振荡频率(f)下振荡振幅(ε)为 10% 的正弦振荡液体横向射流,Case2 和 Case3 的平均动量通量比与 Case1 相同。振荡射流速度的振荡频率(f)、振荡振幅(ε)和波形的选择参照了 Geschner[25] 采用的压电陶瓷产生超声波共振方法获得的振荡液体横向射流,如图 8.22 所示。Case4 和 Case5 中的自由流密度 ρ_g 减少到前者的 1/10,以显著降低气动力,从而液体横向射流速度脉动对液柱变形的影响可以更清楚地展现。无量纲的扰动波长($\lambda_1 = \bar{U}_1/f$)和 St_1($St_1 = df/\bar{U}_1 = d/\lambda_1$)是体现射流脉动频率影响的参数,列于表 8.2,液气动量通量比($q = \rho_l U_1^2/\rho_g U_g^2$)和 We($We = \rho_g U_g^2 d/\sigma$)是液体横向射流研究中两个最重要的参数,同样列于表 8.2。

　　2)计算域与边界条件设置

　　仿真域为 $[0, 30d] \times [0, 18d] \times [-8d, 8d]$ 在 x、y 和 z 方向上分割成 240 个块,如图 8.23 所示,以便模拟可以在 240 个核上并行计算。在 $[7.9d, 17.5d] \times [0, 10d] \times [2.1d, 2.1d]$ 区域使用均匀网格中,在其余区域使用渐变网

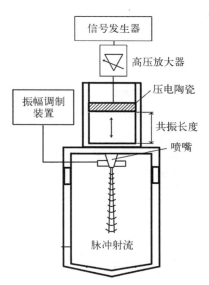

图 8.22　振荡射流装置[25]

格。出口边界条件在顶部和右侧设定,对称边界条件在 $z = -8d$ 和 $z = 8d$ 处指定。在底面指定壁面边界条件,从喷嘴出口 $(x - 10.5d)^2 + y^2 = (0.5d)^2$ 垂直喷注速度均匀的液体横向射流。为了模拟边界层的影响,在左边指定了湍流边界层的平均速度型为 $U/U_g = [y/(1.5d)]^{1/7}$。在模拟开始时,在喷嘴出口处指定具有 23 m/s 的初始速度的液体横向射流,其中液体填充在区域 $(x - 10.5d)^2 + z^2 \leqslant (0.5d)^2$ $(0 \leqslant y < 0.5d)$ 和 $(x - 10.5d)^2 + (y - 0.5d)^2 + z^2 \leqslant (0.5d)^2$ $(y \geqslant 0.5d)$。

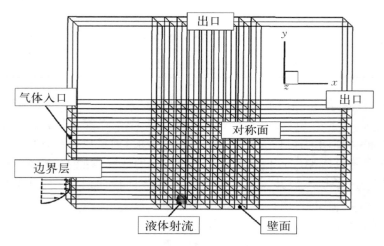

图 8.23 计算区域与初始条件和边界条件

3）算例验证与网格无关性验证

本节采用的 CLSVOF/LES 方法首先通过模拟中超声速气流中的液滴来验证[26,27]。如表 8.3 所示,网格分辨率研究表明,随着网格细化,液滴流向直径 d_c、阻力系数 C_D 和激波脱体距离 δ 逐渐收敛。在液滴周围的气流完全发展并且液滴仍然保持球形的早期阶段 $[t^* = 0.04, t^* = t/(\rho_1/\rho_g)^{1/2}d/U_g]$,不同马赫数下的收敛的阻力系数和激波脱体距离与超声速流中球体的实验测量结果[28,29]一致。证明液体表面所受的气动力可以准确预测。

在之前的工作[26]中,超声速气流中的液体横向射流的测试算例在两个网格上进行了模拟。在喷雾的核心区域,Grid A 中的网格大小为 $0.045d$,Grid B 中的网格大小为 $0.035d$,总量分别为 770 万和 1 500 万。模拟结果表明,两套网格预测的射流形态和压力分布是相似的,预测的表面波长和激波脱体距离显示出了

表 8.3 四套网格的液滴阻力系数、激波脱体距离和液滴展向直径

	$C_D(t^*=0.04)$	$\delta(t^*=0.04)/d$	$d_c(t^*=0.97)/d$
Grid 1($\Delta=d/20$)	1.00	0.143	1.3
Grid 2($\Delta=d/30$)	1.04	0.139	1.402
Grid 3($\Delta=d/40$)	1.06	0.132	1.438
Grid 4($\Delta=d/50$)	1.07	0.13	1.454
实验值	1.14[157]	0.1[158]	

微小差异(λ_s 为 2%,δ 为 3%)。这证实了在网格 A 上很好地捕获了主要分解过程中的大规模特征。

在此基础上进行进一步的网格分辨率研究,用于振荡液体横向射流,需要检查由于液体横向射流脉动引起的液柱变形是否可以很好地在当前网格上捕捉。Case5 在三套网格上进行模拟:Grid A、Grid C(粗网格)和 Grid F(精细网格)。Grid C 和 Grid F 的模拟域与 Grid A 相同,但是网格大小分别为 $0.09d$ 和 $0.03d$,而 Grid A 中为 $0.045d$。模拟结果表明,在 Grid A 和 Grid F 上预测的变形液体横向射流的形状几乎重叠,而在 Grid C 上产生的界面形状略有不同。因此,可以在 Grid A 上很好地捕获振荡液体横向射流柱的变形过程,因此在该网格上运行所有后续算例。

4. 计算结果分析

1) 稳态射流一次破碎机理

图 8.24、8.25 展示的是超声速气流中液体横向稳态射流的雾化过程。气流中的压力等值线显示了射流前方的弓形激波,在射流迎风面上产生的液丝/液块结构之前也观察到了小激波现象。迎风面和背风面存在压力差,液柱会在气流方向上弯曲,这是低密度气相加速了高密度液相的过程,会使液柱受到 Rayleigh-Taylor 不稳定性的影响,从而在液柱迎风面上形成表面波。液体横向射流的一次破碎以液柱破碎和表面破碎两种模式进行,表面破碎是指液滴直接从液柱两侧脱落;液柱破碎是液柱断裂成大液块的过程。随着表面波在液体横向射流的迎风面增长,气体涡旋在表面波的波谷中形成(图 8.26、图 8.27),导致液柱所受的气动力不均匀,最终液柱在波谷处断裂。图 8.28 所示为速度梯度张量的第二不变量 Q 的瞬时等值面,从中可以清楚地看到射流周围涡结构的三维特征。与液柱平行的涡对应表面破碎;沿展向(z)位于迎风面的涡

对应液柱破碎;液滴周围的涡、液柱周围的马蹄涡和尾迹涡也在模拟中展示出来,这体现了 LES 相对 RANS 的优势,这些涡结构会极大地影响整个雾化及下游的混合过程。

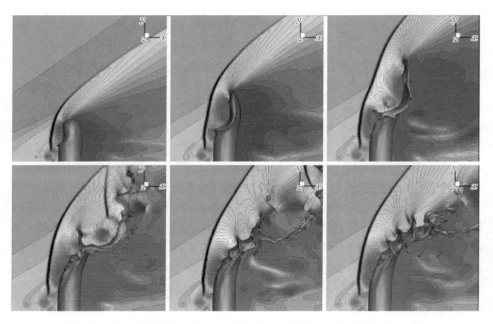

图 8.24　Case1 射流形态和中心平面的压力云图(时间间隔为 8.35 μs)

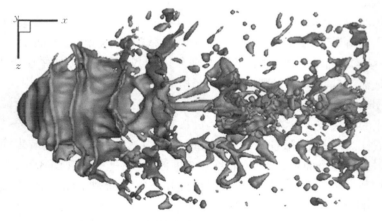

图 8.25　Case1 射流形态顶视图($t = 50.1$ μs)

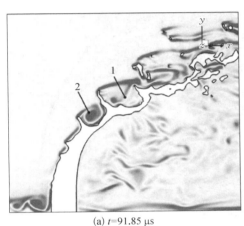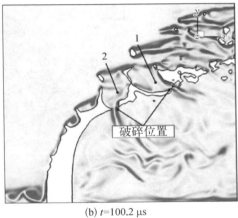

(a) *t*=91.85 μs　　　　　　　　　(b) *t*=100.2 μs

图 8.26　Case1 中心平面涡量分布

红色表示逆时针;蓝色表示顺时针

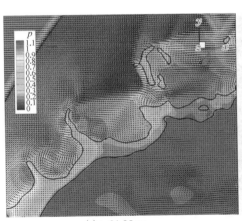

(a) *t*=91.85 μs　　　　　　　　　(b) *t*=100.2 μs

图 8.27　Case1 射流表面波附近的速度矢量与压力云图

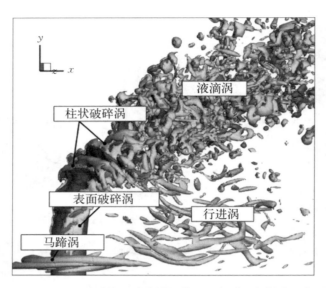

图 8.28　速度梯度张量的第二不变量的等值面(绿色)与射流形态(红色)

图 8.29 所示为射流表面波的测量方法。对于液柱迎风面上的表面波 λ_s,根据 Xiao 等[30] 的研究,在亚声速来流条件下 We 与无量纲的表面波波长 λ_s/d

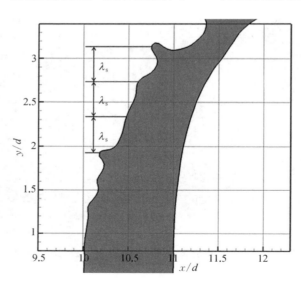

图 8.29　射流表面波的测量

关系呈 -0.45 幂次的规律（$\lambda_s/d \propto We^{-0.45}$），通过理论推导得到的 Rayleigh-Taylor 不稳定波的波长 λ_{R-T} 与数值模拟得到的表面波波长 λ_s 关于 We 有着相同的相关关系，可以认为是 Rayleigh-Taylor 不稳定性主导了液柱破碎过程。在超声速的来流条件下，Xiao 等[30]认为表面波的发展直接受激波波后的气体流动的影响，并定义了有效韦伯数 We_{eff}（式 8.7）：

$$We_{eff} = \frac{\rho_{g,2} U_{g,2}^2 d}{\sigma} = \frac{2 + (k-1)Ma^2}{(k+1)Ma^2}We \tag{8.7}$$

图 8.30 是表面波波长随 We_{eff} 的变化情况。其中 $\rho_{g,2}$ 和 $U_{g,2}$ 是正激波后的气体密度和速度，k 是空气的比热比，本节为 1.4。We_{eff} 可以通过韦伯数和马赫数获得，在亚声速来流条件下的 $We_{eff} = We$。从而将 We_{eff} 与无量纲的表面波波长 λ_s/d 关系呈 -0.45 幂次的规律（$\lambda_s/d \propto We_{eff}^{-0.45}$）推广到亚声速和超声速的来流条件下。当前工况下的 We_{eff} 为 111.4，λ_s/d 为 0.43，表面波的频率（$f_s = \lambda_s/V_1$）为 267 kHz，无量纲化的表面波频率 St_s（$St_s = df_s/\overline{V}_1 = d/\lambda_s$）为 2.33，这是当前工况下液体横向射流的固有频率。

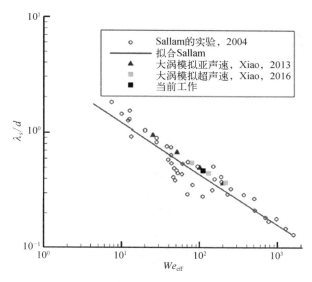

图 8.30　表面波波长随 We_{eff} 的变化

2）速度脉动对射流形态的影响

图 8.31(a)、(b)显示了 Case4、Case5 的射流形态。由于气动力较弱，Rayleigh-

Taylor 不稳定性对液柱变形影响不大,Klystron 效应影响显著,表面波由射流速度的周期性变化产生。来自文献[33]的一张实验照片也包含在了图 8.31 中,用于直接对比。仿真得到液柱的形态定性地与 Geschner 和 Chaves 的实验结果[33]一致。由于模拟中液体速度脉动(ε)小于实验中的液体速度脉动(ε),因此图 8.31(a)中所示的液柱变形比图 8.31(c)中所示的实验中的液柱变形更为平缓。实验中射流是射入静止空气中,所以没有出现仿真中的射流弯曲现象。通过射流形态直接获得由液体速度脉动引起的表面波的波长(图 8.31 所示的λ_1)。对于 Case4 和 Case5,λ_1 的测量值分别为 $2d$ 和 d,与关系式 $\lambda_1/d = 1/St_1$ 一致。图 8.31 展示了发生 Klystron 效应的液柱的变形机理:如果液滴微元的速度高于平均速度,则液滴微元向前移动。如果液滴微元的速度低于平均速度,则

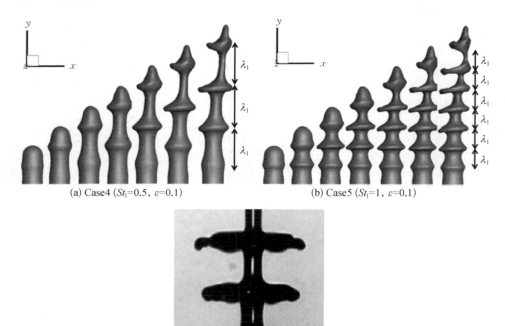

(a) Case4 (St_1=0.5, ε=0.1)　　　　　(b) Case5 (St_1=1, ε=0.1)

(c) 实验图像 (St_1=1.01, ε=0.29)

图 8.31　仿真得到的射流形态(时间间隔为 8.35 μs)和静止空气的振荡射流图像

液滴微元向后移动。因此,液滴微元朝向两侧具有负速度梯度的 $v_1 = \bar{v}_1$ 位置移动,形成如图 8.32(b) 所示的波峰。以相同的方式,液滴微元从具有正速度梯度的 $v_1 = \bar{v}_1$ 位置移开到两侧,形成一个波谷。由于波峰的液体体积较小,惯性较小。因此,波谷在来流气流的流动方向上比在波峰弯曲更显著。

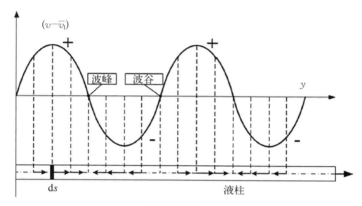

(a) 理论分析

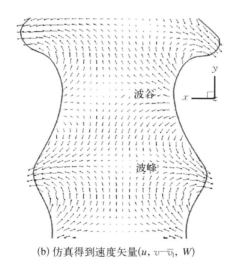

(b) 仿真得到速度矢量$(u, v-\bar{v}_1, W)$

图 8.32　速度按正弦分布的液柱变形趋势示意图

3）振荡射流一次破碎机理

图 8.33～图 8.35 显示了振荡射流形态和压力云图。由于 We 的增大,

Case2 和 Case3 的气动力作用显著强于 Case4 和 Case5 中的。由于波峰位置的直径较大,液滴更容易从液柱周边剥离,如图 8.36、图 8.37 所示。这增强了表面破碎。在强烈的空气动力学作用下,液体速度脉动引起的表面波发生剧烈变化。由于波谷具有较少的液体质量,因此波谷位置具有较大的加速度,在横向气流方向上移动得更快。然后液体横向射流在波谷处破裂,导致液柱破碎模式。波峰变成液块,前面形成强烈的激波,液块被激波后的高压直接加速。

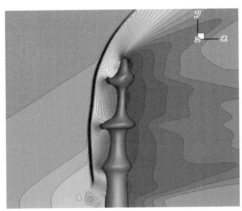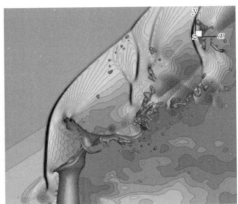

(a) Case4 ($St_l=1$, $We=29.7$, $q=49$)　　　(b) Case2 ($St_l=1$, $We=29.7$, $q=4.9$)

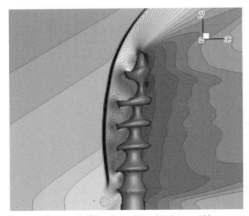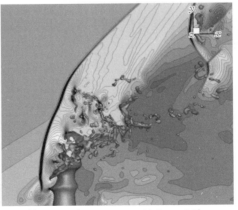

(c) Case5 ($St_l=0.5$, $We=29.7$, $q=49$)　　　(d) Case3 ($St_l=0.5$, $We=29.7$, $q=4.9$)

图 8.33　振荡射流形态与中心平面压力云图($t=50.1$ μs)

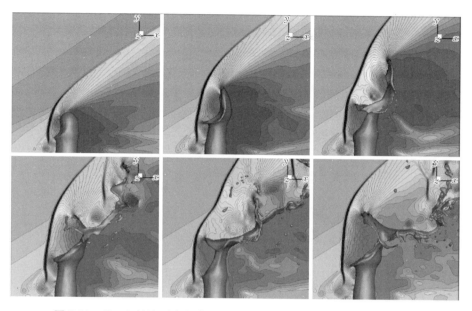

图 8.34 Case2 射流形态和中心平面的压力云图(时间间隔为 8.35 μs)

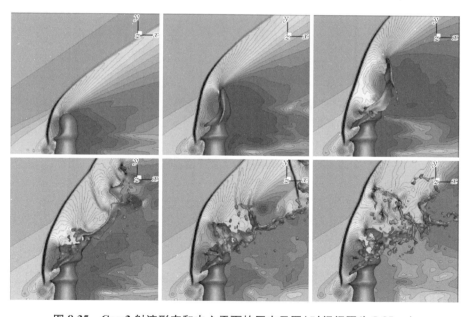

图 8.35 Case3 射流形态和中心平面的压力云图(时间间隔为 8.35 μs)

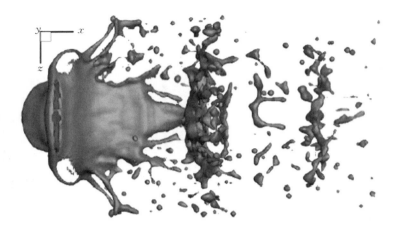

图 8.36　Case2 射流形态顶视图($t=50.1\ \mu s$)

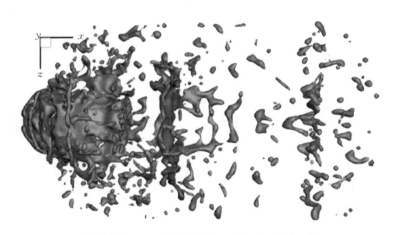

图 8.37　Case3 射流形态顶视图($t=50.1\ \mu s$)

　　当液块从液柱上分离时,振荡液体横向射流的激波比稳定液体横向射流更强烈地振荡。在当前的工况下,液体速度脉动引起的表面波长超过 Rayleigh-Taylor 不稳定性引起的表面波的波长。随着表面波的发展,在波谷处形成大尺度涡旋并增强液体横向射流的液柱破碎过程(图 8.38、图 8.39)。由于液体速度脉动,振荡液体横向射流的破碎长度小于稳定液体横向射流。因此,振荡液体横向射流可以实现更快的雾化并因此缩短超燃冲压发动机燃烧室的长度。

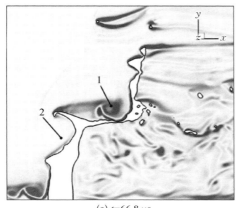
(a) t=66.8 μs

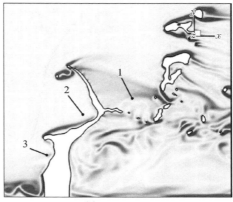
(b) t=75.15 μs

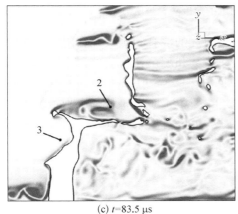
(c) t=83.5 μs

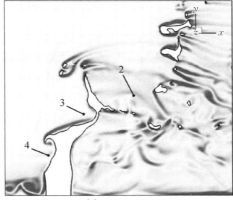
(d) t=91.85 μs

图 8.38　Case2 中心平面涡量分布

红色表示逆时针;蓝色表示顺时针

4) 振荡射流与稳态射流对比

图 8.40 比较了超声速气流中振荡和稳定液体横向射流的在稳定时的雾化形态。可以观察到,振荡液体横向射流的工况下,由一次破碎产生的液丝/液滴更小并且更广泛地分布。图 8.41 显示了 Case1 和 Case2 的液体横向射流周围的旋涡结构。由于液柱直径的周期性变化和激波的振荡(图 8.40),振荡液体横向射流的尾流区域,观察到更大的涡旋。大批学者研究发现超声速气流中气体横向射流的混合特性与涡旋尺度存在较大关联。涡旋对于液滴的扩散存在较

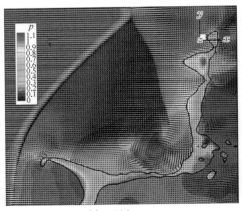 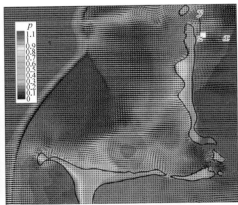

(a) t=66.8 μs   (b) t=83.5 μs

图 8.39　Case2 射流表面波附近的速度矢量与压力云图

大的影响,涡尺度的增加会促进液滴与来流空气的混合与蒸发。在射流的尾迹区中的大尺度涡旋决定了液滴的扩散,并在喷雾和超声速气流的混合中起重要作用。图 8.42、图 8.43 分别示出了四个不同时刻的 Case1 和 Case2 在 $y = 2d$ 的涡量分布。尾迹区的平均展向宽度分别为 $4d$ 和 $5d$。振荡液体横向射流的尾迹区的宽度明显大于稳态液体横向射流的宽度,可以将更多空气吸入喷雾区域以实现优异的混合性能。

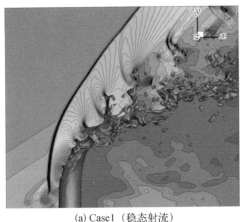 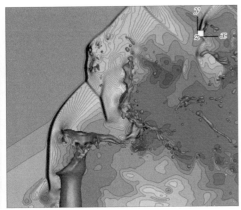

(a) Case1（稳态射流）   (b) Case2（振荡射流）

图 8.40　振荡射流与稳态射流的射流形态和中心平面压力云图（$t = 100.2$ μs）

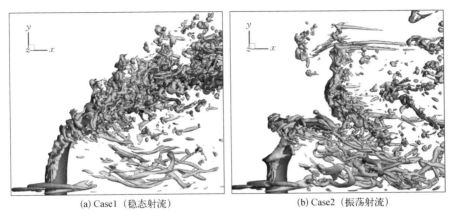

(a) Case1（稳态射流）　　　　　　　　　(b) Case2（振荡射流）

图 8.41　速度梯度张量的第二不变量的等值面（绿色）与射流形态（红色）

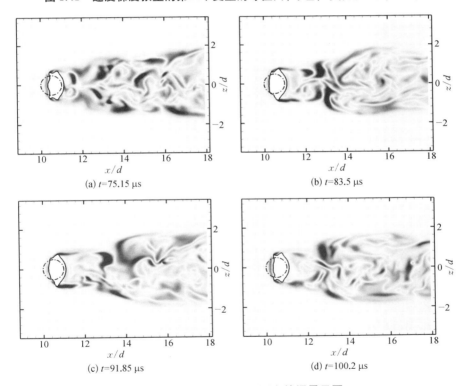

(a) t=75.15 μs　　　　　　　　　　　(b) t=83.5 μs

(c) t=91.85 μs　　　　　　　　　　　(d) t=100.2 μs

图 8.42　Case1 $y=2D$ 平面上的涡量云图

红色表示逆时针；蓝色表示顺时针

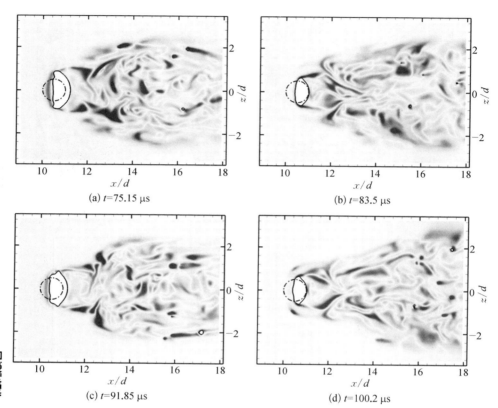

(a) $t=75.15\ \mu s$ (b) $t=83.5\ \mu s$

(c) $t=91.85\ \mu s$ (d) $t=100.2\ \mu s$

图 8.43　Case2 $y=2d$ 平面上的涡量云图

红色表示逆时针；蓝色表示顺时针

　　图 8.44 展示出了 Case1 和 Case2 沿气流方向上的穿透深度。在本节中射流穿透深度的获取是将不同时刻的射流图像进行叠加并提取边界，单幅射流图像如图 8.44 所示。图 8.45 对比了 Case1 和 Case2 的射流穿透深度，与方波脉冲射流的作用机理相同，由于瞬时液气动量流量比的增加，在相同动量通量比条件，即相同的质量流率条件下，振荡射流的穿透深度增加了约 20%。这可以应用在一定的全局当量比条件下增加液体横向射流和气流的接触面积，实现更好的混合效果。相较于方波脉冲射流，振荡射流的流量变化更为平稳，不易发生熄火。

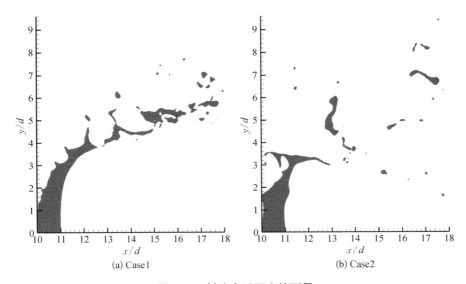

(a) Case1 (b) Case2

图 8.44 射流穿透深度的测量

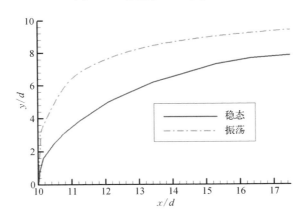

图 8.45 振荡射流与稳态射流穿透深度的对比

8.2 气体伴随射流对喷雾混合特性的影响

气体伴随射流是指在液体横向射流喷射位置前方喷射的一定量的气体射流,以增大液体横向射流的穿透深度。主要通过试验和仿真相结合的方法深入分析伴随气体射流的加入对液体横向射流穿透深度的影响及其作用机理,并具体研究气体伴随射流工况参数(即气体喷注压降)和结构参数(即气体射流喷孔面积、孔型以及气液喷注间距)的变化对液体横向射流穿透深度的影响规律,得到了基于该超声速流动条件下的带有气体伴随射流的液体横向射流穿透深度半经验模型。

8.2.1　研究方案

主要借助高速摄影、PDA 等试验手段研究气体伴随射流参数对液体横向射流喷雾参数及整个流场结构的影响。研究了包括气体射流喷注压降、气体射流喷孔直径以及气液射流喷孔间距等对液体横向射流穿透深度和粒径分布的影响。

1. 试验件设计

试验段顶部和两侧开窗以便于进行光学观测;同时为了消除边界层的影响,试验段底部喷注面板带有一定角度的扩展角。试验段沿气流方向长 320 mm、宽60 mm、高 50 mm;为了对不同喷注参数进行试验,设计了不同的喷注面板。

试验过程中保持超声速来流条件不变,包括马赫数、总温和总压。图 8.46

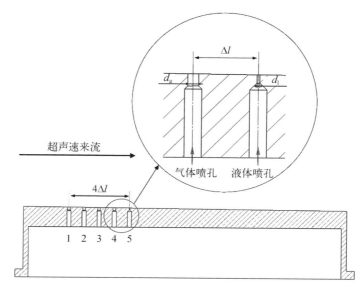

图 8.46　喷注面板示意图

为喷注面板示意图。液体喷孔直径为 0.7 mm,液体孔径位于试验段入口下游
105 mm 处。液体喷孔上游设置四个孔径相等气体喷孔,分别位于液体横向射
流上游 15 mm、30 mm、45 mm 和 60 mm 处。为了研究孔径的影响,设计了三个
喷注面板,气体孔径分别为 1.5 mm、2.0 mm 和 2.5 mm。

2. 试验工况

在进行超声速气流中射流喷雾特性研究时,采用高速摄影方法研究了气体
喷注压降、气体喷孔直径以及气液喷注间距等对液体横向射流穿透深度的影
响。实验过程中,高速摄影曝光时间为 2.5 μs,相机的记录帧频为 4 000 fps,试
验工况如表 8.4 所示。

表 8.4 试验工况

工 况	液体喷射压降 Δp_l/MPa	气体喷射压降 Δp_g/MPa	气体喷嘴直径 d_g/mm	孔间距 Δl/mm	动量通量比 q
Gk – JZ	2.0	—	—	—	
Gk – 1		1.0	2.0	15	
Gk – 2		1.0	2.0	30	
Gk – 3		1.0	2.0	45	
Gk – 4		1.0	2.0	60	
Gk – 5		2.0	2.0	15	
Gk – 6		2.0	2.0	30	
Gk – 7	2.0	2.0	2.0	45	7.804
Gk – 8		2.0	2.0	60	
Gk – 9		3.0	2.0	15	
Gk – 10		3.0	2.0	30	
Gk – 11		3.0	2.0	45	
Gk – 12		3.0	2.0	60	
Gk – 13		3.0	1.5	30	
Gk – 14		3.0	2.5	30	

根据不可压流的伯努利方程可以得到表中射流速度,进而确定液体横向射
流动量通量和射流的初始速度 u_l:

$$\Delta p_l = \frac{1}{2}\rho_l u_l^2 \tag{8.8}$$

$$u_1 = \sqrt{\frac{2\Delta p_1}{\rho_1}} \tag{8.9}$$

式中，Δp_1 为射流的喷注压降。

计算超声速气流动量通量时，根据总压和总温，并结合总静压关系式，有

$$\frac{p_{t\infty}}{p_\infty} = \left(1 + \frac{k-1}{2}Ma_\infty^2\right)^{\frac{k}{k-1}} \tag{8.10}$$

式中，$p_{t\infty}$ 为气流的总压；p_∞ 为气流的静压；k 为气体的比热比，取为 1.4，可求得气体的静温和马赫数，得到超声速气流的马赫数，又因为

$$Ma_\infty = \frac{u_\infty}{\sqrt{kRT}} \tag{8.11}$$

得到气流速度以后，根据理想气体状态方程，可得到超声速流场中射流前气体来流的动量通量为

$$\frac{1}{2}\rho_\infty u_\infty^2 = \frac{1}{2}kp_\infty Ma_\infty^2 \tag{8.12}$$

液体横向射流与超声速来流的动量通量比为

$$q = \frac{2\Delta p_1}{kp_\infty Ma_\infty^2} \tag{8.13}$$

设计平板液体横向射流喷注为基准工况，液体喷孔直径为 0.7 mm、喷注压降为 2.0 MPa。研究气体喷注压降对液体横向射流穿透深度影响时，设计试验工况为 Gk-1(Gk-2/Gk-3/Gk-4)、Gk-5(Gk-6/Gk-7/Gk-8) 和 Gk-9(Gk-10/Gk-11/Gk-12)。液体喷孔直径为 0.7 mm，液体横向射流喷注压降为 2.0 MPa，采用四组不同喷注间距作为对照，射流喷注方向为 90°。试验过程中保证超声速气流的状态以及液体横向射流喷注压降不变，改变气体射流的喷注压降(1 MPa、2 MPa 和 3 MPa)，进而观察气体射流喷注压降变化时，液体横向射流穿透深度的变化情况。

研究气体喷孔直径对液体横向射流穿透深度影响时，设计试验工况为 Gk-10、Gk-13 和 Gk-14。液体喷孔直径为 0.7 mm，液体横向射流喷注压降为 2.0 MPa，射流喷注方向为 90°，气液喷注间距为 30 mm。试验过程中保证超

声速气流的状态以及液体横向射流喷注压降不变,改变气体喷孔直径(1.5 mm、2.0 mm 和 2.5 mm),进而观察气体射流喷孔直径变化时,液体横向射流穿透深度的变化情况。

研究气液喷注间距对液体横向射流穿透深度影响时,设计试验工况为 Gk‑1(Gk‑5/Gk‑9)、Gk‑2(Gk‑6/Gk‑10)、Gk‑3(Gk‑7/Gk‑11) 和 Gk‑4(Gk‑8/Gk‑12)。液体喷孔直径为 0.7 mm,液体横向射流喷注压降为 2.0 MPa,采用三组不同气体喷注压降作为对照,射流喷注方向为 90°。试验过程中保证超声速气流的状态以及液体横向射流喷注压降不变,改变气液射流喷注间距(15 mm、30 mm、45 mm 和 60 mm),进而观察气液喷注间距变化时,液体横向射流穿透深度的变化情况。

一方面,通过 PDA 测量技术对三维喷雾空间离散点的测量,得到整个测量区域的喷雾信息;另一方面,由于 PDA 测量系统对单点的采集时间长,试验量大,很难做到对整个区域进行采集,因此,需要合理设计测控点,以便于对喷雾信息的统计和研究。

对于基准工况下的喷雾特性研究,主要针对射流中心对称面展开,通过对不同位置点液滴信息的采集,研究喷雾的分布特征,图 8.47 为基准工况下射流中心对称面上的 PDA 测点的布置。

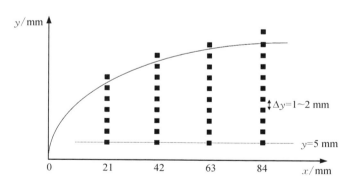

图 8.47　射流中心平面 PDA 空间测点分布

一方面,由于 PDA 技术对球形度要求较高,而喷嘴出口附近仍处于射流破碎初期,不规则液滴较多,因此测控点不能选取射流近场;另一方面,当 $x/d>150$ 时,雾化过程已经基本完成,液滴尺寸的变化幅度很小。基于这两点,本节选取四个来流位置进行测量,分别为 $x/d=30$、$x/d=60$、$x/d=90$ 和 $x/d=120$。为了避免近壁面液滴捕捉的困难,纵向测量起始点为 $y=5$ mm,纵向空间步长为 $1\sim2$ mm。

表 8.5 为 PDA 试验工况,试验中气体喷孔和液体喷孔直径分别为 2.0 mm 和 0.7 mm,主要改变了有无气体射流以及气体射流的喷注压降,观察气体射流的加入对于液滴粒径分布和速度分布的影响,以及液滴粒径分布和速度分布随着气体射流喷射压降的变化趋势。

表 8.5　PDA 试验工况

工　　况	气体喷射压降 Δp_g/MPa	液体喷射压降 Δp_l/MPa	孔间距 Δl/mm
PDA – JZ	—	2.0	—
PDA – 1	1.0	2.0	15
PDA – 2	2.0	2.0	15
PDA – 3	3.0	2.0	15

3. 计算模型网格划分

气体伴随射流试验模型试验段尺寸为 320 mm×60 mm×50 mm,液体喷孔为 0.7 mm,位于试验段进口下游 105 mm 的位置,气体喷孔为 2.0 mm,分别位于试验段进口下游 90 mm、75 mm、60 mm 和 45 mm 的位置。

当仿真过程中的自由来流参数和射流喷注参数与试验工况一致时,仿真和试验得到的无量纲化的液体横向射流穿透深度理论上应该是一致的。为了获取更精细的流场结构同时节省计算资源,将仿真模型缩小,对气体伴随射流过程中产生的流动现象进行规律性研究。计算模型如图 8.48 所示,计算区域长

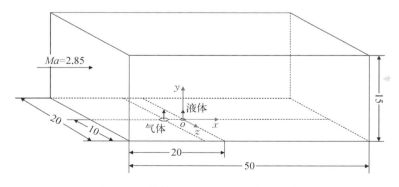

图 8.48　计算模型示意图(单位: mm)

50 mm,宽 20 mm,高 15 mm,原点建立在液体喷孔圆心。液体喷孔 0.2 mm,气体喷孔 0.5 mm,液体喷孔位于入口下游 20 mm 处。

　　用专业网格软件对几何模型进行划分,由于外形是规则的四边形,因此采用结构网格,这样既可以对壁面附近网格进行适当加密,又很容易保证网格的正交性,整体网格效果如图 8.49 所示。

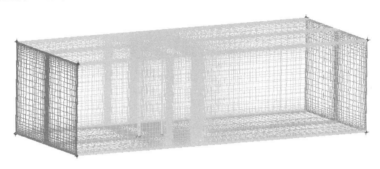

图 8.49　网格整体效果示意图

　　画网格时,对壁面及射流喷孔附近的网格进行加密,使其能够在计算过程中更好地模拟出关键特征和现象。喷孔附近采用 O‑Block 进行加密,这样既可以保证一定的正交性,又能够保证喷孔附近网格贴体,如图 8.50 所示。

4. 数值模拟方法

　　由于观察手段方面的局限性,无法获得流场射流内部的精细结构,同时由于部分工况试验条件比较苛刻,无法开展相关试验研究,因此本节在研究过程中借助了数值模拟的方法。

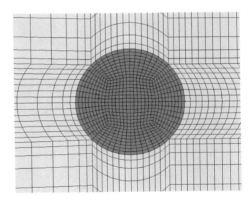

图 8.50　喷孔附近 O‑Block 网格划分

　　对于气相的计算采用基于密度的耦合隐式求解器,通量采用 AUSM 格式,空间离散采用二阶迎风格式,湍流模型采用超燃流场计算常用的可压缩 SST k‑ω 湍流模型。

　　本节使用离散相模型(discrete phase model, DPM)来模拟超声速来流条件下的液体横向射流雾化过程。

1）气相模型

气相的控制方程为三维 N-S 方程为

$$\frac{\partial U}{\partial t} + \frac{\partial F(U)}{\partial x} + \frac{\partial G(U)}{\partial y} + \frac{\partial H(U)}{\partial z} = S(U) \tag{8.14}$$

式中，x、y、z 表示空间坐标；t 表示时间。流动变量 U、通量矢量 F、G、H 和源相 S 由式（8.15）~式（8.19）给出：

$$U = [\rho, \rho u, \rho v, \rho w, \rho E]^{\mathrm{T}} \tag{8.15}$$

$$F(U) = [\rho u, \rho u^2 + p, \rho uv, \rho uw, (\rho E + p)u]^{\mathrm{T}} \tag{8.16}$$

$$G(U) = [\rho v, \rho uv, \rho v^2 + p, \rho vw, (\rho E + p)v]^{\mathrm{T}} \tag{8.17}$$

$$H(U) = [\rho w, \rho uw, \rho vw, \rho w^2 + p, (\rho E + p)w]^{\mathrm{T}} \tag{8.18}$$

$$S(U) = [0, M_x, M_y, M_z, Q_s]^{\mathrm{T}} \tag{8.19}$$

式中，u、v、w 代表速度；ρ、p、E 分别代表密度、压力和单位质量的总能量。总能量 E 定义为

$$E = \frac{p}{k-1} + \frac{1}{2}(u^2 + v^2 + w^2) \tag{8.20}$$

式中，$k = c_p/c_v$ 为比热比。出现在方程右侧的源相 S 代表气相和液滴相的相互作用。需要指出的是，由于是无蒸发喷雾模型，连续方程没有源相。动量方程中的 M_x、M_y 和 M_z 定义为由于液滴的动量交换引起的相。能量方程中的 Q_s 代表液相对气相做的功。

$$M_i = -\sum_d D_d(U)(U - u_d)\delta(x - x_d), \quad i = x, y, z \tag{8.21}$$

$$Q_s = -\sum_d D_d(U)[(U - u_d)u_d]\delta(x - x_d) \tag{8.22}$$

2）液相模型

考虑到空气阻力为集中力，单个液滴的受力可表示为

$$m_d \frac{du_d}{dt} = D_d(U)(U - u_d) + m_d g \tag{8.23}$$

$$D_d(U) = \frac{1}{2}\pi r^2 \rho C_D |U - u_d| \tag{8.24}$$

阻力系数 C_D 和气相雷诺数 Re 的定义为

$$C_D = \begin{cases} \dfrac{24}{Re}(1 + 1/6Re^{2/3}), & Re < 1\,000 \\ 0.424, & Re > 1\,000 \end{cases} \tag{8.25}$$

$$Re = \frac{2\rho \mid U - u_d \mid r}{\mu_{air}(T)} \tag{8.26}$$

所以有

$$\frac{\mathrm{d}u_d}{\mathrm{d}t} = F \tag{8.27}$$

由此可得到单个液滴的运动速度,从而得到液滴的运动轨迹。

$$x_d = \int_0^t u_d \mathrm{d}t \tag{8.28}$$

3）破碎模型

根据 K-H 和 R-T 两种破碎状态之间的控制参数的特点和破碎长度,破碎模型可以分成两类。第一类混合模型假定在破碎过程中 K-H 和 R-T 不稳定是同时存在的。第二类混合模型认为两种模型不是同时开始,一种模型先开始作用,另一种模型经过一段时间后才开始作用,如 R-T 模型在 K-H 模型结束后才开始作用。例如,在液核中,也就是破碎长度之内,破碎过程由 K-H 不稳定来控制,大于破碎长度后,R-T 不稳定成为主要的控制破碎过程的因素。从雾化机理来看,第二类破碎模型更加适合超声速横向气流中的液体横向射流雾化。先经过 K-H 模型计算剥离液滴,经过时间 t_b 后,R-T 模型加入。

$$t_b = 5.0d_d\sqrt{\rho_d/\rho_g}/u_r \tag{8.29}$$

式中,u_r 为气液相对速度;d_d 为液滴直径。

K-H 模型认为不稳定表面波波速等于液体横向射流速度,对液体横向射流上的表面波传播方程进行了数值求解,得出具有最大增长速率 Ω_{KH} 的波长 Λ_{KH}:

$$\frac{\Lambda_{KH}}{r} = 9.02 \frac{(1 + 0.45Oh^{0.5})(1 + 0.4T^{0.7})}{(1 + 0.87We_g^{1.67})^{0.6}} \tag{8.30}$$

$$\varOmega_{\text{KH}}\left[\frac{\rho_d r^3}{\sigma}\right]^{0.5} = \frac{(0.34 + 0.38We_g^{1.5})}{(1 + \text{Oh})(1 + 1.4T^{0.6})} \qquad (8.31)$$

式中,r 为液滴或射流的半径;$\text{Oh} = \sqrt{We_d}/Re_d$ 为液体 Ohnesorge 数;$We_d = \rho_d r v^2/\sigma$ 为液体韦伯数;$We_g = \rho_g r v^2/\sigma$ 为气体韦伯数;$Re_d = \rho v r/\mu$ 为液体雷诺数,其中 μ 为动力黏度。

$$T = \text{Oh}\sqrt{We_g} \qquad (8.32)$$

$$v = |U - u_g| \qquad (8.33)$$

而液滴破碎以后的平均尺寸和破碎速度则分别为

$$r' = B_0 \varLambda_{\text{KH}} \qquad (8.34)$$

$$\frac{\mathrm{d}r}{\mathrm{d}t} = -\frac{(r - r')}{\tau_b} \qquad (8.35)$$

式中,

$$\tau_b = \frac{3.726 B_1 r}{\varOmega_{\text{KH}} \varLambda_{\text{KH}}} \qquad (8.36)$$

本节中,B_0 取 0.61;B_1 取 10。

增长最快的 R-T 波的波长 $\varLambda_{\text{RT}}$ 为

$$\varLambda_{\text{RT}} = 2\pi C_1 \sqrt{\frac{3\sigma}{a_d(\rho_d - \rho_g)}} \qquad (8.37)$$

式中,a_d 为液滴加速度;C_1 的大小取决于喷嘴结构参数,这里取 0.5。对应的破碎时间尺度 τ_{RT} 可以通过增长最快的 R-T 波的频率来计算:

$$\tau_{\text{RT}} = C_2 \sqrt{\frac{\sigma^{0.5}(\rho_d + \rho_g)}{2}} \left[\frac{3}{a_d(\rho_d - \rho_g)}\right]^{1.5} \qquad (8.38)$$

式中,$C_2 = 1$,由 R-T 破碎新产生的"子液滴"半径为

$$r'' = 0.5\varLambda_{\text{RT}} \qquad (8.39)$$

5. 边界条件

来流条件不变,介质为空气,马赫数为 2.85,总压为 1.32 MPa,总温为 300 K,液体喷射介质为水。水的密度为 998 kg/m³,动力黏性系数为 2.67×10^{-3} kg/(m·s),

表面张力为 0.072 N/m。

定义计算域入口为 In,计算域出口为 Out,计算域上壁面和左右壁面为 Wall1,下壁面(气液喷孔除外)为 Wall2,气体喷孔定义为 Gas,液体喷孔定义为 Liquid。气体仿真边界条件如表 8.6 所示。

表 8.6　气体仿真边界条件

边　界	边 界 条 件	参　数　设　置
In	压力远场	静压 45 072 Pa,马赫数 2.85,静温 114 K
Out	压力出口	总温 300 K,采用压力外推
Wall1 Wall2	壁面	总温 300 K,无滑移边界条件
Gas	压力入口	总压,静压(马赫数为 1),静温 250 K

对气液两相同时进行仿真时,其边界条件如表 8.7 所示。

表 8.7　气液两相仿真工况

边　界	边 界 条 件	参　数　设　置
In	压力远场	静压 45 072 Pa,马赫数 2.85,静温 114 K,DPM：Trap
Out	压力出口	总温 300 K,采用压力外推,DPM：Trap
Wall1 Wall2	壁面	总温 300 K,无滑移边界条件,DPM：Trap
Gas	压力入口	总压,静压(马赫数为 1),静温 250 K,DPM：Trap

6. 仿真工况

1) 气体射流仿真工况

由于气体射流的存在,其对流场会产生较大的影响。气体射流会在其上游形成激波,同时在下游诱导形成流向涡结构,进而影响其下游液体横向射流的穿透深度、粒径分布以及流场的总压恢复系数。

为了探究气体射流喷射参数对激波强度以及流向涡结构的影响,进而研究这些变化对液体横向射流穿透深度、粒径分布以及总压恢复系数的影响规律,设计了如表 8.8 所示的仿真工况。

表 8.8 气体射流仿真工况

工 况	形 状	尺 寸	Δp_g/MPa
G-1		$d_g = 0.5$ mm	1.0
G-2		$d_g = 0.5$ mm	2.0
G-3	圆形孔	$d_g = 0.5$ mm	3.0
G-4		$d_g = 0.38$ mm	2.0
G-5		$d_g = 0.62$ mm	2.0
G-6		0.304 mm×0.646 mm	2.0
G-7		0.362 mm×0.542 mm	2.0
G-8	矩形孔	0.392 mm×0.5 mm	2.0
G-9		0.443 mm×0.443 mm	2.0
G-10		0.542 mm×0.362 mm	2.0
G-11		0.646 mm×0.304 mm	2.0
G-12	菱形孔	0.784 mm×0.5 mm	2.0

(1)通过工况 G-1、G-2 和 G-3,可以研究气体喷孔孔型以及孔径相同的情况下,其喷注压降对于流场结构参数的影响规律。

(2)通过工况 G-2、G-4 和 G-5,可以研究气体喷孔孔型以及喷注压降相同的情况下,其孔径对于流场结构参数的影响规律。

(3)通过工况 G-2、G-8 和 G-12,可以研究气体喷孔面积、迎风面宽度以及喷注压降相同的情况下,其喷孔形状对于流场结构参数的影响规律。孔型主要包括圆形孔、矩形孔和菱形孔。具体孔型结构如图 8.51 所示。

(4)矩形孔又研究了不同迎风面宽度的影响,图 8.52 为矩形喷孔结构尺寸示意图。结合表中具体数据,如 0.304 mm×0.646 mm,表示矩形喷孔迎风面宽度为 0.646 mm,流向长度为 0.304 mm。通过工况 G-6、G-7、G-9、G-10 和 G-11,可以研究气体喷孔孔型、面积以及喷注压降相同的情况下,其迎风面宽度对于流场结构参数的影响规律。

2)气液两相仿真工况

在对超声速气流中射流仿真研究中,对比了气体喷注压降、气体喷孔直径、气体喷孔形状、气体喷孔迎风面宽度以及气液喷注间距对液体横向射流穿透深度和总压恢复系数的影响。

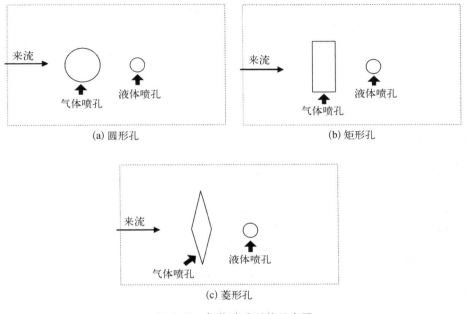

图 8.51　气体喷孔形状示意图

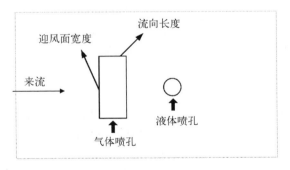

图 8.52　矩形喷孔结构尺寸示意图

目前多数 CFD 模拟中,由于一次破碎过程较为复杂,所以都将此过程忽略,根据经验以及试验工况给定液滴的初始粒径、温度和速度。本节给定的液滴粒径为液体喷孔直径大小,流量根据试验喷注压降计算得到。算例中,液体喷孔直径为 0.2 mm,液体喷注压降为 2.0 MPa,液滴均匀分布,平均直径为 0.2 mm,液滴出口速度 60 m/s,质量流率 0.002 kg/s,其他具体工况参数如表 8.9 所示。

表 8.9 气液两相仿真工况

工 况	形 状	尺 寸	Δp_{g}/MPa	Δl/mm
GL - 0		—	—	—
GL - 1		$d_{\mathrm{g}}=0.5$ mm	1.0	2
GL - 2		$d_{\mathrm{g}}=0.5$ mm	2.0	2
GL - 3		$d_{\mathrm{g}}=0.5$ mm	3.0	2
GL - 4		$d_{\mathrm{g}}=0.5$ mm	2.0	1
GL - 5	圆形孔	$d_{\mathrm{g}}=0.5$ mm	2.0	3
GL - 6		$d_{\mathrm{g}}=0.5$ mm	2.0	4
GL - 7		$d_{\mathrm{g}}=0.5$ mm	2.0	8
GL - 8		$d_{\mathrm{g}}=0.5$ mm	2.0	12
GL - 9		$d_{\mathrm{g}}=0.38$ mm	2.0	2
GL - 10		$d_{\mathrm{g}}=0.62$ mm	2.0	2
GL - 11		0.304 mm×0.646 mm	2.0	2
GL - 12		0.362 mm×0.542 mm	2.0	2
GL - 13	矩形孔	0.392 mm×0.5 mm	2.0	2
GL - 14		0.443 mm×0.443 mm	2.0	2
GL - 15		0.542 mm×0.362 mm	2.0	2
GL - 16		0.646 mm×0.304 mm	2.0	2
GL - 17	菱形孔	0.784 mm×0.5 mm	2.0	2

  GL - 0 作为一个参照工况,只有液体横向射流,无伴随气体射流。

  (1) 通过工况 GL - 0 和 GL - 2 的比较,可以直观地看到气体射流加入后,液体横向射流穿透深度以及整个流场参数的变化情况。

  (2) 通过工况 GL - 1、GL - 2 和 GL - 3,可以研究气体喷孔孔型、孔径相同、液体横向射流孔径、喷注压降相同及气液喷注间距相同的情况下,气体射流喷注压降对液体横向射流穿透深度及总压恢复系数的影响规律。

  (3) 通过工况 GL - 2、GL - 9 和 GL - 11,可以研究气体喷孔孔型、喷注压降相同、液体横向射流孔径、喷注压降相同以及气液喷注间距相同的情况下,气体射流喷孔直径对液体横向射流穿透深度及总压恢复系数的影响规律。

  (4) 通过工况 GL - 2、GL - 13 和 GL - 17,可以研究气体喷孔面积、迎风面宽度、喷注压降相同、液体横向射流孔径、喷注压降相同以及气液喷注间距相同的情况下,气体射流喷孔形状对液体横向射流穿透深度及总压恢复系数的影响规律。

（5）通过工况 GL - 11、GL - 12、GL - 14、GL - 15 和 GL - 16,可以研究气体喷孔孔型、面积、喷注压降相同、液体横向射流孔径、喷注压降相同以及气液喷注间距相同的情况下,气体射流喷孔迎风面宽度对液体横向射流穿透深度及总压恢复系数的影响规律。

（6）通过工况 GL - 2、GL - 4、GL - 5、GL - 6、GL - 7 和 GL - 8,可以研究气体喷孔结构参数、喷注压降相同以及液体横向射流孔径、喷注压降相同的情况下,气液射流喷注间距对液体横向射流穿透深度及总压恢复系数的影响规律。

7. 算例及网格无关性验证

为了进行网格无关性检验,需要对三组疏密程度不同的网格进行数值仿真。中等网格（medium）设置的第一层网格为 0.01 mm,增长率设置为 1.05,最大网格在 1.05 mm 量级左右。粗网格（coarse）将第一层网格增加至 0.02 m,增长率保持不变,改变网格节点数,使得最大网格尺寸仍然保持在 1.05 mm 量级左右。细网格（fine）将第一层网格减小至 0.005 m,增长率保持不变,改变网格节点数,使得最大网格尺寸仍然保持在 1.05 mm 量级左右。网格具体参数列于表 8.10。

表 8.10　网格尺寸参数

	网格节点数	第一层网格尺/mm	增长率	最大网格尺/mm	网格数
粗网格	144×62×40	0.02	1.05	1.05	328 809
中等网格	175×75×45	0.01	1.05	1.05	567 072
细网格	204×93×50	0.005	1.05	1.05	952 266

当气体喷注压降为 2.0 MPa 时,得到沿流向 $y = 1$ mm 处流向速度和压力以及壁面压力分布如图 8.53、图 8.54 和图 8.55 所示。从图中可以看到三组网格在大部分位置差别非常小,几乎完全重合,在峰值处存在一些较大的差别,但差值控制在 10% 以内。综合考虑计算资源和计算精度,该仿真选择最小网格尺寸为 0.01 mm 的中等网格进行计算。

将 DPM 模型计算得到的射流穿透深度和已有的经验公式进行了比对,如图 8.56 所示。该经验公式是由吴里银[16]改进的,考虑了来流马赫数对射流穿透深度的影响。从图中可以看到,除了近喷孔区域,数值仿真结果和经验关系式吻合得很好。

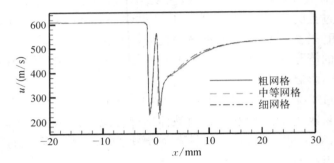

图 8.53　$y=1\ \text{mm}$ 时 x 方向速度沿流向的变化趋势

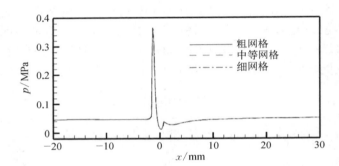

图 8.54　$y=1\ \text{mm}$ 时静压沿流向的变化趋势

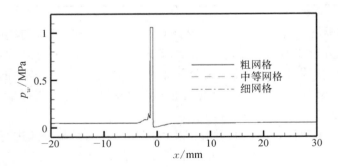

图 8.55　壁面压力沿流向的变化趋势

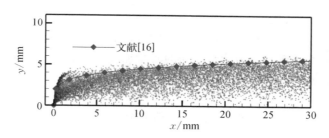

图 8.56　仿真得到的射流喷雾流场

8.2.2　数据处理方法

1. 评价指标

1）射流穿透深度

射流穿透深度是衡量气体伴随射流对液体横向射流产生的影响的一个指标。射流穿透深度是指液体横向射流从喷孔出流后能够达到的离喷注面最远的距离。本节中射流穿透深度用 h 表示，通过对射流图像进行灰度平均并提取边界得到[31]。

由于每次进行试验时，气、液喷注压降不可能调节到完全相同的数值，并且试验件喷孔也会存在一定的加工误差，因此，本节引入了一个无量纲的参数，来衡量气体伴随射流对液体横向射流穿透深度的提升作用，即射流穿透深度增长比率，用符号 δ 表示，并假设进行气体伴随射流时穿透深度为 h_{gas}，没有气体伴随射流时穿透深度为 h_{nogas}，如图 8.57 所示，则 δ 定义为

$$\delta = \frac{h_{\text{gas}} - h_{\text{nogas}}}{h_{\text{nogas}}} \tag{8.40}$$

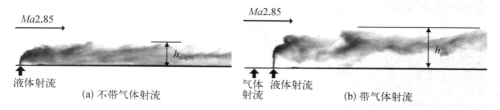

(a) 不带气体射流　　　　　　　(b) 带气体射流

图 8.57　射流穿透深度示意图

2）总压恢复系数

总压恢复系数是燃料混合的一个比较重要的性能,因为总压损失会导致推力损失。定义总压恢复系数为沿流向的质量加权平均总压与来流总压的比值,即 p/p_0,质量加权平均总压为流向变量的分布函数为[32]

$$p(x) = \iint\limits_{y, z} \rho u p(x, y, z) \mathrm{d}y\mathrm{d}z \Big/ \iint\limits_{y, z} \rho u \mathrm{d}y\mathrm{d}z \tag{8.41}$$

2. 实验数据处理

1）高速摄影图像射流穿透深度提取方法

根据图像的灰度值进行射流边界提取是一种普遍可行的方法。图 8.58 给出了射流边界获取方法。将高速摄影获得的射流瞬态图像用无射流图像去除背景,采用叠加取平均灰度值的方法,即把 400 张连续采集的射流图像进行叠加,取平均灰度值,得到射流的平均灰度图像,最后对灰度图像进行边界提取。

定义 C 为单位像素列的灰度峰值的百分比。图 8.58(d) 给出了不同 C 值下得到的射流边界。当 C 取 0.98 时,提取得到的射流边界在近喷嘴区域相差较大,当 $C<0.98$ 时,提取得到的射流边界在近喷嘴区域相差不大。由于存在稀薄的液雾区,即射流振荡剧烈的区域,不同 C 值取得的射流边界存在差异,平均相

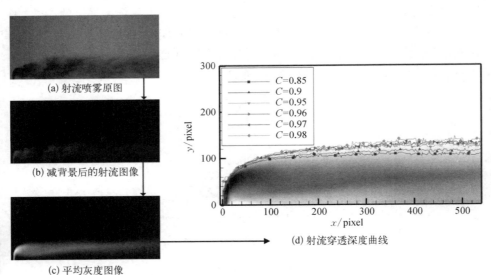

图 8.58 试验图像边界提取示意图

差 3~4 个像素,对穿透深度造成 3% 左右的误差。考虑射流雾化的影响,避免由于稀薄液雾而低估穿透深度,本节取 $C=0.97$ 对射流边界进行分析。

　　2) PDA 数据处理方法

　　在超声速气流中液体横向射流雾化中,雾化形成的液滴粒径整体较小,大部分液滴粒径在 10 μm 左右,但也存在少量大液滴,这些大液滴不反映雾化的正常水平且对特征直径的计算有很大的影响;并且由于湍流以及涡结构等的影响,液滴的分布在具有统计特征的同时也具有一定的随机性,且大液滴在随流向流动并逐渐扩散再分布到喷雾空间的过程也存在局部随机性,而这种随机性在很大程度上影响了喷雾液滴尺寸分布规律的影响。

　　为了消除这种影响,曾夜明[33]提出了液滴粒径累积概率密度的大液滴过滤方法——概率阈值法,通过将大粒子从处理数据中出去来降低其对 SMD 计算的影响,从而获得更加明显的分布规律。

　　本节计算时取累计概率为 0.995,即当测得的液滴粒径大于累积概率密度为 0.995 对应的液滴粒径时,将其从数据中去除。

　　图 8.59 为没有气体射流情况下中心平面沿流向距液体喷孔出口 $x/d=60$、$y=10$ mm 的位置处液滴粒径分布直方图。从图中可以看到,大部分液滴集中分布在 0~20 μm,但同时存在少数 100 μm 以上的大液滴。图 8.60 为该位置处液滴粒径分布累积概率密度曲线。取累计概率密度 0.995,得到其对应的

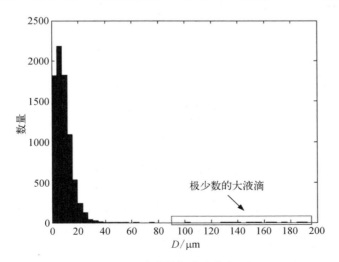

图 8.59　液滴粒径分布直方图

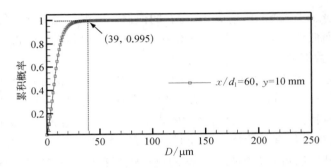

图 8.60　液滴粒径分布累积概率密度曲线

液滴粒径为 39 μm。因此,当所测数据中液滴粒径大于 39 μm 时,将其从有效数据中去除。图 8.61 为未经过该方法处理[图 8.61(a)]和经过该方法处理后[图 8.61(b)]得到的无气体射流时 SMD 在 y 方向的分布沿流向的变化。从图中可以看出,经过概率阈值法的处理,SMD 在 y 方向的分布规律变得更加直观。

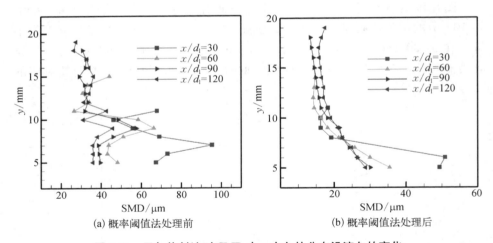

| (a) 概率阈值法处理前 | (b) 概率阈值法处理后 |

图 8.61　无气体射流时 SMD 在 y 方向的分布沿流向的变化

3. 仿真结果射流穿透深度提取方法

仿真得到的喷雾图像首先通过 MATLAB 转换为灰度图像,然后通过 Sobel 算子进行边缘检测,最后根据每个像素点的二值进行射流穿透深度边界的提取,具体实现步骤如图 8.62 所示。

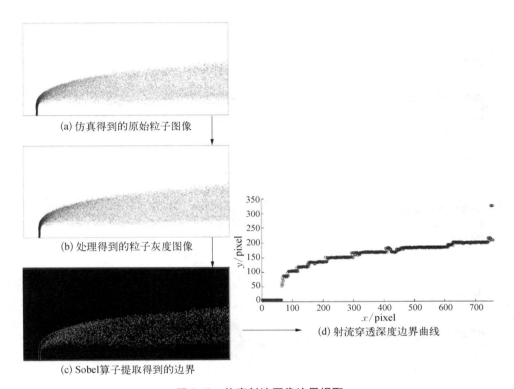

(a) 仿真得到的原始粒子图像

(b) 处理得到的粒子灰度图像

(c) Sobel算子提取得到的边界

(d) 射流穿透深度边界曲线

图 8.62　仿真射流图像边界提取

8.2.3　工作参数对混合特性的影响

1. 液体横向射流穿透深度的变化

由图 8.63 可以看出,气体射流能够显著提升液体横向射流穿透深度。与此同时,气体射流加入后,近壁面附近出现了空流区。当气液喷注压降分别为 0 MPa 和 1.99 MPa 时,由试验获得的液体横向射流穿透深度曲线绘于图 8.64。从图中可以看到,气体射流的加入使得液体横向射流穿透深度增加了 30% 左右。

2. 气体伴随射流对穿透深度的影响

当气体射流以声速进入超声速气流中会形成复杂的三维波系结构,其在喷孔下游形成的反转旋涡对对液体横向射流的尾迹有很大的影响,图 8.65 为气体射流基准工况得到的三维流场结构图。从图中可以看到弓形激波、桶状激波、分离区诱导激波、马蹄涡以及反转旋涡对。

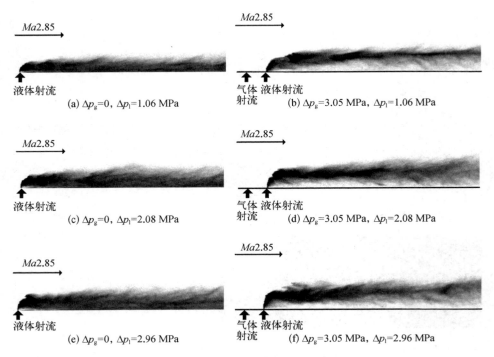

图 8.63　气体射流加入前后液体横向射流喷雾灰度图像

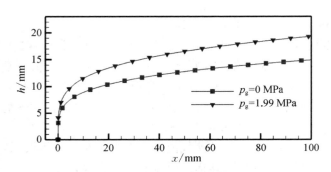

图 8.64　基准工况下液体横向射流穿透深度曲线

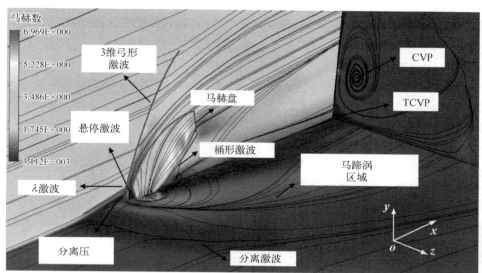

图 8.65　气体射流三维流场结构示意图

通过分析仿真得到的气相流场,液体横向射流穿透深度的提升主要有两个原因。一方面,气体射流从壁面喷射进入超声速气流中后,会形成弓形激波、流向涡和展向涡。其他射流条件不变的情况下,当气体伴随射流的喷注压降增大,弓形激波的强度增强,气流经过激波减速,这样使得激波后面气液相对速度减小,从而使液体横向射流从喷孔出来后由于来流气体与射流柱的相互作用而产生的流向速度的增大速度变缓,在相同时间内,具有更高射流穿透深度的潜力。另一方面,气体射流后面形成的反转旋涡对以螺旋线的形式旋转前进(图 8.66)。反转旋涡对通过卷吸作用,将周围空气卷吸到液体横向射流尾迹下方,造成其下方静压有所增加,对液体横向射流有一定的抬升作用;同时反转旋涡对对液体横向射流有直接的卷吸和抬升作用。

气体射流进入流场之后,会形成弓形激波,根据激波前后参数变化规律可知,自由来流通过激波后,来流的静压升高,速度下降。速度下降使得气体射流后液体横向射流与自由来流相对速度减小,相互作用也减小,液体在纵向上的动量损失减小,射流穿透深度增加;静压升高会使得液体横向射流的实际喷注压降下降,射流穿透深度减小。因此速度和压力对射流的综合作用效果很难从定性分析得出结论。根据经验公式可知,液体横向射流穿透深度与液气动量通

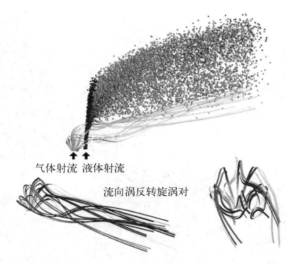

图 8.66　三维旋涡对和液滴分布

量比成幂函数关系,因此,射流出口的液气动量通量比越大,射流穿透深度越大。根据液气动量通量比的定义,假设没有进行气体喷注时:

$$q_1 = \frac{\rho_1 u_1^2}{\rho_\infty u_\infty^2} \tag{8.42}$$

进行气体喷注后:

$$q_2 = \frac{\rho_1 u_1^2}{\rho u^2} \tag{8.43}$$

所以

$$\frac{q_2}{q_1} = \frac{\rho_\infty u_\infty^2}{\rho u^2} \tag{8.44}$$

本节定义速度达到主流速度的 0.99 时的高度为边界层厚度,从速度云图可以测量得到边界层厚度大约为 0.5 mm。图 8.67 为气体喷注压降是 2.0 MPa 时 q_2/q_1 在 $y=1$ mm 高度上沿流向的变化曲线。从图中可以看到,在气体射流后面 $q_2/q_1 > 1$,所以气体伴随射流的引入能够有效地提高液气动量通量比,进而提高液体横向射流穿透深度。

3. 气体伴随射流喷注压降对穿透深度的影响

通过实验组别 Gk − 0、Gk − 2、Gk − 6 和 Gk − 10 以及仿真组别 GL − 0、

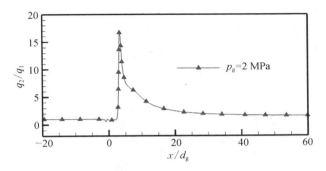

图 8.67 q_2/q_1 在 $y=1$ mm 沿流向的变化曲线

GL-1、GL-2 和 GL-3 对比,可以发现,在固定其他射流参数不变的前提下,液体横向射流穿透深度随着气体伴随射流喷注压降的增大而增大,如图 8.68 和图 8.69 所示。气体喷注压降变化时,其诱导产生的流向涡的尺寸会发生变化。

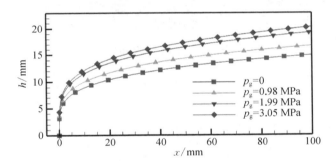

图 8.68 试验获得的射流穿透深度曲线随气体喷注压降变化情况

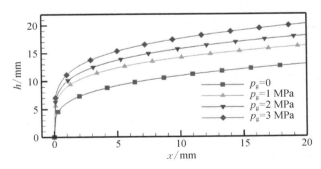

图 8.69 仿真获得的射流穿透深度曲线随气体喷注压降变化情况

因此,本节首先对反转旋涡对尺寸随气体压降的变化进行研究。

图 8.70 为流向反转旋涡对的具体结构,其特征尺寸主要包括展向宽度 L、法向高度 H、涡核法向坐标 y 以及展向坐标 z。对不同气体喷注压降下不同流向位置反转旋涡对的特征尺寸进行统计,并将其绘制于图 8.71 中。

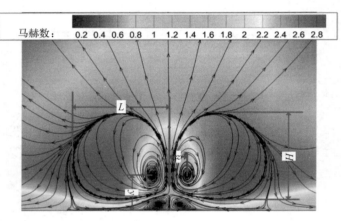

图 8.70   二维 CVP 结构

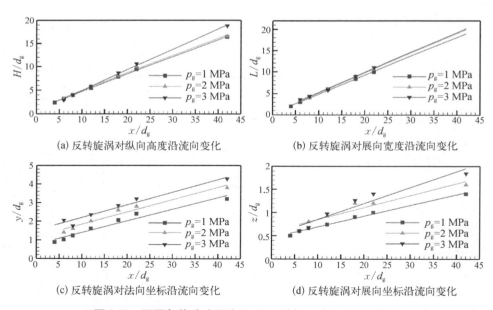

(a) 反转旋涡对纵向高度沿流向变化   (b) 反转旋涡对展向宽度沿流向变化

(c) 反转旋涡对法向坐标沿流向变化   (d) 反转旋涡对展向坐标沿流向变化

图 8.71   不同气体喷注压降下 CVP 特征尺寸沿流向的变化

图 8.71 中可以看到反转旋涡对的展向宽度和法向高度沿流向是变大的,也就是说涡结构的作用范围沿流向逐渐增加,涡核法向和展向坐标沿流向也是增加的;同时从图中可以看到反转旋涡对的四个特征参数随气体喷注压降的增大也基本呈现出增大的趋势。在靠近气体射流出口的地方,增大趋势不明显是因为反转旋涡对正处于卷起阶段,没有充分形成具有规则性状的涡核的结构,图中在最远处不同喷注压降下,反转旋涡对展向宽度未加入拟合数据是因为涡结构的作用范围已经扩大到整个计算域的展向,无法继续增大,对涡对作用范围的变化趋势有影响。

图 8.72 为气液喷注间距 2 mm、液体喷注压降为 2 MPa 时横截面速度流线图和液滴分布图。气体喷注压降为 0、1 MPa、2 MPa 和 3 MPa。具体的 CVP 结构参数列于表 8.11。

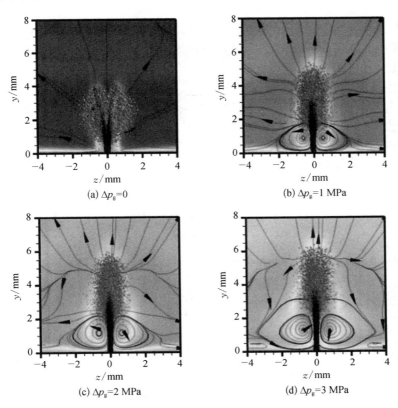

(a) $\Delta p_{g}=0$

(b) $\Delta p_{g}=1$ MPa

(c) $\Delta p_{g}=2$ MPa

(d) $\Delta p_{g}=3$ MPa

图 8.72　横截面速度流线图和液滴分布图

表 8.11 CVP 特征尺寸

Δp_{g}/MPa	L/mm	H/mm
0	—	—
1	2	1.9
2	2.3	2.3
3	3.5	3.2

当气体喷注压降增大时,一方面,气体射流诱导的激波强度增大。自由来流经过激波速度损失更大,使得液体横向射流与自由来流的相互作用减弱。另一方面,CVP 的作用范围增大,液体横向射流下方静压的增大以及 CVP 结构的卷吸抬升能力更强,使得液体横向射流穿透深度随着气体喷注压降的增大而增大。

从图 8.73 可以看到,不同气液喷注间距下的射流穿透深度增长率也是随着气体喷注压降的增大而增大。

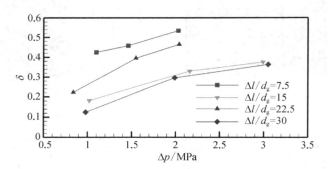

图 8.73 不同 Δl 下 δ 随气体喷注压降的变化

8.2.4 结构参数对混合特性的影响

1. 气体喷孔直径

试验中气体喷孔直径分别为 1.5 mm、2.0 mm 和 2.5 mm;仿真中气体喷孔直径分别为 0.38 mm、0.5 mm 和 0.62 mm。

图 8.74 为气体喷注压降为 2.0 MPa、液体喷注压降为 3.05 MPa、气液喷注间距为 30 mm 时试验图像提取到的液体横向射流穿透深度曲线随气体喷孔直径

的变化。图 8.75 气体喷注压降为 2.0 MPa、液体喷注压降为 2.0 MPa、气液喷注间距为 2.0 mm 时仿真结果提取到的液体横向射流穿透深度曲线随气体喷孔直径的变化。从图中可以看出,不管是试验还是数值仿真,结果均表明在相同的气液喷注间距和气液喷注压力情况下,液体横向射流的穿透深度随着气体喷孔直径的增大而增大。

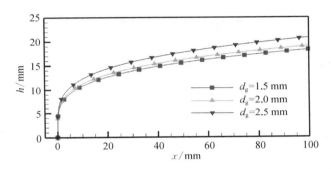

图 8.74　试验得到液体横向射流穿透深度曲线随气体喷孔直径的变化

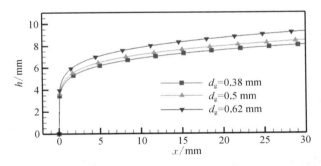

图 8.75　仿真得到液体横向射流穿透深度曲线随气体喷孔直径的变化

气液喷注间距为 30 mm、气体喷注压降为 3 MPa 时,气体孔径由 1.5 mm 变为 2.0 mm,再变为 2.5 mm 的过程,气液喷注间距与孔径的比值由 20 变为 15,再到 12,由图 8.76 和表 8.12 可知,在这个过程中,q_2/q_1 是增大的,相应的液气动量通量比增加幅度也是上升的,所以射流穿透深度有所提高。与此同时,通过数值仿真可知(图 8.77),随着气体喷孔直径的增大,气体射流后面涡结构的涡核法向坐标和展向坐标在计算域内是增大的;在射流中远场,即流向涡对发展完全以后,气体喷孔直径的增加使得涡对纵向和展向作用范围增大。考虑到在

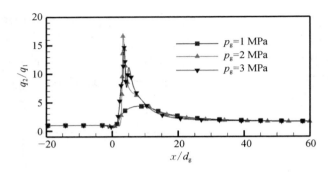

图 8.76 不同气体喷注压降下 q_2/q_1 在 $y = 1\,\mathrm{mm}$ 沿流向的变化曲线

表 8.12 数值仿真中 q_2/q_1 的具体数值

喷注压降	$x/d = 12$	$x/d = 15$	$x/d = 20$
1 MPa	4	3.28	2.61
2 MPa	3.95	3.13	2.46
3 MPa	3.7	2.8	2.19

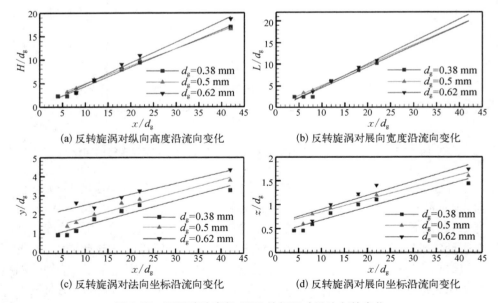

(a) 反转旋涡对纵向高度沿流向变化

(b) 反转旋涡对展向宽度沿流向变化

(c) 反转旋涡对法向坐标沿流向变化

(d) 反转旋涡对展向坐标沿流向变化

图 8.77 不同喷孔直径 CVP 特征尺寸沿流向的变化

$x/d_g < 40$ 的范围内,旋涡强度基本保持不变,因此,旋涡对作用范围越大,其对液体横向射流的卷吸和抬升作用越强。通过涡结构的卷吸和抬升作用,液体横向射流穿透深度能得到一定的提高。

2. 气体喷孔形状

通过数值仿真对相同喷孔面积、相同迎风面宽度、不同气体喷孔形状(主要包括圆形孔、矩形孔和菱形孔)的气体伴随射流进行了研究。通过对提取得到的射流边界进行分析(图 8.78),发现不同气体喷孔形状在喷孔近场对液体横向射流穿透深度影响甚微,随着流向距离的增大,射流穿透深度之间的差距逐渐拉大,在射流远场,在矩形气体喷孔的作用下,液体横向射流穿透深度达到最高,其次是菱形气体喷孔,圆形气体喷孔对液体横向射流穿透深度的提升作用最小。

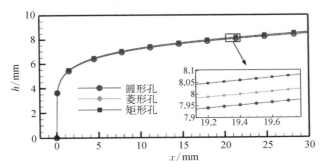

图 8.78　不同气体喷孔形状射流穿透深度曲线

通过对气体流场涡结构的定量分析,将不同气体喷孔形状流向涡结构的作用范围以纵向高度、展向宽度以及涡核位置沿流向的变化绘于图 8.79。从图 8.79 中可以看到气体喷孔形状对纵向宽度和展向宽度的影响很小,尤其是在菱形喷孔和矩形喷孔之间,但是矩形喷孔在这两个指标上稍占优势。而对于涡核位置,矩形喷孔相较于另两种喷孔存在较大优势。因此,在气体喷孔面积相同的情况下,虽然不同气体喷孔形状的旋涡作用范围基本一样,但由于矩形喷孔形成涡结构核心法向坐标更大,因此液体横向射流在气体射流作用下被抬升的最大高度也更大。在气体伴随射流喷注方案中,液体横向射流穿透深度不仅与气体射流在流场后形成的流向涡对有关,还与当地液气动量通量比有关。沿中心截面,将 $y = 1$ mm 高度上的静压和马赫数输出,经过一定的运算得到 q_2/q_1,并将不同气体喷孔形状下计算得到的结果绘制于图 8.80。从图中可以明显看到,

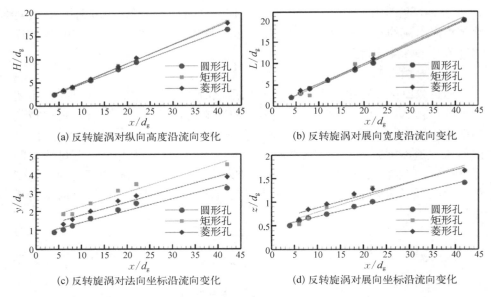

(a) 反转旋涡对纵向高度沿流向变化   (b) 反转旋涡对展向宽度沿流向变化

(c) 反转旋涡对法向坐标沿流向变化   (d) 反转旋涡对展向坐标沿流向变化

图 8.79 不同气体喷孔形状下 CVP 特征尺寸沿流向的变化

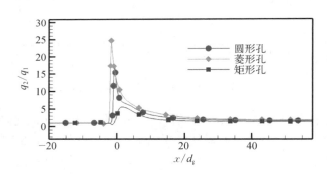

图 8.80 不同喷孔形状 q_2/q_1 在 $y=1\,\mathrm{mm}$ 沿流向的变化

菱形气体喷孔后当地液气动量通量比最大,其次是圆形气体喷孔,矩形气体喷孔后当地液气动量通量比最小。根据液体横向射流穿透深度与液气动量通量比幂指数关系可知,菱形气体喷孔对液体横向射流穿透深度提升作用更强。但是这和仿真结果提取到的射流穿透深度曲线存在一定的差异。

    对于不同气体喷孔形状对液体横向射流穿透深度的影响,从流向涡的角度来考虑,矩形气体喷孔对液体横向射流穿透深度的提升作用最强;而从当地液气动量通量比的角度来看,菱形气体喷孔对液体横向射流穿透深度的提升作用最强。根据仿真得到的射流穿透深度可知,矩形气体喷孔的射流穿透深度略微高于菱形和圆形气体喷孔,由此可知,在气体喷孔形状对液体横向射流穿透深度影响的研究中,流向涡对射流穿透深度的提升作用要强于当地液气动量通量比的影响。

3. 迎风面宽度

在不同喷孔形状的研究中发现矩形气体喷孔能够使得液体横向射流穿透深度得到最大程度的提高,因此对矩形喷孔进行进一步的研究。考虑到气体射流相对于来流的迎风面积可能会影响到弓形激波的强度以及射流后方流向涡的大小,这里对相同面积、不同迎风面宽度的矩形气体喷孔进行进一步研究。

图 8.81 为不同迎风面宽度的矩形气体喷孔作用下的液体横向射流穿透深度曲线。图例中"0.304_0.646"表示矩形气体喷孔流向长度为 0.304 mm,迎风面宽度为 0.646 mm。整体来看,在不同迎风面宽度的矩形气体喷孔作用下,液体横向射流穿透深度无明显差异,仅仅在近喷孔区域和远场区域存在差异,且在这两个区域内液体横向射流穿透深度随矩形气体喷孔迎风面宽度的变化规律并不一致。在近喷孔区域,迎风面宽度为 0.542 mm 的矩形气体喷孔使得液体横向射流穿透深度最大,而在远场,矩形气体喷孔迎风面宽度为 0.362 mm 时液体横向射流穿透深度最大。

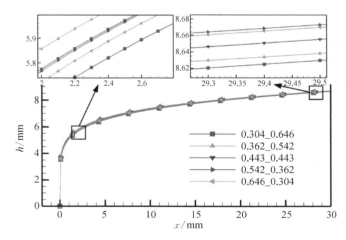

图 8.81　不同迎风面宽度的矩形气体喷孔作用下液体横向射流穿透深度曲线

图 8.82 为不同迎风面宽度的矩形气体喷孔后液气动量通量比与无气体射流时液气动量通量比的比值,即 q_2/q_1。从图中可以看到,不同的迎风面宽度对应的 q_2/q_1 的最大值是不同的,且达到最大值所对应 x/d_g 也存在一定的差异。针对仿真工况下 $x/d_g = 4$,对应到图中发现,随着迎风面宽度的增大,q_2/q_1 是减小的。因此,单独考虑当地液气动量通量比的影响,液体横向射流穿透深度随着矩形气体喷孔迎风面宽度的增大而减小,但这和仿真结果存在差异,因此必须考虑气体射流在流场内形成的流向涡结构对液体横向射流穿透深度的影响。

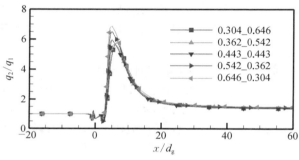

图 8.82 不同迎风面宽度的矩形气体喷孔 q_2/q_1 在 $y = 1$ mm 沿流向的变化

图 8.83 为不同迎风面宽度的气体射流所形成的流向涡结构 CVP 特征尺寸沿流向的变化情况。这四个特征尺寸在图中的变化并不存在特定的规律,因此可以得出气体射流后形成的流向涡结构的大小与矩形气体喷孔迎风面宽度不存在正相关的关系。由于在孔型这个因素中,流向涡结构对液体横向射流穿透深度的影响比当地液气动量通量比对液体横向射流穿透深度的影响大。因此,综合考虑流向涡结构与当地液气动量通量比对液体横向射流穿透深度的作用,可以得到数值仿真结果,即液体横向射流穿透深度与矩形气体喷孔迎风面宽度不存在线性关系。

4. 气液喷注间距

通过实验组别 Gk - 0、Gk - 5、Gk - 6、Gk - 7 和 Gk - 8 的对比,其对应的液体横向射流穿透深度绘制成图 8.84。从图中发现,液体横向射流穿透深度随着气液喷注距离的增大呈现下降趋势,但变化不是很明显,差别在 5% 以内。由对 q_2/q_1 的分析可知(图 8.84),当气体喷注压降为 2.0 MPa 时,q_2/q_1 在 $x/d_g = 3.3$ 附近达到最大值。从实验结果中我们可以看到,液体横向射流穿透深度随气液

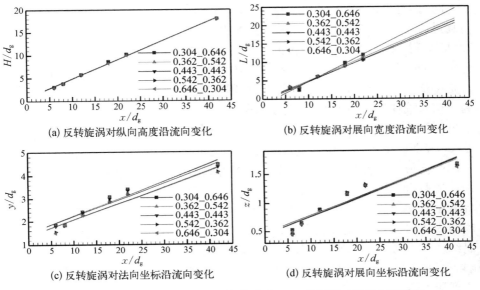

(a) 反转旋涡对纵向高度沿流向变化　　　(b) 反转旋涡对展向宽度沿流向变化

(c) 反转旋涡对法向坐标沿流向变化　　　(d) 反转旋涡对展向坐标沿流向变化

图 8.83　不同迎风面宽度的矩形气体喷孔 CVP 特征尺寸沿流向的变化

喷注间距的增大而减小。因为试验工况中气液喷注间距 $\Delta l/d_g$ 为 7.5、15、22.5 和 30,由数值仿真结果可知(图 8.67),在这个范围内 q_2/q_1 急剧下降。另一方面沿流向,CVP 结构尺寸是不断增大的。由于相比于 CVP 尺寸的增长速率,q_2/q_1 的下降速率太快,因此,在试验工况下液体横向射流穿透深度随气液喷注间距的增大而减小。

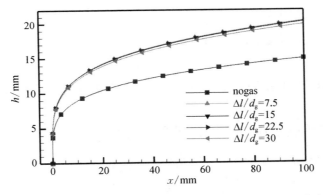

图 8.84　试验获得的液体横向射流穿透深度随气液喷注间距的变化

　　同时,对更近的气液喷注间距对液体横向射流穿透深度的影响通过数值仿真进行了研究,并将结果绘制于图8.85。从图中看到,气液喷注压降固定2.0 MPa时,随着气液喷注距离的增大,液体横向射流穿透深度减小。仿真工况中 $\Delta l/d_{\mathrm{g}}$ 为 2、4、6、8、16 和 24。在 $\Delta l/d_{\mathrm{g}} > 3.3$ 时的工况和对实验结果的分析是一样的。对于 $\Delta l/d_{\mathrm{g}} = 2$ 的工况,因为其距气体喷孔较近,近喷孔附近流场结构对液体横向射流有着很大的影响。气体射流从喷孔喷出以后,由于处于欠膨胀状态,会形成桶状激波。桶状激波内马赫数大于1,且其范围大致在 $\Delta l/d_{\mathrm{g}} < 3$ 的范围内。因此气液喷注间距为 $\Delta l/d_{\mathrm{g}} = 2$ 时,液体横向射流处于气体射流形成的桶状激波内。除了气体射流前形成的弓形激波外,在液体横向射流前也会形成很强的弓形激波。使得与自由来流的速度进一步下降。气液相互作用的减弱使得液体横向射流沿法向的动量下降速度降低,在相同时间内能够达到更高的穿透深度。同时由于在距气体喷孔较近的位置,流向涡结构尚未形成,仍处于卷起状态,因此对液体横向射流穿透深度无明显影响。因此和更远的气液喷注间距相比, $\Delta l/d_{\mathrm{g}} = 2$ 时液体横向射流穿透深度能够达到最大。

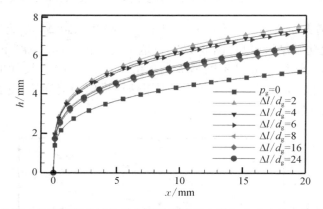

图8.85　仿真获得的液体横向射流穿透深度随气液喷注间距的变化

8.2.5　气体伴随射流条件下的穿透深度模型

　　为了定量化穿透深度和试验参数之间的关系,对纯液体横向射流基于传统幂函数形式[式(8.45)]的穿透深度经验公式根据本节试验数据进行拟合,得到穿透深度曲线经验公式[式(8.46)]:

$$\frac{h_{\text{nogas}}}{d_{\text{liq}}} = a_1 \left(\frac{x}{d_{\text{liq}}}\right)^{b_1} q^{c_1} \tag{8.45}$$

$$\frac{h_{\text{nogas}}}{d_{\text{liq}}} = 3.52 \left(\frac{x}{d_{\text{liq}}}\right)^{0.224} q^{0.336} \tag{8.46}$$

对于带气体伴随射流的经验关系式,另外选取两个变量,即气液喷注间距 Δl 和气体质量流量与液体质量流量之比 GLR,并通过液体喷孔直径 d_{liq} 进行无量纲化,得到含有常数项的经验公式:

$$\frac{h_{\text{gas}}}{d_{\text{liq}}} = a_2 \left(\frac{x}{d_{\text{liq}}}\right)^{b_2} q^{c_2} \left(\frac{\Delta l}{d_{\text{liq}}}\right)^{d_2} \text{GLR}^{e_2} \tag{8.47}$$

对本节数据进行拟合,得到穿透深度曲线经验公式:

$$\frac{h_{\text{gas}}}{d_{\text{liq}}} = 5.42 \left(\frac{x}{d_{\text{liq}}}\right)^{0.224} q^{0.336} \left(\frac{\Delta l}{d_{\text{liq}}}\right)^{-0.015} \text{GLR}^{0.15} \tag{8.48}$$

从图 8.86 和图 8.87 可以看到,拟合得到的纯液体横向射流在来流 $Ma2.85$ 条件下穿透深度曲线经验公式和试验提取到的射流边界吻合较好,差别低于 6%;带有气体伴随射流的穿透深度曲线经验公式拟合效果相对较差,尤其是在射流远场,但差别也低于 10%。式(8.48)中 $\Delta l/d_{\text{liq}}$ 的指数是 −0.015,可以看到液体横向射流穿透深度与气液喷注间距呈负相关的关系,与之前试验和仿真结果一致。

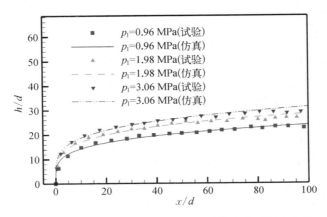

图 8.86　气体喷注压降为 3.05 MPa 时射流穿透深度曲线

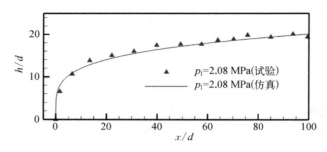

图 8.87　纯液体横向射流穿透深度曲线

8.3　小结

　　本章对超声速气流中液体横向射流喷雾的混合特性进行了研究。首先分析了以方波脉冲射流和正弦射流为代表的脉冲喷射对液体横向射流喷雾混合特性的影响,随后探究了气体伴随射流对液体横向射流喷雾混合特性的影响,获得的主要结论如下。

　　(1) 脉冲过程中的非定常特性对射流穿透深度的影响较弱,脉冲射流和稳态射流的穿透深度差别不大。在一定质量流率条件下,脉冲射流的射流穿透深度 h 与占空比 α 呈 -0.6 次幂关系,减小脉冲占空比可以提高射流穿透深度,且提高幅度随占空比的减小而增加。当振荡射流的振荡频率远小于射流振荡固有频率时,速度脉动对射流形态影响较弱。当振荡频率达到射流振荡的固有频率相同量级时。速度脉动将会取代 R-T 不稳定性主导射流迎风面上的表面波波长。射流速度的脉动显著增强了一次破碎。超声速气流中液体横向振荡射流由于液柱直径的周期性变化和液柱前激波的振荡,会增加喷雾区内的涡尺度和尾迹区的宽度,其中尾迹区的宽度可以扩大 25%。超声速气流中液体横向振荡射流由于瞬时液气动量通量比的增加,射流穿透深度可以提高 20%。

　　(2) 气体伴随射流、气体喷注压降、气体喷孔直径、气体喷孔形状以及气液喷注间距对液体横向射流穿透深度均存在影响。液体横向射流穿透深度随气体喷注压降的增大而增大。气体伴随射流通过两个因素来提升液体横向射流穿透深度。一方面,气体喷注压降增大,当地液气动量通量比整体呈增大趋势;另一方面,气体喷注压降的增大使得流向涡结构的作用范围增大,对液体横向射流的卷吸和抬升作用增强。液体横向射流穿透深度随气体喷孔直径的增大而增大。在圆形、菱形和矩形气体喷孔中，矩形气体喷孔对液体横向射流穿透深度的提升作用较为显著；同时对不同迎风面宽度的矩形气体喷孔的研究表明，迎风面宽度对液体横向射流穿透深度几乎无影响。随着气液喷注间距的增大，液体横向射流穿透深度逐渐下降。

参考文献

[1]　Cox-Stouffer S K, Gruber M R. Effects of spanwise injection spacing on mixing characteristics of aerodynamic ramp Injectors[C]. Cleveland: 34th AIAA/ASME/SAE/ASEE Joint Propulsion Conference and Exhibit, 1998.

[2]　Cox-Stouffer S K, Gruber M R. Effects of injector yaw on mixing characteristics of aerodynamic ramp injectors[C]. Reno: 37th Aerospace Sciences Meeting and Exhibit, 1999.

[3]　Cox-Stouffer S K, Gruber M R. Further investigation of the effects of "aerodynamic ramp" design upon mixing characteristics[C]. Los Angeles: 35th Joint Propulsion Conference and Exhibit, 1999.

[4]　Olmstead D T, Gruber M R, Collatz M J, et al. Cavity coupled aeroramp injector combustion study[C]. Denver: AIAA/ASME/SAE/ASEE Joint Propulsion Conference and Exhibit, 2009.

[5]　Tam C J, Hsu K Y, Gruber M R, et al. Fuel/air mixing characteristics of strut injections for scramjet combustor applications[C]. Honolulu: American Institute of Aeronautics and Astronautics Applied Aerodynamics Conference, 2008.

[6]　Masuya G, Komuro T, Murakami A, et al. Ignition and combustion performance of scramjet combustors[J]. Journal of Propulsion and Power, 1995, 11(2): 301 - 307.

[7]　Lin K C. Spray penetration heights of angle-injected aerated-liquid jets in supersonic crossflows[C]. Reno: 38th Aerospace Sciences Meeting and Exhibit, 2000.

[8]　Lin K C, Kennedy P J, Jackson T A. Structures of water jets in a Mach 1.94 supersonic crossflow[C]. Reno: 42nd AIAA Aerospace Sciences Meeting and Exhibit, 2004.

[9]　Randolph H, Chew L, Johari H. Pulsed jets in supersonic crossflow[J]. Journal of Propulsion and Power, 1994, 10(5): 746 - 748.

[10]　Kouchi T. Pulsed transverse injection applied to a supersonic flow[C]. Cincinnati: AIAA/ASME/SAE/ASEE Joint Propulsion Conference and Exhibit, 2011.

[11]　Kouchi T, Sasaya K, Watanabe J, et al. Penetration characteristics of pulsed injection into

supersonic crossflow[C]. Nashville: AIAA/ASME/SAE/ASEE Joint Propulsion Conference and Exhibit, 2013.

[12] Ben Y A, Mungal G M, Hanson R K. Time evolution and mixing characteristics of hydrogen and ethylene transverse jets in supersonic crossflows[J]. Physics of Fluids, 2006, 18: 26-101.

[13] Zhao Y, Liang J, Zhao Y. Vortex structure and breakup mechanism of gaseous jet in supersonic crossflow with laminar boundary layer[J]. Acta Astronauticaica, 2016, 128: 140.

[14] Ben Y A, Hanson R K. Experimental investigation of flame-holding capability of hydrogen transverse jet in supersonic cross-flow[J]. Symposium on Combustion, 1998, 27(2): 2173.

[15] Ben Y A, Mungal M G, Hanson R K. Time evolution and mixing characteristics of hydrogen and ethylene transverse jets in supersonic crossflows[J]. Physics of Fluids, 2006, 18(2): 1154.

[16] 吴里银.超声速气流中液体横向射流破碎与雾化机理研究[D].长沙:国防科学技术大学 2016.

[17] 李春.超声速气流中液体横向射流结构特性试验研究[D].长沙:国防科学技术大学,2013.

[18] Baranovsky S I, Schetz J A. Effect of injection angle on liquid injection in supersonic flow [J]. 1974, 18(6): 625-629.

[19] Yates C L. Liquid injection into a supersonic stream[R]. Aero Propulsion Lab, 1972.

[20] Kush E A, Schetz J A. Liquid jet injection into a supersonic flow[J]. AIAA Journal, 1973, 11(9): 1223.

[21] Lin K C, Kennedy P J. Penetration heights of liquid jets in high-speed crossflows[J]. Reno: 40th AIAA Aerospace Sciences Meeting & Exhibit, 2002.

[22] Beloki P J, Asma C O, Theunissen R, et al. Experimental investigation of liquid jet injection into Mach 6 hypersonic crossflow[J]. Experiments in Fluids, 2009, 46(3): 403.

[23] Ghenai C, Sapmaz H, Lin C X. Spray penetration heigh correlations for non-aerated and aerated transverse liquid jets in supersonic crossflow[J]. Experimental Fluids, 2009, 46: 121.

[24] 仝毅恒.横向气流中液体射流喷注特性和破碎过程研究[D].长沙:国防科学技术大学,2012.

[25] Geschner F, Chaves H. Structures of a periodically excited liquid jet in a non-dimensional map[C]. Nottingham: Proceedings of the 19th Annual Meeting of the Institute for Liquid Atomization and Spray Systems, 2004.

[26] Xiao F, Wang Z, Sun M, et al. Large eddy simulation of liquid jet primary breakup in

supersonic air crossflow[J]. International Journal of Multiphase Flow, 2016, 87(12): 229 - 240.

[27] Xiao F, Wang Z, Sun M, et al. Simulation of drop deformation and breakup in supersonic flow[J]. Proceedings of the Combustion Institute, 2016, 36(2): 2417 - 2424.

[28] Carlson D J, Hoglund R F. Particle drag and heat transfer in rocket nozzles[J]. AIAA Journal, 1964, 2(11): 1980.

[29] Liepmann H W, Roshko A, Lindsay R B. Elements of gasdynamics[J]. Physics Today, 1957, 10(10): 41.

[30] Xiao F, Dianat M, Mcguirk J J. Large eddy simulation of liquid-jet primary breakup in air crossflow[J]. AIAA Journal, 2013, 51(12): 2878 - 2893.

[31] 仝毅恒, 李清廉, 吴里银, 等. 超声速气流中液体横向射流组合喷注特性实验[J]. 国防科技大学学报, 2014, 36(2): 73 - 80.

[32] Lee S H, Mitani T. Mixing augmentation of transverse injection in scramjet combustion[J]. Journal of Propulsion and Power, 2003, 19(1): 115 - 124.

[33] 曾夜明. Ma2.1 来流条件下液体横向射流喷雾特性试验研究[D]. 长沙: 国防科学技术大学, 2015.